浙江省重点建设教材

实用微生物技术

支明玉　田　晖　主编

中国农业大学出版社
·北京·

内 容 提 要

　　实用微生物技术在生物制药、食品分析检测等与生物技术相关的岗位上有广泛的应用。本书采用项目化编写，紧紧结合目前与生物技术相关的企业、行业岗位要求来编排内容，本书除了对常用微生物实用知识进行介绍外，同时强化了微生物技术岗位的实用性，加强了微生物技术在制药工业和食品加工企业中的应用，突出了相关设备仪器的操作实训。在免疫学内容中，突出了微生物在免疫中的作用。

　　本书根据高职高专的特点来编写，力求围绕岗位知识技能展开，突出实用性。可供生物技术类、食品营养与检测类、生物制药类、药物制剂类高职学生使用，也可作为相关专业本、专科学生参考用书。

图书在版编目(CIP)数据

实用微生物技术/支明玉，田晖主编. —北京：中国农业大学出版社，2012.12
ISBN 978-7-5655-0667-3

Ⅰ.①实… Ⅱ.①支…②田… Ⅲ.①微生物学 Ⅳ.①Q93

中国版本图书馆 CIP 数据核字(2013)第 011860 号

书　　名 实用微生物技术	
作　　者 支明玉　田　晖　主编	
策划编辑 姚慧敏	**责任编辑** 田树君
封面设计 郑　川	**责任校对** 陈　莹　王晓凤
出版发行 中国农业大学出版社	
社　　址 北京市海淀区圆明园西路 2 号	**邮政编码** 100193
电　　话 发行部 010-62818525,8625	**读者服务部** 010-62732336
编辑部 010-62732617,2618	**出 版 部** 010-62733440
网　　址 http://www.cau.edu.cn/caup	**e-mail** cbsszs @ cau.edu.cn
经　　销 新华书店	
印　　刷 涿州市星河印刷有限公司	
版　　次 2012 年 12 月第 1 版　　2012 年 12 月第 1 次印刷	
规　　格 787×1 092　16 开本　17.25 印张　424 千字	
定　　价 30.00 元	

图书如有质量问题本社发行部负责调换

编　写　人　员

主　编　支明玉　杭州职业技术学院
　　　　　田　晖　杭州职业技术学院

副主编　唐　平　杭州职业技术学院
　　　　　郑素霞　杭州职业技术学院
　　　　　俞卫平　杭州职业技术学院
　　　　　茅小燕　浙江育英职业技术学院
　　　　　干雅平　杭州职业技术学院
　　　　　刘　莉　浙江经贸职业技术学院

参　编　秦　钢　浙江经贸职业技术学院
　　　　　崔海辉　浙江育英职业技术学院
　　　　　周纪东　浙江育英职业技术学院
　　　　　范丽萍　杭州万向职业技术学院
　　　　　李榆梅　山西生物应用职业技术学院
　　　　　周启扉　黑龙江农业工程职业学院
　　　　　赵　丽　郑州牧业工程高等专科学校
　　　　　陈利军　信阳农业高等专科学校
　　　　　黄文强　江苏畜牧兽医职业技术学院
　　　　　王　静　沧州职业技术学院
　　　　　邓　慧　黄冈职业技术学院

前　言

高职教育发展迅速,对人才培养模式提出了更高的要求。本教材依照"课程为社会服务,教学顺应市场"的理念进行编写。本书采用项目化编写,在每一项目,力求突出岗位要求的核心知识与技能,知识为技能服务,技能为岗位而设,同时兼顾学生的可持续发展。

微生物技能操作在生物制药、药物制剂、食品分析与检测等工作岗位中有很多的运用和体现,是生产和检验工作岗位群中必备的技能,是利用微生物学的基础理论与技能、细菌的生化试验和免疫学试验的基本知识,通过系统的检验及接种操作方法,为生产、检验和产品的质量提供保障,因此,本教材突出微生物技术的实践性、技术性特点。本教材共分10章,第一章到第七章除了对常用微生物实用知识进行介绍外,同时强化了微生物技术岗位的实用性,如显微镜检技术、制片染色技术、无菌操作技术及微生物纯培养技术等,并对各基本技能在岗位上的应用进行了分别介绍;第八章加强了微生物技术在制药工业中的应用,如药物的微生物限度检查、药物的体外抑菌、杀菌等制药工业的应用技术;第九章加强了微生物技术在食品工业中的应用,如食品微生物常规检验、食品加工企业的微生物控制等应用技术;第十章是免疫学相关内容,突出了微生物在免疫中的作用,特别增加了和微生物免疫相关的技能实训,填补了微生物技术没有免疫操作训练的空白。建议教学按75学时来组织完成,内容可根据各个学校服务的区域特点进行选择。建议在教学中不仅达到技能训练的目的,更重要的是通过技能训练提高学生的职业综合能力。现场教学的组织要有特色,把某个特定的技能训练当成一个企业生产环节的一个岗位工作任务来完成。

编写前期和编写过程中,编者走访了艾博生物医药(杭州)、中美华东医药有限公司、中肽生化有限公司、浙江海正药业有限公司、杭州易邦生物、杭州娃哈哈集团有限公司、杭州贝因美集团有限公司等企业,听取并采纳了行业、企业一线技术人员的意见和建议。本书编写倾注各位编者的大量心血,在编写中每位编者负责的部分都几易其稿,但每位编者都毫无怨言、尽职尽责地进行修改,但微生物技术涉及面广,各个区域行业、企业有各自特点,加之编者的水平所限,教材中的错漏之处在所难免,恳请读者批评指正。

编　者
2012 年 10 月

目　录

第一章　实验室管理及基本技能

知识目标
- 了解实验室布局和技术要求。
- 掌握微生物实验室管理的基本知识。

技能目标
- 会正确使用实验室仪器设备。
- 能正确申领、使用和保藏药剂。

> 在本章将要学习实验室的基本要求和管理知识。主要介绍实验室的布局、无菌室的技术要求、消毒方法和环境条件、水电安全管理制度、玻璃器皿管理制度和试剂管理制度等。通过本章的学习,掌握实验室管理的基本知识,树立严谨认真的科学态度,养成爱护公物、节约水电的良好实验习惯。

第一节　微生物实验室的基本要求

实验室、实训室是学习本门课程的主要场所。我们职业生涯的起始阶段通常是一线岗位,也就是说,一线生产车间、实验室的工作将是我们的职业基础。因此,熟悉实验室的环境、了解实验室管理制度、熟练掌握实验设备是我们必备的基本技能之一。

一、基础设施

实验室是进行科学研究与实验的场所,化验室是进行检测、检验的场所,有时二者并不严格区分。实验室配备有仪器设备、玻璃器具、试剂药品等。一般实验室会设有至少一个通风橱,在其间操作有毒和危险化学品,以减少操作人员吸入有毒气体的风险。试剂药品整齐有序地存放在储藏室,或是储藏柜中。危险物品有严格管理。精密仪器室和微生物检验室要有空调。灭火器、灭火毯也是实验室应有的设施。

实验室或检验室一般有理化分析室、天平室、精密仪器室、标准液室、更衣室、药品库、微生物检验室等组成(图 1-1)。由于研究对象不同,实验室的设备和布置等也会有很大的不同。

微生物实验室通常和其他实验室连在一起,是实验室中比较特殊的一类,它兼有普通实验室和洁净室的特点。

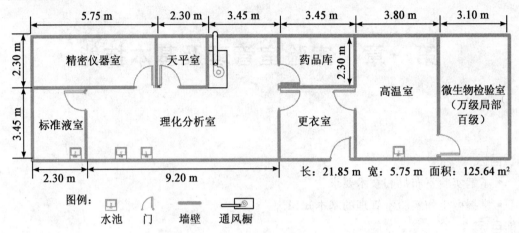

图1-1 某药厂中心实验室平面布置图

二、微生物实验室

微生物实验室自成一区,安排在实验室的靠边角落处。用密封门限制人员的进出,把有洁净要求的房间设置在人员干扰少的地方,把辅助房间设置在外部。考虑微生物试验操作流程,把检测室与洗刷消毒室和培养室相邻,方便人流与物流的分离。为控制人员的出入(人流),只设有一个密封门进入微生物实验室主洁净区,操作人员进入物流走廊然后进入准备间,并从准备间分别经过第一更衣室、缓冲进入操作区;经过更衣、风淋、缓冲进入局部百级实验室。物流则由传递窗实现(图1-2)。

实验室主题框架为彩钢板玻璃隔断,颜色为亚白色。隔断普通玻璃厚度为 8 mm,为防止沉积灰尘,窗料使用 $R25$ mm 铝合金圆弧压线;所有二维连接处的内侧均使用 $R50$ mm 铝合金内圆角,暴露在外的二维连接线的外侧则用 $R100$ mm 铝合金外角连接;彩钢板的三维连接处使用三维接点过度,而彩钢板与墙角地面则用铝合金槽连接。吊顶材料亦为彩钢板。微生物检测室地为环氧树脂材料,具有无缝隙、耐腐蚀、平整、容易清洗的特征。地面地脚线用阴角铝材装饰,美观且严密性好。

整个实验室通过科学设计,精心施工,使实验室内形成坚固、无缝、平滑、美观、不反光、不积尘、不生锈、防潮、抗菌、性能优良的无菌表面和内壳。

1.无菌室的基本建设要求

(1)根据本实验室所涉及的生物安全等级,无菌室的设计应符合 GB 50364(生物安全实验室建筑技术)和 GB 19489(生物安全通用要求)的相关要求。

(2)无菌室大小应满足检验工作的需要。内墙为浅色,墙面和地面应光滑,墙面与地面、天花板连接处应呈凹弧形,无缝隙,无死角,易于清洁与消毒。

(3)无菌入口处应开设缓冲间,缓冲间内应安装非手动式开关的洗手盆,并可有毛巾。缓冲间应有足够的面积以保证操作人员更换工作服和鞋帽。

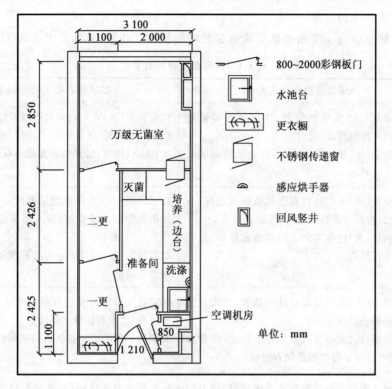

图 1-2 某药品生产企业微生物检测室平面图

（4）无菌室内工作台的高度约 80 cm，工作台应保持水平。工作台面应无渗漏，耐腐蚀，易于清洁、消毒。

（5）无菌室内光照应分布均匀，工作台面的光照度应不低于 540 lx。

（6）无菌室内应具备适当的通风和温度调节条件。无菌室的推荐温度为 20℃，相对湿度为 40%～60%。

（7）缓冲间及操作室内均应设置达到空气消毒效果的紫外灯或其他适宜的消毒装置。

2.无菌室消毒处理方法

（1）无菌室通常用紫外线消毒。

（2）在室温 20～25℃时，220 V 30 W 紫外灯垂直 1.0 m 处的 253.7 nm 紫外线辐射强度应≥70 μW/cm²，低于此值时应更换。适当数量的紫外灯，确保平均每立方米应不少于 1.5 W。

（3）紫外线消毒时，无菌室内应保持清洁干燥。

（4）在无人条件下，可采取紫外线消毒，作用时间应≥30 min，室内湿度＜20℃或＞40℃、相对湿度＞60%时，应适当延长照射时间。

（5）用紫外线消毒物品表面时，应使照射表面受到紫外线的直接照射，且应达到足够的照射剂量。

（6）人员在关闭紫外灯后至少 30 min 方可入内操作。

（7）按照 ISO 18953 的规定，评价紫外线的消毒与杀菌效果。

3.病原微生物室的要求

病原微生物室分为一级病原微生物室和二级病原微生物室,具体要求见表1-1。

表1-1　病原微生物的要求

项目		一级病原微生物实验室	二级病原微生物实验室
	分区	1.实验室(区)应与办公室(区)分开,实验室(区)有可控制进、出的门。 2.实验室(区)按功能区划分,符合从清洁区到污染区的要求	1.实验室(区)入口处宜设门禁系统。 2.实验室(区)宜划分为清洁区、缓冲区和污染区,人流、物流、信息流的流程应有效分隔
	标识	1.实验室(区)入口处宜有生物防护级别标识;必要时,应设有毒性、放射性等危害标识。 2.实验室(区)应有紧急出口和疏散标识,并在黑暗中可辨认	1.实验室(区)入口处应贴有生物危险标识,应标明生物防护级别,负责人和紧急联系电话等信息。 2.实验室(区)入口处应有工作状态的文字或灯光讯号显示
	空间大小	1.实验室(区)入口应设有挂衣装置,个人便装与工作服分开放置。 2.实验室(区)大小应满足工作运行,方便清洁和维护,并有足够的物品储存空间	1.实验工作区域外应有存放个人衣物的条件;有进食、饮水和休息的场所。 2.实验工作区域外有供长期使用的储物间
建筑设计设施	门窗送排风气流	1.实验室的门宜有可视窗并可锁闭,门锁及门的开启方向应不妨碍室内人员逃生。 2.实验室应有防止"四害"侵入的设计,门窗开启时应使用纱窗(自然通风)	1.实验室主入口的门、放置生物安全柜实验室的门应可自动关闭。 2.实验室应有机械通风设施,每小时换气次数不少于3~4次。宜采用上送下排方式。生物安全柜的排风系统应经独立于建筑物公共通道风系统的管道排出;自然通风应安装纱窗
	给水排水	1.每个实验室应设洗手池,并在靠近门口处。洗手龙头应为非手动式,配备消毒液。 2.实验室水管系统应不渗漏,下水应有防回流设计	1.每个实验室应设洗手池,并在靠近门口处。洗手龙头应为非手动式,配备消毒液。 2.实验室水管系统应不渗漏,下水应有防回流设计
	配电照明通讯	1.实验室供电负荷应充足,地线可靠接地;有足够的固定电源插座。 2.实验室的照明应能保证工作需要,避免反光和强光;有应急照明。 3.实验室需要设置通讯系统或预留接口,并配备适宜的通讯设备	1.有可靠的电力供应。 2.必要时,重要设备如培养箱、生物安全柜、冰箱等应配备用电源
	墙壁天花地面	1.实验室的墙壁、天花板和地面应平整、不渗水、易清洁并耐化学品和消毒剂的腐蚀。 2.地面应防滑,不得铺设地毯	1.实验室的墙壁、天花板和地面应平整、不渗水、易清洁并耐化学品和消毒剂的腐蚀。地角、墙角应为弧形,窗台应为斜角。 2.地面应防滑,不得铺设地毯

续表 1-1

项 目		一级病原微生物实验室	二级病原微生物实验室
实验台工作柜		1.实验台和工作柜应牢固;实验台、架、设备、工作柜的选择与放置应便于清洁。边角宜为圆弧形。 2.实验台面应防水、耐腐蚀、耐热、易清洁、易消毒,不易碎	1.实验台和工作柜应牢固;实验台、架、设备、工作柜的选择与放置应便于清洁。边角宜为圆弧形。 2.实验台面应防水、耐腐蚀、耐热、易清洁、易消毒,不易碎
设备器材	消毒应急消防安全	1.实验室内应配有空气或物体表面消毒设备或设施(紫外线灯),并定期维护。 2.实验室内应配备适用的应急器材,如消防、意外事故处理和急救器材等。 3.实验室内家具、设备、物品宜根据工作性质和流程合理摆放,避免相互干扰、交叉污染、互不相容,且不妨碍逃生和急救。 4.若使用高压气体和可燃气体,实验室应有适当的安全措施,如可靠固定、防泄漏、防爆等,并符合相应标准的要求。 5.若操作刺激或腐蚀性物质应在 30 m 内设洗眼装置,如洗眼瓶或洗眼台,必要时设紧急喷淋装置。 6.若使用有毒、刺激性、放射性挥发物质,应在风险评估的基础上,配备适应的负压柜(通风橱或负压罩)。 7.若使用高毒性、放射性等物质,应配备相应的安全设施、设备和个体防护装备,应符合国家相关规定和要求	1.实验室应配有与风险水平相应的安全设备(如移液辅助器、一次性接种环或接种环加热器、螺口盖瓶子或管子、样本移送容器、废弃物盛装容器、利器盒)。 2.从事有可能产生感染性气溶胶操作的实验室应配备生物安全柜。 3.至少在实验室所在的建筑内配备高压蒸汽灭菌器

4.净化空调系统和必备设置

实验室除了解决空气净化的问题以外,设计时还考虑了一些必备的实验室器具。

(1)互锁式传递窗 保证了实验室物流的安全性。窗内有紫外灯可将污染过的物品拿出实验室前进行消毒。还保证了室外和室内空气的隔绝,方便实验人员的物品传递。

(2)互锁门 本设计为洁净室设置的电子互锁,当其中一扇门未关时,另外一扇门将无法打开,这样就对进入洁净室内的气流起到缓冲作用。互锁门还设有应急开关,当发生意外时,按应急开关方便实验室人员尽快撤离现场。

(3)多功能微电脑控制仪 包括温度调节和显示、送排风机的起停、照明开关、紫外灯控制等;微压差表:可显示室内外压差量,并人为按要求控制压差。

(4)人体热释红外感应器 可感应人体热量,自动开启风机送出洁净风并自动延时关闭,方便实验人员使用和节省电源。

(5)洗眼器和感应水龙头 实验人员眼睛万一接触危险物质时冲洗眼睛,感应水龙头可自动感应人体热量,放水并自动关闭。

5.相关设备和其他功能区域设置

实验室主要相关设备见图1-3。

生物安全柜

高压蒸汽灭菌器

超净工作台

生物显微镜和荧光显微镜

图1-3 微生物实验室相关设备

(1)生物安全柜 生物安全柜是为操作原代培养物、菌毒株以及诊断性标本等具有感染性的实验材料时,用来保护操作者本人、实验室环境以及实验材料,使其避免暴露于上述操作过程中可能产生的感染性气溶胶和溅出物而设计的。

(2)高压蒸汽灭菌锅 利用在密闭的蒸锅内,蒸汽不能外溢,压力不断上升,使水的沸点不断提高,从而锅内温度也随之增加的原理。在0.1 MPa的压力下,锅内温度达121℃。在此蒸汽温度下,可以很快杀死各种细菌及其高度耐热的芽孢。

(3)超净工作台 是为了适应现代化工业、光电产业、生物制药以及科研试验等领域对局部工作区域洁净度的需求而设计的。其工作原理是在特定的空间内,室内空气经预过滤器初滤,由小型离心风机压入静压箱,再经空气高效过滤器二级过滤,从空气高效过滤器出风面吹出的洁净气流具有一定的和均匀的断面风速,可以排除工作区原来的空气,将尘埃颗粒和生物颗粒带走,以形成无菌的高洁净的工作环境。

(4)显微镜 显微镜是由一个透镜或几个透镜组合构成的一种光学仪器,是用来观察生物切片、生物细胞、细菌以及活体组织培养、流质沉淀等的观察和研究,同时可以观察其他透明或者半透明物体以及粉末、细小颗粒等物体。

6.实验室常用警示标志

实验室常用警示标志见图1-4。

图 1-4 实验室常用警示标志

第二节 微生物实验室管理制度

一、微生物实验室管理制度

(1)实验室应制定仪器配备管理、使用制度,玻璃器皿管理、使用制度并根据安全制度和环境条件的要求,教师和学生进入实验室,要严格掌握,认真执行。

(2)进入实验室必须穿工作服,进入无菌室换无菌衣、帽、鞋,戴好口罩,非实验室人员不得进入实验室,严格执行安全操作规程。

(3)实验室内物品摆放整齐,试剂定期检查并有明晰标签,仪器定期检查、保养、检修,严禁在实验室冰箱内存放和加工私人食品。

(4)各种器材应建立请领消耗记录,贵重仪器有使用记录,破损遗失应填写报告;药品、器材、菌种不经批准不得擅自外借和转让,更不得私自拿出。

(5)禁止在实验室内吸烟、进餐、会客、喧哗,实验室内不得带入私人物品,离开实验室前认真检查水电,对于有毒、有害、易燃、污染、腐蚀的物品和废弃物品应按有关要求执行。

(6)负责人严格执行本制度,出现问题立即报告,造成病原扩散等责任事故者,应视情节直至追究法律责任。

二、仪器配备、管理使用制度

(1)食品微生物实验室应具备下列仪器:培养箱、高压锅、普通冰箱、低温冰箱、厌氧培养设备、显微镜、离心机、超净台、振荡器、普通天平、千分之一天平、烤箱、冷冻干燥设备、匀质器、恒温水浴箱、菌落计数器、生化培养箱、电位 pH 计、高速离心机。

（2）实验室所使用的仪器、容器应符合标准要求，保证准确可靠。

（3）实验室仪器安放合理，贵重仪器有专人保管，建立仪器档案，并备有操作方法、保养、维修、说明书及使用登记本，做到经常维护、保养和检查，精密仪器不得随意移动，若有损坏需要修理时，不得私自拆动，应通知实验室管理人员，由实验室管理人员送仪器维修部门。

（4）各种仪器（冰箱、温箱除外），使用完毕后要立即切断电源，旋钮复原归位，待仔细检查后，方可离去。

（5）仪器设备应保持清洁，一般应有仪器套罩。

（6）使用仪器时，应严格按操作规程进行，对违反操作规程的因管理不善致使仪器损坏，要追究当事者责任。

三、药品管理、使用制度

（1）依据本室检测任务，制定各种药品试剂采购计划，写清品名、单位、数量、纯度、包装规格、出厂日期等，领回后建立账目，专人管理，每半年做出消耗表，并清点剩余药品。

（2）药品试剂陈列整齐，放置有序、避光、防潮、通风干燥，瓶签完整，剧毒药品加锁存放、易燃、挥发、腐蚀品种单独贮存。

（3）领用药品试剂，需填写申领单、由使用人和室负责人签字，任何人无权私自出借或馈送药品试剂，本单位科、室间或外单位互借时需经科室负责人签字。

（4）称取药品试剂应按操作规范进行，用后盖好，必要时可封口或黑纸包裹，不使用过期或变质药品。

四、玻璃器皿管理、使用制度

（1）根据测试项目的要求，实验室管理人员申报玻璃仪器的采购计划、详细注明规格、产地、数量、要求，硬质中性玻璃仪器应经计量验证合格。

（2）大型器皿建立账目，每年清查一次，一般低值易耗器皿损坏后随时填写损耗登记清单。

（3）玻璃器皿使用前应除去污垢，并用清洁液或2%稀盐酸溶液浸泡24 h后，用清水冲洗干净备用。

（4）器皿使用后随时清洗，染菌后应严格高压灭菌，不得乱弃乱扔。

五、安全制度

（1）进入实验室工作衣、帽、鞋必须穿戴整齐。

（2）在进行高压、干燥、消毒等工作时，工作人员不得擅自离开现场，认真观察温度、时间，蒸馏易挥发、易燃液体时，不准直接加热，应置水浴锅上进行，试验过程中如产生毒气时应在避毒柜内操作。

（3）严禁用口直接吸取药品和菌液，按无菌操作进行，如发生菌液、病原体溅出容器外时，应立即用有效消毒剂进行彻底消毒，安全处理后方可离开现场。

（4）工作完毕，两手用清水肥皂洗净，必要时可用新洁尔灭、过氧乙酸泡手，然后用水冲洗，工作服应经常清洗，保持整洁，必要时高压消毒。

（5）实验完毕，即时清理现场和实验用具，对染菌带毒物品，进行消毒灭菌处理。

(6)离开实验室前要认真检查水、电和正在使用的仪器设备,关好门窗,方可离去。

六、环境条件要求

(1)实验室内要经常保持清洁卫生,每天上下班应进行清扫整理,桌、柜等表面应每天用消毒液擦拭,保持无尘,杜绝污染。

(2)实验室应井然有序,不得存放实验室外及个人物品、仪器等,实验室用品要摆放合理,并有固定位置。

(3)随时保持实验室卫生,不得乱扔纸屑等杂物,测试用过的废弃物要倒在固定的箱筒内,并及时处理。

(4)实验室应具有优良的采光条件和照明设备。

(5)实验室工作台面应保持水平和无渗漏,墙壁和地面应当光滑和容易清洗。

(6)实验室布局要合理,一般实验室应有准备间和无菌室,无菌室应有良好的通风条件,如安装空调设备及过滤设备,无菌室内空气测试应基本达到无菌。

(7)严禁利用实验室作会议室及其他文娱活动和学习场所。

第三节 常用玻璃器皿的清洗和干燥

清洁的玻璃器皿是实验得到正确结果的先决条件。因此,在微生物实验中,对所使用的各种器皿,在使用前必须采用洗涤剂去除污物。玻璃器皿的清洗是实验前的一项重要准备工作,根据实验目的、器皿的种类、所盛放的物品、洗涤剂的类别和沾污程度等的不同而选择不同的清洗方法。这是学生要掌握的一项基本技能。

一、实验室常用玻璃器皿

微生物实验室常用的玻璃器皿及规格见表1-2。

表1-2 常用玻璃仪器及规格

(引自:陈剑虹.工业微生物实验技术.北京:化学工业出版社,2006)

仪器名称	仪器规格
试管	18 mm×180 mm,15 mm×150 mm,10 mm×100 mm
烧杯	50 mL,100 mL,250 mL,500 mL,800 mL,1 000 mL
锥形瓶	50 mL,100 mL,150 mL,200 mL,250 mL,500 mL
移液管(带刻度)	0.1 mL,0.2 mL,0.5 mL,1.0 mL,2.0 mL,5.0 mL,10 mL
滴管	0.1 mL,0.5 mL
培养皿	皿底直径75 mm,90 mm
载玻片	25 mm×75 mm
盖玻片	18 mm×18 mm

续表 1-2

仪器名称	仪器规格
量筒	10 mL,50 mL,100 mL,500 mL
漏斗	直径 30 mm,60 mm,100 mm
容量瓶	25 mL,50 mL,100 mL,250 mL,500 mL,1 000 mL
滴瓶(白色和棕色)	125 mL
干燥器	不同直径的干燥器

二、常用洗涤剂的配制与使用

常用试剂有:重铬酸钾(工业用)、蒸馏水、浓硫酸、氢氧化钠溶液(40%)、肥皂水(5%)、去污粉、酒精(95%)和盐酸溶液(2%)等。

(一)铬酸洗涤液的配制与使用

1.洗涤液的配制

通常用到的洗涤液是重铬酸钾的硫酸溶液,实验室常用此洗涤液清洗器皿(不含金属器皿)上的有机质。洗涤液分为浓溶液和稀溶液两种。配方见表 1-3。

表 1-3　铬酸洗涤液配方

(引自:陈剑虹.工业微生物实验技术.北京:化学工业出版社,2006)

类型	重铬酸钾(工业用)/g	蒸馏水/mL	浓硫酸(粗)/mL
浓溶液	40.0	160.0	800.0
稀溶液	50.0	850.0	100.0

2.配制方法

将重铬酸钾溶解于蒸馏水中(可加热),待冷却后,向其中缓慢加入浓硫酸,边加边搅动。配好的洗涤液呈棕红色或橘红色。存放于有盖的玻璃瓶中备用。

此洗涤液可多次使用,使用后可倒回原瓶存放,当溶液呈青褐色时,表明洗涤液已失效。

(二)酸和碱的使用

(1)40% NaOH 溶液　称取 40 g 干燥的 NaOH,加入 100 mL 蒸馏水中搅匀使之溶解,即制成 40% NaOH 溶液。当器皿上沾有树脂或焦油一类物质时,可使用浓硫酸或 40%的氢氧化钠溶液溶解清洗,处理时间根据所沾物质的不同有所不同,一般为 5~10 min,有时需数小时。

(2)2%的 HCl 溶液　量取 4.4 mL 浓盐酸(比重为 1.19),用蒸馏水定容至 100 mL,摇匀即可。2%的 HCl 溶液主要用于浸泡新购置的玻璃器皿,浸泡数小时后用清水清洗即可。

(三)肥皂和其他洗涤剂的使用

(1)肥皂　是很好的去污剂。使用时,用毛刷沾上肥皂刷洗器皿,由于肥皂的碱性不强,所以不会损伤器皿和皮肤,刷净后用清水冲洗。加热后的肥皂水(5%)去污能力更强,特别是对于沾有油脂的器皿。当油脂过多时,应先用纸将油擦去,再用肥皂水洗。

(2)2%煤酚皂(来苏儿)溶液 取煤酚皂液(含煤酚 47%～53%)40 mL 溶于 960 mL 水中即制成 2%煤酚皂液。主要用于浸泡用过的移液管等玻璃器皿及皮肤消毒。

(3)0.25%新洁尔灭溶液 将新洁尔灭(5%)50 mL 溶于 950 mL 水中。用于药物杀菌试验。用过的盖玻片、载玻片、器皿可放入新洁尔灭溶液中进行消毒。

(4)5%石炭酸溶液 将 5.0 克石炭酸溶于 100 mL 水中可制成 5%石炭酸溶液。可用于使用过的玻璃器皿的浸泡消毒。

(5)去污粉 可除油污。使用时,用毛刷蘸上去污粉,对器皿上的污点进行刷洗,再用清水冲洗。

(6)有机溶剂洗涤剂 该洗涤剂主要用于清洗那些不溶于水、酸或碱的物质。常用的有酒精、丙酮、汽油、二甲苯等。

三、不同玻璃器皿的洗涤方法

由于实验目的的不同,对各种玻璃器皿的清洁程度要求也不同,针对不同的玻璃器皿应选择不同的洗涤方法。

(一)新玻璃器皿的洗涤

新购置的玻璃器皿含有游离碱,应用 2%的盐酸溶液浸泡数小时,再用水清洗干净。洗净后可倒置进行晾干,或放在干燥箱中烘干备用。

载玻片和盖玻片必须擦洗干净后才能使用。擦洗方法:

(1)用 1%盐酸水溶液或洗涤灵浸泡 30 min,流水洗 10 min,移入 70%酒精中,用洁净纱布或绸布擦拭备用。

(2)用 1%洗衣粉水溶液加热煮沸 10 min,待冷却后流水洗 5 min,擦干备用。

(3)用洗液浸泡约 30 min,取出经自来水充分洗后,擦干备用。

(二)带菌玻璃器皿的洗涤

1.常用器皿的洗涤

常用的试管、烧杯、培养皿、锥形瓶、漏斗、量筒等器皿,应先经 121℃高压蒸汽灭菌 20 min,灭菌后趁热倒出容器中的内容物。若为非致病性微生物的液体废弃物,灭菌后可流入下水道;培养致病性微生物的废弃物和有琼脂的废弃物,灭菌后必须集中处理,切勿直接倒入下水道,以免污染水源和堵塞下水道。经过高压灭菌处理过的玻璃器皿,用洗涤剂清洗后再用自来水冲洗干净。

经过此种方法洗涤的器皿,可进行一般实验用培养和盛放无菌水等。如果要用于对玻璃器皿清洁度要求更高的实验时,在用自来水冲洗之后,还要用蒸馏水再淋洗 3 次。

2.载玻片和盖玻片的洗涤

用过的带有活菌的载玻片和盖玻片,应用纸擦去油垢,再放在 5%的肥皂水中(或 1%的苏打液)煮 10 min 后,立即用自来水冲洗,然后放在洗涤液(注意用稀配方洗液)浸泡 2 h,再用自来水冲洗至无色为止。如用洗衣粉洗涤,也须先用纸擦去油垢,然后将玻片浸入洗衣粉液中,方法同新载玻片洗衣粉液洗涤法,只不过时间要长些(30 min 左右)。

洗净的载玻片和盖玻片应放入 95%的酒精溶液中浸泡贮存,用时用镊子(或其他用具)将其取出,用洁净的布擦净或烧去酒精后使用。

3.滴管、移液管的洗涤

带有菌液的滴管和移液管应立即放入5%的石炭酸溶液(或2%来苏儿溶液)中浸泡数小时或过夜,121℃高压蒸汽灭菌20 min后再依次用自来水、蒸馏水冲洗2~3次,烘干备用。

(三)带油污玻璃器皿的洗涤

凡加过豆油、花生油等消泡剂的锥形瓶或通气培养的大容量培养瓶,在未洗刷前,需尽量除去油污。可先将倒空的瓶子用10%的氢氧化钠(粗制品)浸泡0.5 h或放在5%苏打液(碳酸氢钠溶液)内煮两次,去掉油污,再用洗涤灵和热水刷洗。吸取过油的滴管,先放在10%氢氧化钠溶液中浸泡0.5 h,去掉油污,再依上法清洗,烘干备用。

用矿物油封存过的斜面或液体石蜡油加盖的厌氧菌培养管或石油发酵用的锥形瓶,洗刷前要先在水中煮沸或高压蒸汽灭菌,然后浸泡在汽油里,使黏附于器皿壁上的矿物油溶解。倒出汽油后,放置片刻,待汽油自然挥发,最后按新购置的玻璃器皿处理方法进行洗刷。

凡带有凡士林的玻璃干燥器或反应瓶口的玻璃磨口塞,洗刷前要用酒精或丙酮浸泡过的棉花擦去油污。也可用油污清洗剂喷洒于油污垢上,待2~5 min后,用干布擦净,再依上法清洗干净。

四、注意事项

(1)凡在实验中用过的带有微生物的玻璃器皿,应先经高压灭菌后或在消毒液中浸泡后才能清洗。如为带芽孢的杆菌或有孢子的霉菌,则应延长浸泡时间。

(2)不同性质的玻璃器皿应分开洗涤放置。如难清洗的玻璃器皿与易清洗的玻璃器皿应分开洗涤放置,以减少洗涤麻烦;盛放有毒物品的器皿应与其他器皿分开洗涤放置。

(3)进行清洗时,应根据不同的器皿规格选择不同的毛刷;所选择的洗涤液不应对玻璃器皿有腐蚀作用,以防对器皿造成损伤。

五、不同玻璃器皿的干燥方法

洗净后的试管、烧杯、锥形瓶、漏斗等应倒置放于洗涤架上,移液管和滴管洗净后应使细口端向上斜立于洗涤架上自然晾干或于干燥箱中烘干备用。培养皿洗净后将皿底与皿盖分开排放,自然晾干或置于搪瓷盘内于干燥箱内烘干备用。

第四节 玻璃器皿的包扎

根据实验需要,应将玻璃器皿进行包扎。包扎好的各种玻璃器皿要在电热鼓风干燥箱内进行高温干热灭菌后方能用于实验操作。

一、培养皿的包扎

培养皿由一盖一底组成一套。进行包扎时,可以单套包扎,也可以按实验要求几套包成一包,或者将培养皿装入金属筒内直接进行干热灭菌(图1-5)。

图1-5 培养皿的包扎过程

(引自:钱存柔.微生物学实验教程.北京:北京大学出版社,2008)

二、试管的包扎

1.棉塞的制作

为了防止杂菌污染,应按试管口的大小制作大小适度,松紧合适的棉塞。

制作棉塞时,应选用大小和厚薄合适的脱脂棉,按图1-6和图1-7所示的棉塞制作过程进行制作。制作好的棉塞塞入试管口时,2/3在试管内,1/3在试管外,用手提棉塞试管不会下落。

2.试管的包扎

塞有棉塞的试管或盖好塑料试管帽的试管,以7支为一捆,用牛皮纸或报纸将管口包起来,用线绳捆好。捆扎方法如图1-8所示。

三、锥形瓶的包扎

在棉塞外包上一层纱布,再塞在瓶口上,也可用塑料封口膜直接包在锥形瓶口上。在封好口的锥形瓶口上再包上一层牛皮纸,用线绳捆好,捆扎方法与试管相同。

四、移液管的包扎

为了避免外界和口中的细菌吹入移液管内,应在距管口约1.5 cm处塞入一段长约2 cm

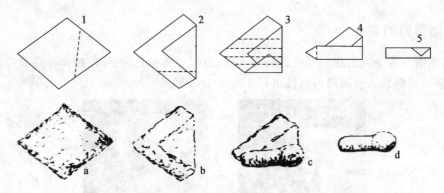

图 1-6　棉塞的制作过程

（引自：钱存柔.微生物学实验教程.北京：北京大学出版社，2008）

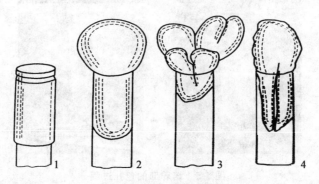

图 1-7　试管帽和棉塞

1—试管帽；2—正确的棉塞；3,4—不正确的棉塞

（引自：陈剑虹.工业微生物实验技术.北京：化学工业出版社，2006）

图 1-8　试管的包扎过程

（引自：钱存柔.微生物学实验教程.北京：北京大学出版社，2008）

的非脱脂棉。塞入的棉花要松紧适当，以吹气时通气且棉花不下滑为宜。

将移液管尖端以 45°角放在宽 4～5 cm 的纸条(一般使用报纸)一端,折叠纸条包住尖端,用左手握住移液管,右手将移液管压紧,在桌面上向前搓转,以螺旋形式包裹起来。上端剩余的纸条折叠打结即可(图 1-9)。

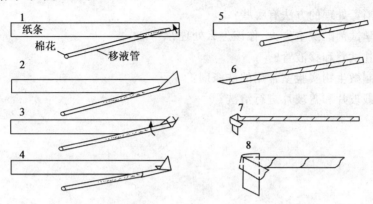

图 1-9 单支移液管包装

(引自:钱存柔.微生物学实验教程.北京:北京大学出版社,2008)

§阅读材料

安全用电原则

1.入户电源线须避免过负荷使用,破旧老化的电源线应及时更换,以免发生意外。

2.不要购买"三无"假冒伪劣电器产品。

3.使用电器时应有完整可靠的电源插头。对金属外壳的电器都要采用具有接地保护的电源插头。

4.不能在地线上和零线上装设开关和保险丝。禁止将接地线接到自来水、煤气管道上。

5.不要用湿手或导电物(如铁丝、别针等金属制品)去接触带电设备,不要用湿布擦抹带电设备。

6.使用电炉等电热器时,须远离易燃物品,使用后应切断电源。

7.不要私拉乱接电线,不要随便移动带电设备。

8.检查和修理电器时,必须先断开电源。

9.电器的电源线破损时,要立即更换或用绝缘布包扎好。

10.电器或电线发生火灾时,应先断开电源再灭火。

11.尽量不要在同一时间使用太多大功率电器设备。

12.当因用电引发火灾时,要用布、沙土或者干式灭火器扑灭火焰,绝不能使用水灭火。

13.发现电线断落,无论带电与否,都应与电线断落点保持足够的安全距离,并及时向有关部门汇报。

复习思考题

1. 无菌室消毒处理的方法有哪些？
2. 如果化学试剂贮藏室失火，你该怎么处理？
3. 如何包扎试管和移液管？
4. 如何配制微生物实验室常用的洗涤剂？
5. 怎样对载玻片和盖玻片进行清洗？

第二章　微生物概论

知识目标
- 掌握微生物的概念及其主要特点。
- 掌握微生物的命名方法。
- 了解微生物在人类进步中的作用。

技能目标
- 学会微生物的分类方法。

> 在本章中将学习微生物的一些基本知识,微生物的概念、种类、命名方法、微生物的发展简史和不同发展阶段中的重要代表人物等内容。通过本章的学习,使学生掌握关于微生物的基本知识,了解微生物在人类进步中的作用以及对人类有害的一面。在此基础之上,使学生正确认识微生物和人类的关系,树立学生实事求是、严肃认真的科学态度。

第一节　微生物概述

一、微生物概念及其种类

微生物是自然界中一类个体微小,结构简单,肉眼不可见或看不清楚,必须借助显微镜才能观察到的一类微小生物。微生物非常微小,小到必须用微米级甚至纳米级来做计量单位。

微生物的种类繁多,形态各异,生物学特性差异大,通常根据细胞结构的有无及细胞器分化的完善程度可分为:

1. 原核细胞型微生物

细胞核分化程度较低,仅有原始核,无核膜、核仁等结构,缺乏完整的细胞器,含有两类核酸(DNA 和 RNA)。如细菌、放线菌、立克次氏体、支原体、衣原体等。

2. 真核细胞型微生物

细胞核分化程度较高,有典型的细胞核结构,具有完整的细胞器,含有两类核酸(DNA 和 RNA),如真菌。

3.非细胞型微生物

个体微小,无细胞结构,只含有一种核酸(DNA 或 RNA),必须寄生于活细胞内。如病毒。

二、微生物的特点

微生物除了具有其他生物一切生命活动的共同特点,如生长繁殖、新陈代谢、调节控制之外,还有其自身的特点。

(1)种类多,分布广。据估计,微生物的种类数在 50 万～600 万种,其中已记载的仅约 20 万种,随着人类对微生物的不断开发、研究和利用,这些数字还会增长。

(2)代谢旺盛,繁殖快。如大肠杆菌,每 20～30 min 就能繁殖一代。

(3)适应性强,易变异。微生物具有灵活的适应性,甚至在一些极端环境中也有微生物的存在。但与高等生物相比,容易发生变异。

(4)体积小,比表面积大。微生物的大小以微米或纳米计算,但比表面积(表面积/体积)大。比表面积越大,说明其代谢活性越强。在适宜条件下,微生物 24 h 所合成的细胞物质相当于原来细胞质量的 30～40 倍;而一头体重 500 kg 的乳牛,相同时间内只能合成 0.5 kg 蛋白质。

三、微生物的命名

国际上通用"双名法"对微生物进行命名。

每种微生物的名称(学名)和动、植物一样,也是由两个拉丁字即一个属名(在前)和一个种的定名形容词组成,属名的第一个字母必须大写,而种名一般小写。在印刷时,学名用斜体字。如黄曲霉 *Aspergillus flavus* Link,第一个字是曲霉的属名,第二个字是种名(黄色的意思),第三个字是命名人的姓。

第二节 微生物学发展简史

一、经验阶段——史前时期

史前时期指人类还未见到微生物个体尤其是细菌细胞前的一段漫长的历史时期,大约距今 8 000 年前一直到 1676 年间。在此时期,人类在日常生活和生产实践中,已经觉察到微生物的生命活动及其作用。早在 4 000 多年前的龙山文化时期,我们的祖先已能用谷物酿酒,也能用动物的乳酿酒。殷商时代的甲骨文上也有酒、醴(甜酒)等的记载。在古希腊的石刻上,记有酿酒的操作过程。在很早以前,我们的祖先就在狂犬病、伤寒和天花等疾病的流行方式和防治方法方面积累了丰富经验。例如,在公元 4 世纪就有如何防治狂犬病的记载;又如,在 10 世纪的《医宗金鉴》中,有种人痘预防天花的记载,这种方法后来相继传入俄国、日本、英国等,为免疫学的发展奠定了基础。

二、形态学阶段——初创阶段

1676 年,荷兰人列文虎克(A. van Leeuwenhoek,1632—1723)发明了一架能放大 200～300 倍的显微镜(图 2-1),从而解决了认识微生物世界的第一个障碍。他用这种原始显微镜发现了许多肉眼看不见的微小生物,当时称之为微动体,并正确地描述了微生物的形态,第一次为微生物的存在提供了证据。

但在其后的 200 年里,微生物学的研究基本停留在形态描述和分门别类阶段,对微生物的生理活动与人类实践活动的关系却未加研究,微生物作为一门学科在当时并未形成。

图 2-1　列文虎克和他发明的显微镜

三、生理学阶段——奠基时期

从 19 世纪 60 年代开始,以法国巴斯德(L. Pastuer,1822—1895)和德国科赫(图 2-2)为代表的科学家将微生物学的研究推进到生理学阶段,并为微生物学的发展奠定了坚实的基础。

巴斯德·路易斯　　　　　　　　　罗伯特·科赫

图 2-2　微生物学发展史上两位著名的科学家

1857 年,巴斯德通过著名的曲颈瓶试验,彻底否定了生命的自然发生说。在此基础上,他提出了加热灭菌法,后来被人们称为巴氏消毒法,成功地解决了当时困扰人们的牛奶、酒类变质问题。巴斯德还研究了酒精发酵、乳酸发酵、醋酸发酵等,并发现这些发酵过程都是由不同的发酵菌引起的,从而奠定了初步的发酵理论。在此期间,巴斯德的三个女儿相继染病死去,不幸的遭遇促使他转而研究疾病的起源,并发现特殊的微生物是发病的病源。由此开始了 19 世纪寻找病原菌的黄金时期。巴斯德还发明了减毒菌苗,用以预防鸡霍乱病和牛羊炭疽病,发明并使用了狂犬病疫苗,为人类治病、防病做出了巨大贡献。巴斯德在微生物学各方面的研究成果,促进了医学、发酵工业和农业的发展。

与巴斯德同时代的科赫对医学微生物学做出了巨大贡献。科赫首先论证了炭疽杆菌是炭疽病的病原菌,接着又发现了结核病和霍乱的病原菌,并提倡用消毒和灭菌法预防这些疾病的发生。科赫还建立了一系列研究微生物的重要方法,如细菌的染色方法、固体培养基的制备方法、琼脂平板的纯种分离技术等,这些方法一直沿用至今。科赫提出的微生物作为病原体所必须具备的条件,即科赫法则,至今仍指导着人们对动植物病原体的确定。

四、生物化学阶段——发展阶段

20 世纪以来,随着生物化学和生物物理学的不断渗透,再加上电子显微镜的发明和同位素示踪原子的应用,推动了微生物学向生物化学阶段发展。

1897 年,德国学者布希纳(E. Buchner,1860—1917)发现,酵母菌的无细胞提取液与酵母菌一样,可将糖液转化为酒精,从而确认了酵母菌酒精发酵的酶促过程,将微生物的生命活动与酶化学结合起来。一些科学家用大肠杆菌为材料所进行的一系列研究,都阐明了生物体的代谢规律和控制代谢的基本过程。进入 20 世纪,人们开始利用微生物进行乙醇、甘油、各种有机酸、氨基酸等的工业化生产。

1929 年,弗莱明(A. Flemming,1881—1913)发现点青霉能够抑制葡萄球菌的生长,从而揭示出微生物间的拮抗关系,并发现了青霉素。此后,陆续发现的抗生素越来越多。抗生素除医用外,也用于防治动植物病害和食品保藏。

五、分子生物学阶段——成熟阶段

20 世纪 50 年代初,随着电镜技术和其他高科技技术的出现,人类对微生物的研究进入到分子生物学水平。

1941 年,比德尔(G. W. Beadle,1903—1989)等用 X 射线和紫外线照射链孢霉,使其产生变异,获得了营养缺陷型(即不能合成某种物质)菌株。对营养缺陷型菌株的研究,不仅使人们进一步了解了基因的作用和本质,而且为分子遗传学打下了基础。1944 年,艾弗里第一次证实引起肺炎双球菌形成荚膜的物质是 DNA。1953 年,沃森和克里克在研究微生物 DNA 时,提出了 DNA 分子的双螺旋结构模型。1961 年,雅各布和莫诺在研究大肠杆菌诱导酶的形成过程中,提出了操纵子学说,并阐明了乳糖操纵子在蛋白质生物合成中的调节控制机制……这一切为分子生物学奠定了重要基础。近几十年来,随着原核微生物 DNA 重组技术的出现,人们利用微生物生产出了胰岛素、干扰素等贵重药物,形成了一个崭新的生物技术产业。

微生物学是一门科学。人类通过与疾病斗争和科学实践,不断推动医学微生物学的发展,而有关医学微生物学或与其密切相关学科理论和技术的突破,又总是促进疾病防治水平不断提高。微生物学作为一门科学到 19 世纪晚期才发展起来。

第三节 微生物的应用

微生物与人类生活关系密切,特别是微生物本身或其代谢过程中产生的各种代谢产物,许多是对人类有应用价值的。

一、参与自然界的物质循环和环境保护

微生物参与自然界中的碳素循环、氮素循环、硫素循环等物质循环,并在其中担当着十分重要的角色。微生物通过光合作用、固氮作用、分解作用等方式将元素从非生命态物质转化成生命物质状态,再由生命物质状态转化为非生命物质状态,使得自然界中的物质得以转化,动植物才得以生存。

在工业迅猛发展的今天,环境污染也日益加剧。微生物原本就与人们的生活密切相关,它作为一种新型的污染处理材料,应用在污水、废气的处理,土壤污染治理等方面。利用微生物作用的生化法因其投资少、处理效率高、运行成本低且微生物的来源广泛,繁殖迅速,容易培养,处理污染简便,有着良好的发展前景。环境污染的发生主要由人类活动所致,但微生物与环境质量也密切相关。一方面微生物具有污染环境的作用,但另一方面微生物也具有很强的修复环境和保护环境的能力。因此,控制和消除微生物对环境的污染,最大限度地利用微生物所具有的净化环境的作用,无疑对环境保护具有重要意义。

二、在医药领域中的应用

通过微生物可生产多种药物,许多化学合成工艺相当复杂的药物,目前已经能够用微生物或酶转化技术得以替代。如可通过微生物发酵生产各种抗生素、类激素、免疫调节剂、酶抑制剂和抗辐射药物,由细菌、病毒、支原体等制成各种疫苗。

同时,从遗传工程开创以来,也可将微生物学与基因工程技术相结合,进一步扩大了微生物代谢产物的范围和品种,使昔日由动物才能产生的胰岛素、干扰素等高效药物纷纷转向由"工程菌"来生产。还可通过构建基因工程菌株,开发更多的新型药物。

三、在食品工业中的应用

微生物在食品加工中已被应用了几千年。从酿酒、制醋到生产酸奶、面包发酵,人们生活中各种风味的食品的生产几乎都离不开微生物的参与。特别是食用菌,不仅蛋白质丰富、营养价值高,还具有保健功能,已成为深受人们欢迎的食疗补品。

21 世纪是一个微生物制剂时代。我们应高度重视微生物食品,在食品领域中广泛应用生物技术,不断筛选出新的功能菌株,丰富可食用微生物资源,为人类生存与健康服务。未来的微生物技术不仅有助于实现食品的多样化,而且有助于生产特定的营养保健食品,进而作用于治病健身的领域。

四、在其他方面的应用

由于微生物种类繁多,便于操作,已被广泛应用于各个领域。如农业生产中,用微生物农药取代原有的化学农药,不仅可以减少病虫害对植物的危害,还可以保护环境,避免污染;利用细菌浸出法进行冶金,可以大大提高金属的回收率,且成本低,污染小。此外,在石油工业,环境治理、生物计算机等多方面也起着十分重要的作用。

同时,微生物对人类也存在有害的一面。我们今天已经进入了 21 世纪,虽然我们能够制服引起一般传染病的微生物,但是,艾滋病和新出现的疾病依然严重威胁着人类,还有些一度被控制的传染病又开始死灰复燃。例如,世界各地一度似乎销声匿迹的结核病,近年来却死灰复燃,患病率节节上升。据世界卫生组织的资料,全世界每年死亡的 5 200 万人中有 1/3 是由传染病造成的。鼠疫、艾滋病(AIDS)、癌症、肺结核、疟疾、霍乱"卷土重来",伊波拉病毒、疯牛病、SARS、禽流感等都是由一些极少部分的微生物所致。而且还证实,这些病毒还在变异,这就更加增加了对这些疾病研究的困难。

而这些疾病的出现,又是跟人们的行为有关。由于发展的需要,人们对环境进行破坏造成生态的不平衡,使病毒能够接触到人们的机会大大增加,而且加快了它们变异的能力。这些无不是人类自身所种的恶果。

---

§阅读材料

超 级 细 菌

超级细菌是一种耐药性细菌,这种超级细菌能在人身上造成脓疮和毒疮,甚至逐渐让人的肌肉坏死。更可怕的是,抗生素药物对它不起作用,病人会因为感染而引起可怕的炎症,高烧、痉挛、昏迷直到最后死亡。

"超级细菌"更为科学的称谓应该是"产 NDM-1 耐药细菌",即携带有 NDM-1 基因,能够编码 I 型新德里金属 β-内酰胺酶,对绝大多数抗生素(替加环素、多黏菌素除外)不再敏感的细菌。临床上多为使用碳青霉烯类抗生素治疗无效的大肠埃希菌和肺炎克雷伯菌等革兰氏阴性菌造成的感染。2011 年在中国杭州,研究超级细菌的专家在重症监护室的病人身上也发现了这种新的"超级细菌"。

事实上,所有的"超级细菌"都是由普通细菌变异而成的。也正是由于滥用抗生素,对变异细菌进行自然选择,从而产生了"超级细菌"。除了吃药打针,我们吃的鸡、鸭、鱼肉之中也有许多抗生素。因为它们生长过程中被喂了抗生素,侵袭它们的细菌可能变异。等到变异病菌再侵袭人类时,人类就无法抵御了。结果是,研究出来的新药越来越短命。当然,大部分的肺炎克雷伯氏菌还没变异,大多数抗生素对它依然有效。

每年在全世界大约有 50% 的抗生素被滥用,而中国这一比例甚至接近 80%。正是由于药物的滥用,使病菌迅速适应了抗生素的环境,各种超级病菌相继诞生。过去一个病人用几十单位的青霉素就能活命,而相同病情,现在几百万单位的青霉素也没有效果。由于耐药菌引起的感染,抗生素无法控制,最终导致病人死亡。在 20 世纪 60 年代,全世界每年死于感染性疾病的人数约为 700 万,而这一数字到了 21 世纪初上升到 2 000 万。死于败血症的人数上升了 89%,大部分人死于超级病菌带来的用药困难。

复习思考题

1.什么是微生物？微生物有哪些种类？

2.微生物的主要特点有哪些？

3.简述巴斯德在微生物学上的主要贡献。

4.简述微生物的应用情况。

第三章　原核微生物

知识目标
- 理解细菌结构与致病性的关系、常见致病菌的生物特性。
- 熟悉细菌的常规生化实验检查方法。
- 熟悉放线菌的形态结构及菌落特征。
- 了解放线菌的重要属及其与制药的关系。

技能目标
- 能够熟练使用显微镜进行细菌的形态观察。
- 熟练掌握革兰氏染色技术、细菌大小测定及细胞计数的方法。
- 会进行细菌的培养和放线菌的插片培养法。

　　在本章中将学习细菌和放线菌。主要介绍细菌和放线菌的形态结构、生长与繁殖、新陈代谢和致病性。通过本章的学习，要掌握细菌细胞的基本结构和特殊结构及其功能。比较革兰氏阳性菌和革兰氏阴性菌细胞壁的异同，掌握革兰氏染色法的过程，了解一些其他染色的方法。掌握细菌的培养和放线菌的插片培养法，列表比较细菌的外毒素和内毒素，了解感染的来源和类型。熟悉常见病原性细菌及其所致疾病和防治原则。

　　原核微生物是指一大类只有原始细胞核（和细胞质并没有分明界限的核区或核质）的单细胞生物。主要包括细菌、放线菌、立克次氏体、支原体、衣原体等。

第一节　细菌的形态和结构

　　细菌是具有细胞壁的一类单细胞原核细胞型微生物，形体微小（直径约 0.5 μm，长度 0.5～5 μm），结构简单。细菌无成形细胞核，也无核仁和核膜，除核蛋白体外无其他细胞器，在适宜的条件下有相对稳定的形态与结构。

　　细菌是自然界分布最广、数量最大、种类最多，与人类关系极为密切的一类微生物。在温暖、潮湿和富含有机物的地方，都有大量的细菌活动。它们在大自然物质循环中处于极为重要的地位。

一、细菌的大小

细菌形体微小,通常以微米(1 $\mu m = 10^{-3}$ mm)作为测量细菌大小的单位,肉眼的最小分辨率为 0.1 mm,所以观察细菌要用光学显微镜放大几百倍到上千倍才能看到。

二、细菌的基本形态

细菌按其外形分主要有三类,分别是球菌、杆菌和螺形菌(图 3-1)。

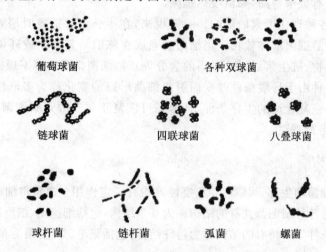

葡萄球菌　　　　各种双球菌

链球菌　　　　四联球菌　　　　八叠球菌

球杆菌　　　链杆菌　　　弧菌　　　螺菌

图 3-1　细菌的基本形态和排列

(引自:钱存柔.微生物学实验教程.北京:北京大学出版社,2008)

(一)球菌

球菌呈圆球形或近似圆球形,有的呈矛头状或肾状。单个球菌的直径在 0.8~1.2 μm。根据繁殖时细菌细胞分裂方向和分裂后细菌粘连程度及排列方式不同可分为:

(1)双球菌　菌细胞在一个平面上分裂,分裂后的两个新菌体成对排列者称双球菌,如肺炎链球菌、脑膜炎双球菌。

(2)链球菌　在一个平面上分裂,成链状排列,如溶血性链球菌。

(3)四联球菌和八叠球菌　菌细胞在两个相互垂直平面上分裂,分裂后的新菌体排列在一起呈正方形者称四联球菌;在三个互相垂直的平面上分裂,八个菌体重叠呈立方体状称八叠球菌,如藤黄八叠球菌。

(4)葡萄球菌在几个不规则的平面上分裂,菌体多堆积在一起而呈葡萄状排列,如金黄色葡萄球菌。

球菌是细菌中的一大类。对人类有致病性的病原性球菌主要引起化脓性炎症,又称为化脓性球菌。

(二)杆菌

各种杆菌的大小、长短、弯度、粗细差异较大。大多数杆菌中等大小,长 2~5 μm,宽 0.3~1 μm。菌体的形态多数呈直杆状,也有的菌体微弯。菌体两端多呈钝圆形,少数两端平齐(如炭疽杆菌),也有两端尖细(如梭杆菌)或末端膨大呈棒状(如白喉杆菌)。排列一般分散存在,无一定排列形式,偶有成对或链状,个别呈特殊的排列,呈八字状或栅栏状,如白喉杆菌。

(三)螺形菌

螺形菌菌体弯曲,可分为:

(1)弧菌　菌体只有一个弯曲,呈弧状或逗点状,如霍乱弧菌。弧菌属广泛分布于自然界,尤以水中为多,有 100 多种。

(2)螺菌　菌体有数个弯曲,如鼠咬热螺菌。

细菌形态可受各种理化因素的影响。一般说来,在生长条件适宜时培养 8～18 h 的细菌形态较为典型,而幼龄细菌形体较长。当细菌衰老或在陈旧培养物中或环境中有不适合于细菌生长的物质(如药物、抗生素、抗体、过高的盐分等)时,细菌常常出现不规则的形态,如梨形、气球状、丝状等。这种由于环境条件改变而引起细菌形态的变化称为多形性。不过这种形态变化是暂时的,如果恢复合适的生存条件,其形态可恢复正常。故观察细菌形态特征时,应选择典型形态的细菌进行观察。

三、细菌的结构

细菌的结构对细菌的生存、致病性和免疫性等均有一定作用。通常将细菌的结构分为基本结构和特殊结构。将各种细菌都共有的结构称为基本结构,包括细胞壁、细胞膜、细胞质和核质;将某些细菌在一定条件下所特有的结构称为特殊结构,包括鞭毛、芽孢、菌毛和荚膜(图 3-2)。

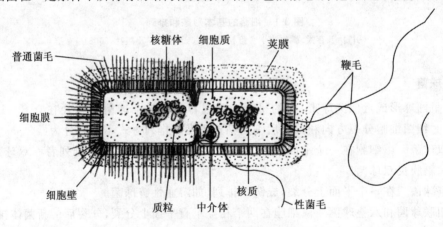

图 3-2　细菌细胞结构模式图

(引自:钱存柔.微生物学实验教程.北京:北京大学出版社,2008)

(一)细菌的基本结构

1. 细胞壁

细胞壁为细菌表面比较复杂的结构,是一层厚度平均 15～30 nm、质量均匀的网状结构,可承受细胞内强大的渗透压而不被破坏。细胞壁紧贴在细胞膜外,坚韧而有弹性。

(1)细胞壁主要成分　主要成分是肽聚糖,又称黏肽,为细菌细胞壁所特有。除了古细菌,几乎所有的细菌细胞壁都有肽聚糖。肽聚糖是由肽聚糖单体聚合而成的网状大分子。肽聚糖单体由 N-乙酰葡萄糖胺(G)和 N-乙酰胞壁酸(M)两种氨基糖经 β-1,4-糖苷键连接形成的多糖骨架,在 N-乙酰胞壁酸分子上连接四肽侧链,肽链之间再由肽桥或肽链联系起来,组成一个机械性很强的网状结构。各种细菌细胞壁的肽聚糖支架均相同,四肽侧链的组成及其连接方式随菌种而异。

细菌经革兰氏染色分为革兰氏阳性菌(G⁺)和革兰氏阴性菌(G⁻)两大类。革兰氏阳性菌例如金黄色葡萄球菌的四肽侧链氨基酸由 L-丙-D-谷-L-赖-D-丙组成。两条侧链之间通过五个甘氨酸组织的五肽桥交联,交联时五肽桥端与侧链第三位上赖氨酸连接,另一端与侧链第四位 D-丙氨酸连接,这样金黄色葡萄球菌形成坚固致密的三维立体空间,机械强度大(图 3-3A)。而革兰氏阴性菌如大肠杆菌的四肽侧链中第三位的氨基酸被二氨基庚二酸(DAP)所取代,以肽链直接与相邻四肽侧链中的 D-丙氨酸相连,且交联率低,因为没有五肽交联桥,仅形成二维平面结构,所以其结构较为疏松(图 3-3B)。

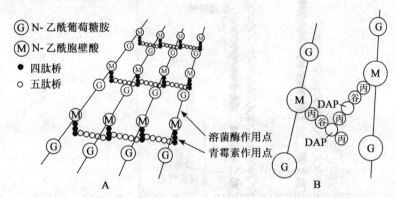

Ⓖ N-乙酰葡萄糖胺
Ⓜ N-乙酰胞壁酸
● 四肽桥
○ 五肽桥

溶菌酶作用点
青霉素作用点

图 3-3　金黄色葡萄球菌细胞壁肽聚糖结构(A)和大肠杆菌细胞壁肽聚糖结构(B)

凡能破坏肽聚糖结构或抑制其合成的物质,都能损伤细胞壁而使细菌变形或杀伤细菌。例如,溶菌酶能切断肽聚糖中 N-乙酰胞壁 C-1 和乙酰葡萄糖 C-4 之间的 β-1,4-糖苷键,破坏肽聚糖支架,引起细菌裂解;青霉素和头孢菌素的作用是抑制肽聚糖合成最后阶段的交联作用,不论对 G⁺ 还是 G⁻,使细菌不能合成完整的细胞壁而导致细菌死亡。通常 G⁻ 对青霉素没有 G⁺ 敏感,那是因为 G⁻ 外膜层的屏障作用,使其不易到达作用的靶部位的缘故。人和动物细胞无细胞壁结构,亦无肽聚糖,故溶菌酶和青霉素对人体细胞无毒性作用。除肽聚糖这一基本成分以外,革兰氏阳性菌和革兰氏阴性菌的细胞壁各有其特殊成分。

(2)G⁺ 细胞壁特有成分　G⁺ 细胞壁较厚,20～80 mm,肽聚糖含量丰富,有 15～50 层,占细胞壁干重的 50%～80%。此外,尚有大量特殊组分磷壁酸。磷壁酸的主要功能有:①抗原性很强,是革兰氏阳性菌的重要表面抗原;②在调节离子通过黏肽层中起作用;③与某些酶的活性有关;④某些细菌的磷壁酸,能黏附在人类细胞表面,其作用类似菌毛,可能与致病性有关。

(3)G⁻ 细胞壁特殊成分　G⁻ 细胞壁较薄,10～15 nm。除了有 1～2 层肽聚糖外(占细胞壁干重的 5%～20%),还有特殊成分外膜层位于细胞壁肽聚糖层的外侧,由脂蛋白、脂质双层、脂多糖三部分组成。

①脂蛋白。一端以蛋白质部分连接于肽聚糖的四肽侧链上,另一端以脂质部分连接于外膜的磷脂上。其功能是使外膜与肽聚糖层构成一个整体。

②脂质双层。是 G⁻ 细胞壁的主要结构,除了转运营养物质外,还有屏障作用,能阻止多种物质透过,抵抗许多化学药物的作用,所以革兰氏阴性菌对溶菌酶、青霉素等比革兰氏阳性

具有较大的抵抗力。

③脂多糖。由脂质双层向细胞外伸出,包括类脂A、核心多糖、特异性多糖三个组成部分,习惯上将脂多糖称为细菌内毒素。类脂A:糖磷脂,是内毒素生物学活性成分,为革兰氏阴性菌的致病物质,无种属特异性,各种革兰氏阴性菌内毒性引起的毒性作用都大致相同;核心多糖:位于类脂A的外层,核心多糖具有属特异性,同一属细菌的核心多糖相同;O-特异性多糖:在脂多糖的最外层,由数个至数十个低聚糖(3～5个单糖)重复单位所构成的多糖链,此链的长度、单糖的种类、排列和空间构型随细菌种类不同而不同,因此,O-特异性多糖具有种的特异性。G^+和G^-细菌细胞壁结构模式见图3-4。

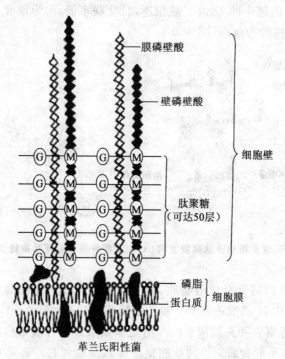

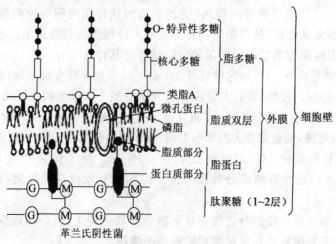

图3-4 细菌细胞壁结构模式图

(引自:蔡凤.微生物学.北京:科学出版社,2004)

革兰氏阳性菌和革兰氏阴性菌的细胞壁结构显著不同,导致这两类细菌在染色性、抗原性、毒性、对某些药物的敏感性等方面的很大差异(表 3-1)。

表 3-1 革兰氏阳性菌与革兰氏阴性菌细胞壁结构的比较

(引自:蔡凤.微生物学.北京:科学出版社,2004)

特征	G$^+$细菌	G$^-$细菌
结构	三维空间(立体结构)	二维空间(平面结构)
强度	较坚韧	较疏松
厚度	厚,15~80 nm	薄,10~15 nm
肽聚糖含量	多,占胞壁的 50%~80%	少,5%~15%
肽聚糖层数	多,可达 50 层	少,1~3 层
磷壁酸	有	无
外膜层	无	有

(4)细胞壁的功能 ①细菌细胞壁坚韧而富有弹性,保护细菌能承受胞内巨大渗透压而不被破坏;②与细胞膜共同参与细胞内外的物质交换,细胞壁可允许水分及直径小于 1 nm 的可溶性小分子自由通过;③细胞壁的化学组成与细菌的耐药性、致病性以及对噬菌体的敏感性有关;④细胞壁带有多种抗原决定簇,与细菌的抗原性有关。

(5)L 型细菌 L 型细菌是指细胞壁缺陷的细菌,可自然发生,也可经理化因素人工诱变。因 L 型细菌首次由 Lister 研究所发现,故以其第一个字母命名。用青霉素或溶菌酶处理可完全除去细胞壁,原生质仅被一层细胞膜包裹,称为原生质体,一般由 G$^+$ 形成用溶菌酶和乙二胺四乙酸(EDTA)处理,可除去肽聚糖层以及部分脂多糖,得到细胞壁部分缺陷的圆球体,一般由 G$^-$ 形成。

细菌 L 型的形态因缺失细胞壁而呈高度多形性,有球状、杆状和丝状。大小不一,对环境尤其是渗透压非常敏感,在普通生长条件下,因不能承受细胞内巨大的渗透压而破裂。但通常在高渗液、适宜的培养条件下,L 型细菌仍可生长。L 型细菌生长较缓慢,一般培养 2~7 d 后才能在琼脂平板上形成"荷包蛋样"细小菌落。

许多资料表明,L 型细菌仍有致病作用。临床上从一些反复发作的尿路感染、风湿病或脑膜炎的患者的标本中,都曾分离出 L 型细菌,而且用抗生素治疗多数不明显,易反复发作。临床遇有症状明显而标本常规细菌培养阴性者,应考虑细菌 L 型感染的可能性。

2.细胞膜

(1)细胞膜的组成 细胞膜又称细胞质膜,位于细胞壁内侧、紧包在细胞质外的具有弹性的半渗透性生物膜,约占细胞干重的 10%,主要由磷脂和蛋白质组成。在电子显微镜下观察时,呈明显的双层结构,在上、下两暗色层间夹着一浅色的中间层。每一个磷脂分子由一个带正电荷且能溶于水的极性头(磷酸端)和一个不带电荷、不溶于水的非极性尾(烃端)构成。极性头朝向膜的内外两个表面,呈亲水性;非极性端则埋藏在膜的内层,形成磷脂双分子层,其中含有各种功能的蛋白质(图 3-5)。

(2)细胞膜的功能 ①具有选择性通透作用,与细胞壁共同完成菌体内外的物质交换;②膜上有多种呼吸酶,参与细胞的呼吸过程;③膜上有多种合成酶,参与生物合成过程。

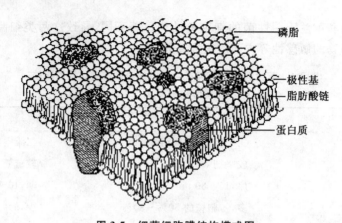

磷脂

极性基
脂肪酸链

蛋白质

图 3-5　细菌细胞膜结构模式图
(引自:蔡凤.微生物学.北京:科学出版社,2004)

3.细胞质

又称为原生质,为无色透明黏稠的胶状物,基本成分是水、糖、蛋白质、脂类、核酸及少量无机盐,是细菌的内环境。细胞质内含有丰富的酶系统,是细菌合成和分解代谢的主要场所。细胞质中还有多种重要结构。

(1)质粒　是染色体外的遗传物质,游离于细胞质中,为闭环双链 DNA 分子,但分子质量比染色体小,含 1 000~200 000 bp。质粒携带某些特殊的遗传信息,编码如细菌的耐药性、产抗生素、性菌毛等一些次要性状。质粒能进行独立复制,非细菌生存所必需,失去质粒的细菌仍能正常存活。

(2)核糖体　又称核蛋白体,其化学组成为 70% 的 RNA 和 30% 的蛋白质。细胞中约 90% 的 RNA 存在于核糖体中,当 mRNA 与核糖体连成多聚核蛋白体后,就成为合成蛋白质的场所。原核细胞完整的核蛋白体沉降系数为 70S,由 50S 和 30S 两个亚基组成,是许多抗菌药物选择作用的靶位,如链霉素能与 30S 亚基结合,红霉素能与 50S 亚基结合,从而干扰细菌蛋白质的合成而导致细菌的死亡。

(3)胞质颗粒　大多数为营养储藏物,包括多糖、脂类、多聚磷酸盐等。较为常见的是储藏高能磷酸盐的异染颗粒,嗜碱性较强,用特殊染色法可以看得更清晰。根据异染颗粒的形态及位置,可以鉴别细菌。

4.核质

核质又称拟核、类核,由裸露的双链 DNA 缠绕而成,是细菌遗传变异的物质基础,决定细菌的遗传特征。细菌的核质多集中在菌体中部,无核膜、核仁。一般呈球状、棒状或哑铃状。

(二)细菌的特殊结构

细菌的特殊结构包括芽孢、荚膜、鞭毛和菌毛。

1.芽孢

某些细菌在其生长发育后期,可在细胞内形成一个圆形或椭圆形的、折光性强的特殊结构,称为芽孢,主要由革兰氏阳性菌产生。芽孢多于代谢末期形成,与营养物质的缺乏、代谢产物的积累等因素有关,但芽孢能否形成是由细菌的芽孢基因决定的。在合适的营养和温度条件下,芽孢萌发成一个新的菌体,一个芽孢形成一个菌体,因此芽孢不是细菌的繁殖体,只是处于代谢相对静止的休眠状态。

芽孢的形状、大小以及在菌体中的位置随菌种而异,例如炭疽杆菌的芽孢为卵圆形、比菌体小,位于菌体中央;破伤风杆菌芽孢正圆形,比菌体大,位于顶端,如鼓槌状,这些形态特点有助于细菌的鉴别(图 3-6)。

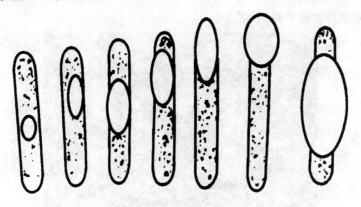

图 3-6 芽孢的各种类型

(引自:蔡凤.微生物学.北京:科学出版社,2004)

芽孢在自然界分布广泛,有的芽孢在自然界可存活长达数十年之久,因此要严防芽孢污染伤口、用具、敷料、手术器械等。芽孢的抵抗力强,对热力、干燥、辐射、化学消毒剂等理化因素均有强大的抵抗力,用一般的方法不易将其杀死。有的芽孢可耐 100℃ 沸水煮沸数小时,最可靠的方法是高压蒸汽灭菌 121℃ 20 min 才能杀死芽孢,当进行消毒灭菌时往往以芽孢是否被杀死作为判断灭菌效果的指标。

芽孢对理化因素抵抗力强的原因可能与以下因素有关:芽孢的含水量少,因此蛋白质受热不易变性;芽孢是由多层的致密结构包裹成的坚实小体;芽孢体内含有一种特殊成分 2,6-吡啶二羧酸(DPA),以钙盐形式存在,增强了耐热性。

2. 荚膜

有些细菌在一定条件下向细胞壁外分泌的一层黏液性物质,厚度在 0.2 μm 以上称为荚膜,在普通显微镜下可以看见,如肺炎球菌荚膜(图 3-7)。有的厚度在 0.2 μm 以下的称为微荚膜。

荚膜的化学组成因菌种而异,一般为多糖或多肽。如肺炎球菌、脑膜炎球菌等的荚膜由多糖组成,少数细菌的荚膜为多肽(如炭疽杆菌荚膜为 D-谷氨酸的多肽)。荚膜不易着色,要用墨汁负染色法或特殊荚膜染色才能看清。

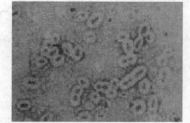

图 3-7 细菌的荚膜

(引自:蔡凤.微生物学.北京:科学出版社,2004)

细菌一般在机体内和营养丰富的培养基中才能形成荚膜。有荚膜的细菌在固体培养基上形成光滑型(S 型)或黏液型(M 型)菌落,失去荚膜后菌落变为粗糙型(R)。荚膜并非细菌生存所必需,如荚膜丢失,细菌仍可存活。

荚膜的功能:①抗吞噬作用:保护细菌免遭吞噬细胞的吞噬和消化作用,因而与细菌的毒力有关;②抗干燥作用:荚膜能贮留水分使细菌具有抗干燥能力;③储存养料;④可使菌体附着于适当的物体表面,如某些链球菌的荚膜物质黏附于人的牙齿而引起龋齿。

3. 鞭毛(flagella)

在某些细菌菌体上具有细长而弯曲的丝状物,称为鞭毛,其数目为一至数十根。鞭毛的长度常超过菌体若干倍,但直径很小,通常为 10～30 nm,须用电镜观察,或用特殊的鞭毛染色法,可以在普通光学显微镜下看到(图 3-8)。

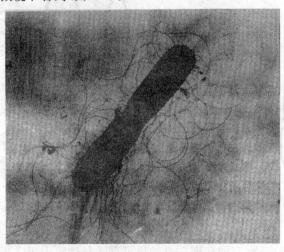

图 3-8 破伤风杆菌的周身鞭毛

(引自:蔡凤.微生物学.北京:科学出版社,2004)

鞭毛的化学组成是蛋白质,被称为鞭毛蛋白。按鞭毛的数目、位置和排列不同,可分为:①偏端单毛菌。整个菌体只有一根鞭毛,位于菌体的一端,如霍乱弧菌。②两端单毛菌。如空肠弯曲菌。③丛毛菌。在菌体的一端或两端有一丛或两丛鞭毛,如铜绿假单胞菌。④周毛菌。如伤寒杆菌、枯草杆菌等(图 3-9)。

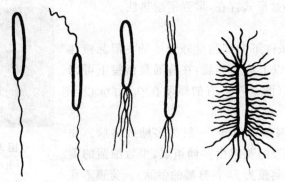

图 3-9 细菌的鞭毛

(引自:蔡凤.微生物学.北京:科学出版社,2004)

鞭毛具有以下功能:

(1)鞭毛是细菌的运动器官,具有运动功能。鞭毛往往具有化学趋向性,常朝向有高浓度营养物质的方向移动,而避开对其有害的环境。没有鞭毛的细菌只能因水分子的撞击而产生原地颤动。

(2)可用以鉴别细菌,鞭毛蛋白具有很强的抗原性,通常称为 H 抗原,对某些细菌的鉴定、分型及分类具有重要意义。

(3)有些细菌的鞭毛与致病性有关,如霍乱弧菌、空肠弯曲菌等的鞭毛运动活泼,可帮助细菌穿透小肠黏膜表层,使细菌易于黏附而导致病变发生。

4. 菌毛

菌毛是许多 G⁻ 和少数 G⁺ 菌体表面遍布的比鞭毛更为纤细、短而直的丝状物,又叫做纤毛。其化学组成是菌毛蛋白,与细菌的运动无关,在光学显微镜下看不见,须用电镜才能观察到(图 3-10)。根据形态和功能的不同,菌毛可分为普通菌毛和性菌毛两种。

(1)普通菌毛　普通菌毛短、细、直,遍布于菌体表面,能与宿主黏膜表面的受体相互作用,因此具有黏着细胞(如红细胞、上皮细胞等)和定居于各种细胞表面的能力,与细菌的致病性密切相关,无菌毛的细菌则易被黏膜细胞的纤毛运动、肠蠕动或尿液冲洗而被排除。

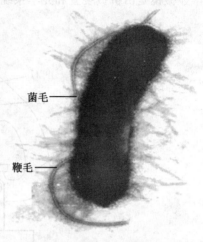

菌毛————

鞭毛————

图 3-10　细菌的菌毛
(引自:蔡凤. 微生物学. 北京:科学出版社,2004)

(2)性菌毛　性菌毛比普通菌毛粗且长,1～4根。性菌毛由质粒携带一种致育因子的基因编码,故性菌毛又称 F 菌毛。带有性菌毛的细菌称为 F⁺ 菌或雄性菌,无性菌毛的细菌称为 F⁻ 菌或雌性菌。性菌毛能在细菌之间传递某些遗传性状,如细菌的毒性及耐药性可通过这种方式传递,这是某些肠道杆菌容易产生耐药性的原因之一。

第二节　普通光学显微镜的使用

一、实验目的

(1)熟悉普通光学显微镜的构造及各部分的功能。
(2)学习并掌握显微镜油镜的原理和使用方法。
(3)学习并掌握用显微镜观察微生物代表性标本片及正确绘图的方法。
(4)认识微生物形态。

二、实验原理

显微镜是微生物学工作者不可缺少的实验仪器,熟悉其原理及操作技术是微生物研究的必要手段。由于微生物形体微小,难以用肉眼观察其形态结构,必须借助显微镜才能更好地进行研究和利用。通常可将显微镜分为光学显微镜和非光学显微镜两大类。常见的光学显微镜有普通光学显微镜、暗视野显微镜、相差显微镜、荧光显微镜等类型;非光学显微镜主要是指电子显微镜。普通光学显微镜是实验室常用的光学仪器。显微镜的性能与其放大率、物像观察时的明晰程度有关。

(一)普通光学显微镜结构

光学显微镜是由机械装置和光学系统两大部分组成(图 3-11)。

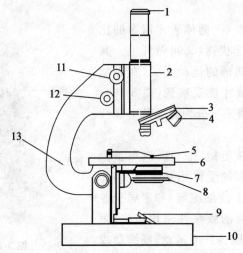

图 3-11 光学显微镜结构

1—目镜；2—镜筒；3—转换器；4—物镜；5—标本夹；6—载物台；7—聚光镜；
8—可变光圈；9—反光镜；10—镜座；11—粗调节器；12—细调节器；13—镜臂
(引自：钱存柔.微生物学实验教程.北京：北京大学出版社,2008)

1.机械装置

显微镜的机械装置包括镜座与镜臂、镜筒、转换器、载物台及调焦装置。

(1)镜座与镜臂 镜座是显微镜的基本支架，位于显微镜底部，马蹄形，由它支撑整个显微镜。镜臂是显微镜的脊梁，以支撑镜筒。直筒显微镜的镜臂与镜座之间有一倾斜关节，可使显微镜倾斜一定角度，便于观察。

(2)镜筒 由金属制成的圆筒，上接目镜，下接转换器，镜筒的长度约 160 mm。有些显微镜的镜筒长度是可调节的。

(3)转换器 是一个用于安装物镜的圆盘，可装 3～4 个物镜。转动转换器，可按需要将其中任何一个物镜通过镜筒与目镜构成一个放大系统。

(4)载物台 用于安放玻片。中心有一小孔，以利于光线通过。载物台上有一副金属标本夹或标本移动器。通过调节移动器上的螺旋可使标本做横向或纵向移动。有些移动器上还有刻度尺，构成精密的平面坐标系，用以确定标本的位置，便于重复观察。

(5)调焦装置 是调节物镜和标本间距离的物件，分粗调节器和微调节器，可使镜筒或镜台上下移动。用粗调节器只能粗放地调节焦距，难以观察到清晰的物像，微调节器用于进一步调节焦距。当物体在物镜的焦点上时，可得到清晰的图像。

2.光学系统

光学系统指目镜、物镜、聚光器及反光镜。光学系统使标本物像放大，形成倒立的放大物像。

（1）目镜　一般由两块透镜组成，分别称接目透镜和场镜。在两块透镜中间或场镜的下方有一视场光阑。目镜上常标有 5×、10×、16× 等放大倍数，不同放大倍数的目镜其口径是统一的，可根据需要选择合适的目镜进行观测。

（2）物镜　为显微镜中最重要的光学部件，作用是将被检物像做第一次放大，形成一个倒立的实像。由多块透镜组成，决定成像质量和分辨能力。根据物镜的放大倍数和使用方法的不同，分为低倍物镜、高倍物镜及油镜三种，低倍物镜有 4×、10× 及 20×；高倍物镜有 40× 及 45×；油镜为 95× 及 100×。物镜的性能取决于物镜的数值孔径，标于物镜的外壳上，此外还刻有镜筒长度及所要求盖玻片厚度等主要参数（图 3-12）。

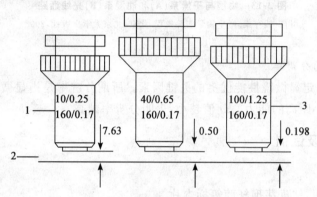

图 3-12　显微镜的主要参数

1—筒长及指定盖玻片厚度；2—工作距离；3—放大倍数与数值孔径

（引自：钱存柔. 微生物学实验教程. 北京：北京大学出版社，2008）

（3）聚光器　安装在载物台下，一般由聚光透镜、虹彩光圈和升降螺旋组成，其作用是将光源经反光镜反射来的光线聚集在标本上，增强照明度，便于观察。用低倍镜时聚光器应下降，油镜时升至最高。在聚光器的下方装有虹彩光圈（可变光圈），它由十几张金属薄片组成，可放大或缩小以调节光强。

（4）反光镜　是普通光学显微镜的取光物件，使光线射向聚光镜。它一面是凹面镜，一面是平面镜。在光源充足或用低倍和高倍镜时，用平面镜；光线较弱或用油镜时常用凹面镜。目前实验室普遍使用带内置光源的电光源显微镜，其镜座上装有光源，并有电流调节螺旋，可通过调节电流大小来调节光强。

（二）油镜的工作原理

在普通光学显微镜常用配置的几种物镜中，油镜的放大倍数最大，对微生物的研究最为重要。油镜通常标有"oil"字样，有时也用一红圈或黑圈为标志。油镜的使用较其他物镜特殊，需在载玻片与镜头之间滴加镜油，原因如下：

1. 增强照明亮度

由于油镜的放大倍数可达 100×，因此其镜头的焦距很短，直径很小，但所需要的光照强度却最大。从承载标本的玻片透过来的光线，因介质密度不同，有些光线会因折射或全反射而不能进入镜头，以致在使用油镜时会因射入的光线较少而使物像不清。因此在使用时，油镜与载玻片之间常隔着一层油质，称油浸系，即滴加折射率与玻璃相似的镜油（实验室常用香柏油），使通过载玻片的光线直接经油浸系进入物镜而不发生折射（图 3-13）。

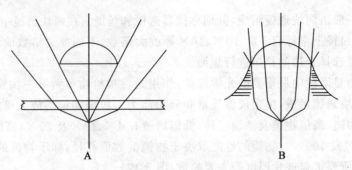

图 3-13　物镜与干燥系(A)和油浸系(B)光线通路

(引自:钱存柔.微生物学实验教程.北京:北京大学出版社,2008)

2.提高显微镜的分辨率

分辨率(D)是决定显微镜性能优劣的关键因素。所谓分辨率是指显微镜工作时能分辨出物体两点之间的最小距离的能力。D 值越小,表明分辨率越高。

三、所用器材及试剂

1.菌种

金黄色葡萄球菌、枯草芽孢杆菌等标本片。

2.实验溶液或试剂

香柏油、二甲苯。

3.实验其他器材

光学显微镜、擦镜纸。

四、操作方法

1.光学显微镜的安置与调试

(1)光学显微镜的安置　将显微镜置于平整的实验台上,保持镜座距实验台边缘 3～4 cm。切忌单手拎提,应一手握住镜臂,一手托住底座,使显微镜保持直立、平稳。镜检时姿势要端正,使用显微镜时应双眼同时睁开观察,既可减少眼睛疲劳,也便于边观察边绘图记录。

(2)调节光源　显微镜的照明光源有安装在镜座内的内置光源及通过反光镜采集的外置光源两种。内置光源可通过调节电压以获得适当的照明亮度。外置光源指自然光或灯光,通常利用反光镜采集。使用反光镜时,应根据光源的强度及所用物镜的放大倍数选用凹面或平面镜,避免直射光源,可通过调节角度使视野内的光线均匀,亮度适宜,便于观察。

(3)调节目镜　目镜的调节常根据使用者的个人情况,调整双筒显微镜的目镜间距。在左目镜上一般还配有屈光度调节环,可适应眼距不同或两眼视力有差别的不同观察者。

(4)调节聚光器数值孔径值　调节聚光器虹彩圈与物镜的数值孔径值相符或略低。有些显微镜的聚光器只标有最大数值孔径值,而没有具体的光圈数刻度。使用这种显微镜时可在样品聚焦后取下一目镜,从镜筒中一边看着视野,一边缩放光圈,调整光圈的边缘与物镜边缘黑圈相切或略小于其边缘。因为各物镜的数值孔径值不同,所以每转换一次物镜都应进行这种调节。

2.显微观察

在目镜保持不变的情况下,使用不同放大规格的物镜所达到的分辨率及放大率都是不同的。对于初学者而言,在进行显微观察时应遵循从低倍镜到高倍镜再到油镜的观察顺序,因低倍物镜视野较大,易发现目标及确定检查的位置。

(1)低倍镜观察 将金黄色葡萄球菌或枯草芽孢杆菌的染色玻片标本置于载物台上,用标本夹固定,移动载物台使观察对象处在物镜正下方。首先下降10×物镜,使其接近标本,用粗调节器缓慢升起镜筒,使视野中的标本初步聚焦,继而用细调节器调节使图像清晰;其次通过移动载物台,认真观察标本各部位,按要求找到合适的目的物,仔细观察并记录所观察到的结果。

(2)高倍镜观察 在低倍镜下找到合适的观察目标并将其移至视野中心,然后轻轻转动物镜转换器将高倍镜移至工作位置。从侧面观察,转动粗调节器,将镜筒徐徐放下,由目镜观察,仔细调节光圈,使光线明亮适宜。用粗调节器缓慢上升镜筒至物像出现,再用细调节器调节至物像清晰,找到适宜观察部位并将其移至视野中心,准备用油镜观察。对聚光器光圈及视野亮度进行适当调节后微调细调节器使物像清晰,利用推进器移动标本仔细观察并记录所观察到的结果。

(3)油镜观察 在高倍镜下找到要观察的样品区域后,用粗调节器将镜筒升高,然后将油镜转到工作位置。在待观察的样品区域加香柏油,从侧面注视,转动粗调节器,缓慢降下镜筒,使油镜浸在香柏油中并接近标本。用目镜观察,进一步调节光线,转动粗调节器缓慢地提升油镜至物像出现,再用细调节器调节至物像清晰。如果油镜头已离开油面仍未找到物像,则有两种可能:一是油镜下降还未到位;二是油镜上升过快,必须再从侧面观察,将油镜降下,重复操作。将聚光器升至最高位置并开足光圈,若所用聚光器的数值孔径值超过1.0,还应在聚光镜与载玻片之间加香柏油,保证其达到最大效能。

3.显微镜用毕后的处理

(1)上升镜筒,取下标本。

(2)用擦镜纸擦拭镜头上的香柏油,然后蘸少许二甲苯擦去镜头上残留的油迹,最后用干净的擦镜纸擦去残留的二甲苯。擦镜头时要顺着镜头直径方向擦,不能沿圆周方向擦。随后再用绸布擦净显微镜的金属部件。

(3)用擦镜纸清洁其他物镜及目镜。

(4)将各部分还原,反光镜垂直于镜座,将物镜转成"八"字形,再向下旋。同时把聚光镜降到最低位置,以免物镜与聚光镜发生碰撞危险。

(5)染色玻片标本上的香柏油可用二甲苯使之溶解,再用吸水纸轻轻压在涂片上,吸掉二甲苯和香柏油,以免损坏涂片

五、注意事项

(1)在聚光器的数值孔径值确定后,若需改变光照强度,可通过升降聚光器或改变光源的亮度来实现。

(2)在使用粗调节器聚焦物镜时,必须形成先从侧面注视小心调节物镜靠近标本,然后用目镜观察,慢慢调节物镜离开标本进行聚焦的习惯,以免因一时大意而损坏镜头及标本。

(3)当物像在一种物镜中已清晰聚焦后,转动物镜转换器将其他物镜转到工作位置进行观

察时,物像将保持基本准焦的状态,此现象称为物镜的同焦。利用这种同焦现象,可保证在使用高倍镜或油镜等放大倍数高、工作距离短的物镜时仅用细调节器即可对物像清晰聚焦,从而避免由于使用粗调节器时的大意而损坏镜头或标本。

(4)切忌用手或其他纸擦拭镜头,以免使镜头沾上污渍或产生划痕。

六、实践思考题

(1)用油镜时有哪些注意事项?滴加香柏油的作用是什么?

(2)列表比较低倍镜、高倍镜及油镜各方面的差异。为什么在使用高倍镜时应特别注意避免粗调节器的误操作?

(3)解释物镜的同焦现象。它在显微镜观察中有何意义?

(4)影响显微镜分辨率的因素有哪些?

第三节　微生物大小测定与显微镜直接计数

一、实验目的

(1)学习使用显微测微尺测量微生物大小。

(2)掌握使用血球计数板进行微生物计数的基本方法。

二、实验原理

(一)微生物大小测定

微生物细胞的大小是微生物基本的形态特征,也是分类鉴定的依据之一。测量微生物细胞大小可用显微镜测微尺,包括目镜测微尺和镜台测微尺。

镜台测微尺是中央部分刻有精确等分线的特制载玻片,一般将 1 mm 等分为 100 格,每格长 0.01 mm,上面贴有一圆形盖片。镜台测微尺并不直接用来测量细胞的大小,而是用于校正目镜测微尺每格的相对长度。

目镜测微尺是一块可放入接目镜隔板上的圆形玻片,中央有精确的等分刻度,将 5 mm 分为 50 小格和 100 小格两种。测量时,需将其放在接目镜中的隔板上,用以测量经显微镜放大后的细胞物像。目镜测微尺每格代表的实际长度随所用接目镜和接物镜的放大倍数而改变,因此,用目镜测微尺测量微生物大小时,必须先用镜台测微尺进行校正,以求出该显微镜在一定放大倍数的目镜和物镜下,目镜测微尺每小格所代表的相对长度,然后根据微生物细胞相当于目镜测微尺的格数,即可计算出细胞的实际大小。

球菌用直径来表示其大小,杆菌用宽和长的范围表示。

(二)显微镜直接计数

显微镜计数法是指利用血球计数板进行计数,是一种常用的微生物计数法。此法的优点是直观、简便、快速。将经过适当稀释的菌悬液(或孢子悬浮液)放在血球计数板的计数室内,在显微镜下进行计数。由于计数室的容积是一定的(0.1 mm^3),因而可根据在显微镜下观察的微生物数目换算成单位体积内的微生物数目,此法所测得的结果是活菌体和死菌体的总和。现已采用活菌染色、微生物室培养、加细胞分裂抑制剂等方法计算活菌体数目。

血球计数板是一块特制的厚玻片,玻片上有四条槽和两条嵴,中央有一短横槽和两个平台,两嵴的表面比两个平台的表面高 0.1 mm,每个平台上刻有不同规格的格网,中央 1 mm^2 面积上刻有 400 个小方格(图 3-14)。

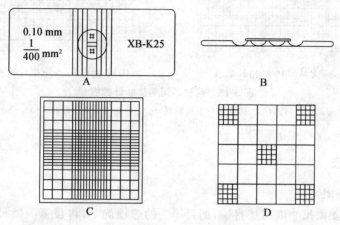

图 3-14 血球计数板构造图

A—正面图;B—纵面图;C—放大后方格网;D—放大后计数室

(引自:钱存柔. 微生物学实验教程. 北京:北京大学出版社,2008)

血球计数板有两种规格,一种是将 1 cm^2 面积分为 25 个大格,每大格再分为 16 个小格(25 大格×16 小格,图 3-15 A);另一种是 16 个大格,每个大格再分为 25 个小格(16 大格×25 小格,图 3-15 B)。两者都是总共有 400 个小格。当用盖玻片置于两条嵴上,从两个平台侧面加入菌液后,400 个小方格(1 mm^2)计数室内形成 0.1 mm^3 的体积。通过对一定大格内微生物数量的统计,求出平均值,乘以 16 或 25 得出一个大方格中的菌数,可计算出 1 mL 菌液所含有的菌体数。它们都可用于酵母、细菌、霉菌孢子等悬液的计数,基本原理相同。

计数时,通常数 5 个中方格的总菌数,然后求得每个中方格的平均值,乘上 25 或 16,就得出一个大方格中的总菌数,然后可换算成 1 mL 菌液中的总菌数。

设 5 个中方格的总菌数为 A,菌液稀释倍数为 B,如果是 25 个中方格的计数板,则:

$$1 \text{ mL 菌液中的总菌数} = (A/5) \times 25 \times 10^4 \times B$$
$$= 50\ 000AB(\text{个})$$

同理,如果是 16 个中方格的计数板,

$$1 \text{ mL 菌液中的总菌数} = (A/5) \times 16 \times 10^4 \times B$$
$$= 32\ 000AB(\text{个})$$

三、所用器材及试剂

(1)实验菌种 金黄色葡萄球菌、大肠杆菌、酿酒酵母。

(2)实验器材 目镜测微尺、镜台测微尺、载玻片、盖玻片、显微镜等。

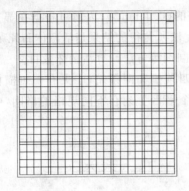 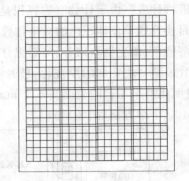

A.25 大格×16 小格计数板　　　　　B.16 大格×25 小格计数板

图 3-15　两种不同刻度的计数板

(引自:钱存柔.微生物学实验教程.北京:北京大学出版社,2008)

四、操作方法

1. 微生物大小测定

(1)放置目镜测微尺　取出接目镜,把目镜上的透镜旋下,将目镜测微尺刻度朝下放在接目镜镜筒内的隔板上,旋上目镜透镜,插入镜筒内。

(2)放置镜台测微尺　将镜台测微尺刻度朝上放在显微镜的载物台上,对准聚光器。

(3)校正目镜测微尺　先用低倍镜观察,将镜台测微尺有刻度的部分移至视野中央调焦,看清镜台测微尺刻度后,转动目镜,使目镜测微尺的刻度线和镜台测微尺的刻度线平行,利用移动器,使两个测微尺在某一区域内两刻度线完全重合,分别数出两重合线之间镜台测微尺和目镜测微尺各自的格数(图 3-16)。

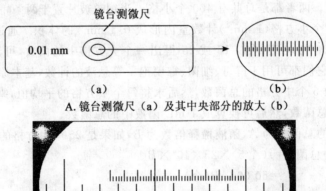

A.镜台测微尺(a)及其中央部分的放大(b)

B.校正

图 3-16　目镜测微尺及校正

(引自:钱存柔.微生物学实验教程.北京:北京大学出版社,2008)

(4)计算 已知镜台测微尺每格长 10 μm,根据下列公式即可计算出在不同放大倍数下,目镜测微尺每格代表的实际长度。

$$目镜测微尺每格长度 = \frac{两重合线间镜台测微尺格数 \times 10 \ \mu m}{两重合线间目镜测微尺格数}$$

例如,若在两重合刻度线之间目镜测微尺为 50 格,镜台测微尺为 10 格,则此时目镜测微尺每小格所代表的实际长度 =10 格 $\times 10 \ \mu m$ /50 格 =2 μm。

用同样的方法换成高倍镜和油镜进行校正,分别测出在高倍镜和油镜下,两重合线之间两测微尺分别占有的格数。

(5)菌体大小测定 目镜测微尺校正完毕后,取下镜台测微尺,换上菌体染色制片(测定酵母菌细胞大小时,先将酵母培养物制成水浸片),校正焦距使菌体清晰,转动目镜测微尺(或转动染色标本),测出待测菌的长和宽各占几小格,将测得的格数乘以目镜测微尺每小格所代表的长度,即可换算出此单个菌体的大小值,在同一涂片上需测定 10~20 个菌体,求出其平均值,才能代表该菌的大小。而且一般是用对数生长期的菌体来进行测定。

(6)测定完毕 取出目镜测微尺后,将接目镜放回镜筒,再将目镜测微尺和镜台测微尺分别用擦镜纸擦拭干净,放回盒内保存。

2.显微镜直接计数

(1)菌悬液制备 以无菌生理盐水将酿酒酵母制成适当浓度的菌悬液。

(2)镜检计数室 在加样前,先对计数板的计数室进行镜检。若有污物,则需清洗,吹干后进行计数。

(3)加样 将清洁干燥的血球计数板盖上盖玻片,用无菌毛细管将摇匀的菌悬液由盖玻片边缘滴一小滴,让菌液沿缝隙靠毛细管作用自动进入计数室,一般计数室均能充满菌液。注意加样时计数板内不可有气泡。

(4)显微镜计数 加样后静止 5 min,然后将血球计数板置于显微镜下,先用低倍镜找到计数室位置,然后换成高倍镜进行计数。

注意显微镜光线的强弱适当,对于用反光镜采光的显微镜还要注意光线不要偏向一边,否则视野中不易看清楚计数室方格数,或只见竖线或横线。

在计数前若发现菌液太浓或太稀,需重新调节稀释度后再计数。一般样品稀释度要求每小格内有 5~10 个菌体为宜。每个计数室选 5 个中格中的菌体进行计数。位于格线上的菌体一般只数上方和右边线上的。如遇酵母出芽,芽体大小达到母细胞的一半时,即作为两个菌体计数。

(5)清洗血球计数板 使用完毕后,将血球计数板在水龙头上用水冲洗干净,切勿用硬物洗刷,洗完后自行晾干或用吹风机吹干。镜检观察每小格内是否有残留的菌体或其他杂物。

五、实践思考题

(1)为什么更换不同放大倍数的目镜或物镜时,必须用镜台测微尺重新对目镜测微尺进行校正?

(2)在不改变目镜和目镜测微尺,改用不同放大倍数的物镜来测定同一细菌的大小时,其测定结果是否相同,为什么?

（3）说明血球计数板计数的误差主要来自哪些方面？如何减少这些误差力求准确？

六、实验报告

（1）将目镜测微尺校正结果填入表 3-2。

表 3-2　目镜测微尺校正结果

接物镜	接物镜倍数	目镜测微尺格数	镜台测微尺格数	目镜测微尺每格代表的长度/μm
低倍镜				
高倍镜				
油镜				

（2）将酵母菌测定结果填入表 3-3。

表 3-3　酵母菌测定结果

微生物	目镜测微尺每格代表的长度/μm	宽		长		菌体大小范围/μm
		目镜测微尺格数	宽度/μm	目镜测微尺格数	长度/μm	
金黄色葡萄球菌						
大肠杆菌						
酿酒酵母						

（3）将计数结果填入表 3-4。

表 3-4　计数结果

室号	各中格菌数					每室平均值	二室平均值	菌数/mL
	1	2	3	4	5			
第一室								
第二室								

第四节　简单染色法和革兰氏染色法

一、细菌的简单染色法

（一）实验目的

（1）学习微生物涂片、染色的基本技术。

（2）掌握细菌的简单染色法。

(3)初步认识细菌的形态特征,巩固学习油镜的使用方法和无菌操作技术。

（二）实验原理

细菌的涂片和染色是微生物学实验中的一项基本技术。细菌的细胞小而透明,在普通的光学显微镜下不易识别,必须对它们进行染色。利用单一染料对细菌进行染色,使经染色后的菌体与背景形成明显的色差,从而能更清楚地观察到其形态和结构。此法操作简便,适用于菌体一般形状和细菌排列的观察。

常用碱性染料进行简单染色,这是因为在中性、碱性或弱酸性溶液中,细菌细胞通常带负电荷,而碱性染料在电离时,其分子的染色部分带正电荷,因此碱性染料的染色部分很容易与细菌结合使细菌着色。经染色后的细菌细胞与背景形成鲜明的对比,在显微镜下更易于识别。常用作简单染色的染料有美蓝、结晶紫、碱性复红等。

当细菌分解糖类产酸使培养基 pH 下降时,细菌所带正电荷增加,此时可用伊红、酸性复红或刚果红等酸性染料染色。

染色前必须固定细菌。其目的有二:一是杀死细菌并使菌体黏附于玻片上;二是增加其对染料的亲和力。常用的有加热和化学固定两种方法。固定时尽量维持细胞原有的形态。

（三）所用材料及试剂

1.菌种

枯草芽孢杆菌 12～18 h 营养琼脂斜面培养物,金黄色葡萄球菌约 24 h 营养琼脂斜面培养物,大肠杆菌 24 h 营养琼脂斜面培养物。

2.染色剂

吕氏碱性美蓝染液(或草酸铵结晶紫染液),石炭酸复红染液。

3.仪器或其他用具

显微镜,酒精灯,载玻片,接种环,玻片搁架,双层瓶(内装香柏油和二甲苯),擦镜纸,生理盐水或蒸馏水等。

4.流程

涂片→干燥→固定→染色→水洗→干燥→镜检。

5.步骤

(1)涂片 取两块洁净无油的载玻片,在无菌的条件下各滴一小滴生理盐水(或蒸馏水)于玻片中央,用接种环以无菌操作,分别从枯草芽孢杆菌、金黄色葡萄球菌和大肠杆菌斜面上挑取少许菌苔于水滴中,混匀并涂成薄膜。若用菌悬液(或液体培养物)涂片,可用接种环挑取2～3 环直接涂于载玻片上。注意滴生理盐水(蒸馏水)和取菌时不宜过多且涂抹要均匀,不宜过厚。

(2)干燥 室温自然干燥。也可以将涂面朝上在酒精灯上方稍微加热,使其干燥。但切勿离火焰太近,因温度太高会破坏菌体形态。

(3)固定 如用加热干燥,固定与干燥合为一步,方法同干燥。

(4)染色 将玻片平放于玻片搁架上,滴加染液 1～2 滴于涂片上(染液刚好覆盖涂片薄膜为宜)。吕氏碱性美蓝染色 1～2 min,石炭酸复红(或草酸铵结晶紫)染色约 1 min。

(5)水洗 倾去染液,用自来水从载玻片一端轻轻冲洗,直至从涂片上流下的水无色为止。水洗时,不要水流直接冲洗涂面。水流不宜过急、过大,以免涂片薄膜脱落。

(6)干燥 甩去玻片上的水珠自然干燥、电吹风吹干或用吸水纸吸干均可以(注意勿擦去菌体)。

(7)镜检 涂片干后镜检。涂片必须完全干燥后才能用油镜观察。

6.结果

绘制单染色后观察到的大肠杆菌和金黄色葡萄球菌的形态图。

二、革兰氏染色法

(一)实验目的

(1)了解革兰氏染色法的原理及其在细菌分类鉴定中的重要性。

(2)掌握革兰氏染色技术,巩固学习光学显微镜油镜的使用方法。

(二)实验原理

革兰氏染色法是 1884 年由丹麦病理学家 Christain Gram 创立的,革兰氏染色法可将所有的细菌区分为革兰氏阳性菌(G^+)和革兰氏阴性菌(G^-)两大类。革兰氏染色法是细菌学中最重要的鉴别染色法。

革兰氏染色法的基本步骤是:先用初染剂结晶紫进行初染,再用碘液媒染,然后用乙醇(或丙酮)脱色,最后用复染剂(如番红)复染。经此方法染色后,细胞保留初染剂蓝紫色的细菌为革兰氏阳性菌;如果细胞中初染剂被脱色剂洗脱而使细菌染上复染剂的颜色(红色),该菌属于革兰氏阴性菌。

(三)所用材料及试剂

1.菌种

大肠杆菌约 24 h 营养琼脂斜面菌种一支,枯草芽孢杆菌约 16 h 牛肉膏琼脂斜面菌种一支。

2.染色剂

结晶紫染色液、卢戈氏碘液、95％乙醇、石炭酸复红液。

3.仪器或其他用具

显微镜、擦镜纸、接种环、载玻片、酒精灯、蒸馏水、香柏油、二甲苯。

4.流程

涂片→干燥→固定→染色(初染→媒染→脱色→复染)→镜检。

5.步骤

(1)涂片

①常规涂片法。取一洁净的载玻片,用特种笔在载玻片的左右两侧标上菌号,并在两端各滴一小滴蒸馏水,以无菌接种环分别挑取少量菌体涂片,干燥、固定。载玻片要洁净无油,否则菌液涂不开。

②"三区"涂片法。在玻片的左、右端各加一滴蒸馏水,用无菌接种环挑取少量枯草芽孢杆菌与左边水滴充分混合成仅有枯草芽孢杆菌的区域,并将少量菌液延伸至玻片的中央。再用无菌的接种环挑取少量大肠杆菌与右边的水滴充分混合成仅有大肠杆菌的区域,并将少量的大肠杆菌液延伸到玻片中央,与枯草芽孢杆菌相混合含有两种菌的混合区,干燥、固定。

要用活跃生长期的幼培养物作革兰氏染色;涂片不宜过厚,以免脱色不完全造成假阳性。

(2)初染 滴加结晶紫(以刚好将菌膜覆盖为宜)于两个玻片的涂面上,染色 1~2 min,倾去染色液,细水冲洗至洗出液为无色,将载玻片上水甩净。

(3)媒染 用卢戈氏碘液媒染约 1 min,水洗。

(4)脱色 用滤纸吸去玻片上的残水,将玻片倾斜,在白色背景下,用滴管流加 95% 的乙醇脱色,直至流出的乙醇无紫色时,立即水洗,终止脱色,将载玻片上水甩净。

革兰氏染色结果是否正确,乙醇脱色是革兰氏染色操作的关键环节。脱色不足,阴性菌被误染成阳性菌,脱色过度,阳性菌被误染成阴性菌。脱色时间一般 20~30 s。

(5)复染 在涂片上滴加番红液复染 2~3 min,水洗,然后用吸水纸吸干。在染色的过程中,不可使染液干涸。

(6)镜检 干燥后,用油镜观察。判断两种菌体染色反应性。菌体被染成蓝紫色的是革兰氏阳性菌(G^+),被染成红色的为革兰氏阴性菌(G^-)。

(7)实验结束后处理 清洁显微镜。先用擦镜纸擦去镜头上的油,然后再用擦镜纸蘸取少许二甲苯擦去镜头上的残留油迹,最后用擦镜纸擦去残留的二甲苯。染色玻片用洗衣粉水煮沸、清洗,晾干后备用。

6.结果

(1)根据观察结果,绘出两种细菌的形态图。

(2)列表简述两株细菌的染色结果(说明各菌的形状、颜色和革兰氏染色反应)。

三、实践思考题

(1)你认为有哪些环节会影响革兰氏染色结果的正确性?

(2)其中最关键的环节是什么?进行革兰氏染色时,为什么特别强调菌龄?用老龄细菌染色会出现什么问题?

(3)在革兰氏染色中,哪个步骤可省去而不影响最终结果?在什么情况下可以采用?

(4)进行革兰氏染色时,为什么特别强调菌龄不能太老,用老龄细菌染色会出现什么问题?

(5)革兰氏染色时,初染前能加碘液吗?乙醇脱色后复染之前,革兰氏阳性菌和革兰氏阴性菌应分别是什么颜色?

(6)不经过复染这一步,能否区别革兰氏阳性菌和革兰氏阴性菌?

(7)你认为制备细菌染色标本时,应该注意哪些环节?

(8)如果涂片未经热固定,将会出现什么问题?加热温度过高、时间太长,又会怎样呢?

第五节 细菌的生长与繁殖

和所有生物一样,细菌需要从外界吸收水分和营养物质,以获得能量并合成自身的成分,完成各种生理活动,维持细菌的生长与繁殖。

一、细菌的化学组成

细菌的化学组成主要是水和固体成分。细菌细胞中水分的含量占菌体重量的 80% 左右；固形成分包括蛋白质、核酸、糖类、脂类、无机盐等，约占菌体重量的 20%。

二、细菌的营养物质

根据细菌对营养物质的需要，可将细菌分成自养菌和异养菌两大营养类型（表 3-5）。

表 3-5　细菌的营养类型

（引自：蔡凤. 微生物学. 北京：科学出版社，2004）

营养类型	能源	碳源	实例
光能自养型	光	CO_2	蓝细菌、藻类
光能异养型	光	有机物	红螺细菌
化能自养型	无机物	CO_2	硫化细菌
化能异养型	有机物	有机物	绝大多数细菌

由表 3-5 可看出，各类细菌对营养物质的要求差别较大。但细菌生长繁殖必需的营养物质包括水、碳源、氮源、无机盐和生长因子等。

（1）水　是一切生物不可缺少的成分。水的主要作用有：作为溶剂，参与物质的吸收和运输；参与细菌代谢过程中所有的生化反应，并提供氢、氧元素；有效散发代谢过程中释放的能量，调节细胞温度。

（2）碳源　供给菌体必需的原料，细菌代谢的主要能量来源。碳源分为无机碳源和有机碳源两大类，除自养菌能以二氧化碳作为唯一碳源外，大多数细菌以有机含碳化合物作为碳源和能源，如葡萄糖、麦芽糖等都能被细菌吸收利用，致病性细菌主要从糖类中获得碳源。

（3）氮源　细菌利用各种含氮化合物合成自身的蛋白质、核酸以及其他含氮化合物。从分子态氮到复杂的含氮化合物都可被不同的细菌利用，但多数病原性细菌是利用有机含氮化合物如氨基酸、蛋白胨作为氮源。少数细菌（如固氮菌）能以空气中的游离氮或无机氮如硝酸盐、铵盐等为氮源。

（4）无机盐　钾、钠、钙、镁、硫、磷、铁、锰、锌、钴、铜、钼等是细菌生长代谢中所需的无机盐成分。除磷、钾、钠、镁、硫、铁需要量较多外，其他只需微量。各类无机盐的作用为：①构成菌体成分；②调节菌体内外渗透压；③促进酶的活性或作为某些辅酶组分；④某些元素与细菌的生长繁殖及致病作用密切相关（如白喉杆菌产毒株其毒素产量明显受培养基中铁含量的影响，培养基中铁浓度降至 7 mg/L 时，可显著增加毒素的产量）。

（5）生长因子　生长因子是细菌在其生长过程中必需的、需要量少但自身不能合成的一类有机物质。生长因子必须从外界得以补充，其中包括维生素、某些氨基酸、脂类、嘌呤、嘧啶等。

三、细菌营养物质的吸收方式

一般认为，细菌吸收营养物质是通过细胞膜以四种方式控制物质的运输，分别是：

（1）单纯扩散（simple diffusion）　物质浓度由高到低，运输过程中的动力是菌体内外溶质的浓度差,不需要耗能。运送的物质主要是氧、水分、甘油等分子,该方法不是细胞吸收营养的主要方式,因为细胞既不能选择营养成分,又不能逆浓度运输。

(2)促进扩散(facilitated diffusion) 物质浓度由高到低,不需要耗能。与单纯扩散的主要区别是有特异性载体蛋白协助物质转运,可加快运送速度,直到细胞内外浓度达到平衡为止。

(3)主动运输(active transport) 是细菌吸收能量的主要方式。物质浓度由低到高,耗能,需要膜上的特异性载体蛋白参与。运送的物质主要有氨基酸、乳糖等糖类,Na^+、Ca^{2+}等无机离子。

(4)基团转位(group translocation) 物质浓度由低到高,耗能,需要特异性载体蛋白参与,但溶质在运送前后会发生分子结构的变化,因而不同于上述的主动运输。运送的物质主要有葡萄糖、果糖、核苷酸等物质。

四、细菌的生长繁殖

(一)细菌生长繁殖的条件

(1)适当的营养 即上述的水、无机盐、碳源、氮源和生长因子,为细菌的新陈代谢及生长繁殖提供必需的原料和足够的能量。

(2)适宜的温度 各类细菌对温度的要求不同,过高或过低都不利于其生长。可分为嗜冷菌,最适生长温度小于20℃;嗜温菌,最适生长温度为20～40℃;嗜热菌,在高至56～60℃生长最好。病原性细菌均为嗜温菌,最适温度为37℃,与人体体温相近,实验室培养细菌时采用37℃的培养。

(3)合适的pH 大多数细菌最适pH为6.8～7.4,在此范围内细菌的酶活性最强。人类血液、组织液的pH为7.4,细菌极易生存;胃液偏酸,绝大多数细菌可被杀死。少数细菌在碱性条件下生长良好,如霍乱弧菌在pH 8.4～9.2时生长最好;也有的细菌最适pH偏酸,如乳酸杆菌最适pH为5.5。细菌代谢过程中分解糖产酸,pH下降,影响细菌生长,所以培养基中应加入缓冲剂,保持pH稳定。

(4)合适的气体环境 主要是氧和二氧化碳。一般细菌代谢中都需CO_2,但大多数细菌自身代谢所产生的CO_2即可满足需要。根据细菌对氧气的需要不同可分为:①专性需氧菌:必须在有氧的环境下才能生长繁殖的细菌,如结核分枝杆菌、枯草芽孢杆菌;②专性厌氧菌:在无氧环境下才能生长繁殖的细菌,如破伤风杆菌;③兼性厌氧菌:在有氧或厌氧环境下均能生长繁殖的细菌,大多数病原菌都是兼性厌氧菌。

专性厌氧菌在有氧条件下不能生长的原因:①厌氧菌缺乏细胞色素与细胞色素氧化酶,因此不能氧化那些氧化还原电势较高的氧化型物质;②厌氧菌缺乏过氧化氢酶、过氧化物酶和超氧化物歧化酶(SOD),不能清除有氧环境下所产生的超氧离子(O_2^-)和过氧化氢(H_2O_2)因而难以存活;③有氧条件下,细菌某些酶的—SH基被氧化为—S—S—基,从而酶失去活性,使细菌生长受到抑制。总之,厌氧菌的厌氧原因可有多种因素与机制。

(二)细菌的繁殖方式和速度

(1)细菌的繁殖方式 细菌主要以无性二分裂方式进行繁殖。细菌吸收营养物质生长发育到一定阶段,细胞体积增大,在细胞中间逐渐形成横隔,由一个母细胞分裂成两个大小相等的子细胞。细胞分裂是连续的,两个子细胞正在形成之际,又在子细胞的中央形成横隔,开始第二次分裂。有的细胞分裂后便相互分离,有的不分离,形成多种排列方式,如双球菌、链球菌、葡萄球菌等。

(2)细菌的繁殖速度 细菌繁殖的特点为速度极快。细菌分裂倍增的必需时间,称为代时,细菌代时的长短取决于细菌的种类,同时又受环境条件的影响。细菌代时一般为20～30 min,个别菌较慢,如结核杆菌繁殖一代需15～18 h。若以大肠杆菌的代时为20 min计算,在最佳条件下8 h后,1个细胞可繁殖到200万个以上,10 h后可超过10亿个,24 h后,细菌繁殖的数量可庞大到难以计算的程度。但实际上,由于细菌繁殖中营养物质的消耗,毒性产物的积聚及环境pH的改变,细菌绝不可能始终保持原速度无限增殖,经过一定时间后,细菌活跃增殖的速度逐渐减慢,死亡细菌增加、活菌数减少。

(3)细菌的生长曲线 将一定数量的细菌接种于适当的培养基,定时取样测定细菌数量,用来研究细菌生长过程的规律。以培养时间为横坐标,细菌数的对数为纵坐标,可得出一条生长曲线(图3-17)。

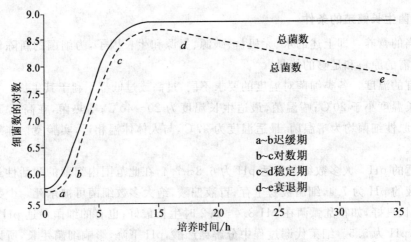

图 3-17 细菌的生长曲线

(引自:蔡凤.微生物学.北京:科学出版社,2004)

(三)细菌群体的生长繁殖可分为四期

(1)迟缓期 是细菌接种至培养基后,适应环境、繁殖前的准备时期,一般为1～4 h。此期的特点是:细菌不分裂,菌数不增加,细菌体积增大,代谢活跃,为细菌的分裂储备了充足的酶、能量及中间代谢产物。

(2)对数期 又称指数期,培养8～18 h。此期的特点是:细菌生长繁殖迅速,菌数以几何级数增长。此期细菌形态、染色、生物活性都很典型,对外界环境因素的作用敏感。因此研究细菌的性状、做药敏试验取此细菌最好。

(3)稳定期 由于培养基中营养物质消耗、毒性产物(有机酸、H_2O_2等)积累、pH下降等不利因素的影响,此期的特点是:细菌繁殖速度渐趋下降,细菌繁殖数和死亡数趋于平衡,细菌的形态和生理特性逐渐发生改变,细菌的芽孢多在此期形成,并产生相应的代谢产物,如外毒素、内毒素、抗生素等。

(4)衰退期 此期的特点是细菌繁殖越来越慢,细菌死亡数超过繁殖数,细菌变长、肿胀或畸形衰变,甚至菌体自溶,生理代谢活动趋于停滞。

掌握细菌的生长规律,对于研究细菌生理和生产实践有重要指导意义。如在生产中可选择适当的菌种、菌龄、培养基以缩短迟缓期;在无菌制剂和输液的制备中就要把灭菌工序安排在迟缓期以减少热原的污染;在实验室工作中,应尽量采用处于对数期的细菌作为实验材料;在发酵工业上,为了得到更多的代谢产物,可适当调控和延长稳定期;芽孢在衰退期成熟,有利于菌种的保藏。

五、细菌的人工培养

为了更好地了解细菌,人们需要根据细菌生长繁殖的特点,设计出合适的营养配方,对细菌进行人工培养。

(一)细菌在培养基中的生长现象

将细菌接种于不同的培养基,放置于恒温箱 37℃培养 18~24 h,可观察细菌的生长现象。

(1)细菌在液体培养基中的现象 ①均匀浑浊。细菌在液体培养基中分散均匀,整个培养基呈均匀浑浊现象,大多数兼性厌氧菌都是这种状态。②液面菌膜。某些专性需氧菌如枯草杆菌在液面形成一层白色的菌膜。③沉淀。有些链状的细菌,如链球菌和厌氧菌在培养基中生长后,在试管底部形成沉淀,而上层的液体仍较透明。

(2)细菌在固体培养基中的现象 ①在琼脂斜面上的生长现象。将细菌在斜面培养基划线培养后,可看到连成一片的纯培养物,称为菌苔。②在琼脂平板上的生长现象。将细菌在琼脂平板上划线培养后,由单个细菌繁殖形成的肉眼可见的细菌集团称为菌落,每一菌落通常是由一个细菌不断分裂增殖堆积而成的细菌纯种。不同细菌的菌落有不同的特点,如菌落的大小、形状、色泽、边缘、透明度、湿润度、表面光泽度等,可用于细菌的鉴别(图 3-18)。

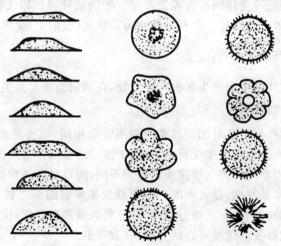

图 3-18 细菌的菌落形态

(引自:蔡凤. 微生物学. 北京:科学出版社,2004)

(3)细菌在半固体培养基中的现象 将细菌在半固体培养基穿刺培养后,有鞭毛的细菌能沿着穿刺线扩散生长,穿刺线模糊不清呈羽毛状;无鞭毛的细菌只能沿着穿刺线生长,周围培养基仍较透明。

（二）细菌的人工培养在医药上的应用

（1）细菌的鉴定和研究　医学上在诊断某些传染病时，要将患者体内的病原性细菌纯培养并鉴定其种类后，才能确定是哪种疾病。确定病原菌后，还要做药敏试验，找出该菌敏感的药物供临床选用。

（2）传染病的诊断和防治。

（3）生物制品的制备　生物制品研制单位在研制菌苗、疫苗、类毒素、抗毒素及免疫血清时，都必须对纯种细菌进行筛选、培养后才能制成。

（4）基因工程方面的用途　因为细菌具有易培养和繁殖迅速的特点，所以在基因工程中常用作受体细胞。

第六节　细菌的新陈代谢

新陈代谢简称代谢，是指发生在活细胞中的各种分解代谢和合成代谢的总和，包括物质代谢和能量代谢。分解代谢是指微生物将各种营养物质降解的过程。合成代谢是指微生物将简单化合物合成复杂细胞物质的过程。

一、细菌的能量代谢

细菌代谢所需能量，绝大多数是通过生物氧化作用而获得的。所谓生物氧化即在酶的作用下生物细胞内所发生的一系列氧化还原反应。细菌生物氧化的类型分为：①需氧呼吸。以氧分子作为最终氢（或电子）受体的称为需氧呼吸。②厌氧呼吸。以无机物作为最终氢（或电子）受体的称为厌氧呼吸。③发酵。以有机物作为最终氢（或电子）受体的称为发酵。

二、细菌的代谢产物

细菌在分解和合成代谢中能产生多种代谢产物，在细菌的鉴定及生化反应中有实际意义。

（一）分解性代谢产物的检测

细菌的分解性代谢产物因各种细菌具备的酶不完全相同，而有所差异。各代谢产物可通过生化方法检测，通常称为细菌的生化反应，可用于细菌的鉴别。常用的检测方法有：

（1）糖发酵试验　因不同种类的细菌所含的酶不同，所以对各种糖的分解能力及代谢产物也不同，一般以是否分解某种糖，是否产酸产气等现象来鉴别细菌。如大肠杆菌和伤寒杆菌，均为革兰氏阴性菌，大肠杆菌具有乳糖分解酶，能分解乳糖产酸产气；伤寒杆菌无乳糖分解酶，故不能分解乳糖。通过糖发酵试验可以区分开来（表 3-6）。

表 3-6　糖发酵试验结果

（引自：蔡凤. 微生物学. 北京：科学出版社，2004）

细菌类别	葡萄糖	乳糖
大肠杆菌	⊕	⊕
伤寒杆菌	+	—

注："⊕"表示产酸产气；"+"表示产酸不产气；"—"表示既不产酸也不产气。

（2）吲哚试验（靛基质试验）　含有色氨酸酶的细菌（如大肠杆菌、变形杆菌等）可分解色氨酸生成吲哚，吲哚无色，若加入对-二甲基氨基苯甲醛后可与吲哚结合，由无色形成红色的玫瑰吲哚，称吲哚试验阳性；不含色氨酸酶的细菌如产气杆菌，因不能分解色氨酸，不能产生吲哚，加入试剂后不变红色，则称为吲哚试验阴性。

（3）甲基红试验　大肠杆菌和产气杆菌都是 G^- 短杆菌，两者都能分解葡萄糖、乳糖，产酸产气，不易区别。但两者产生的酸类和总酸量不同：产气杆菌分解葡萄糖产生丙酮酸后，可使 2 分子丙酮酸进一步转变为 1 分子中性的乙酰甲基甲醇，使培养基中的酸类减少，pH 较高，加入指示剂甲基红呈橘黄色为甲基红试验阴性；大肠杆菌分解葡萄糖生成丙酮酸，培养液呈酸性，pH<4.5，加入指示剂甲基红呈红色，称甲基红试验阳性。

（4）V-P 试验　产气杆菌培养液中的乙酰甲基甲醇在碱性条件下，可被空气中的 O_2 氧化生成二乙酰，后者可与培养基中含胍基的化合物反应，生成红色化合物，称 V-P 试验阳性；大肠杆菌分解葡萄糖产生丙酮酸，而不生成乙酰甲基甲醇，故 V-P 试验阴性。

（5）枸橼酸盐利用试验　产气杆菌能利用枸橼酸盐作为唯一碳源在培养基上生长，分解枸橼酸盐生成碳酸盐，同时分解培养基的铵盐生成氨，由此使培养基变为碱性，使指示剂溴百里酚蓝（BTB）由淡绿转为深蓝，此为枸橼酸盐利用试验阳性；大肠杆菌不能利用枸橼酸盐，为阴性。

吲哚试验（I）、甲基红试验（M）、V-P 试验（V）、枸橼酸盐利用试验（C）四种试验，称为 IMViC 试验，常用于鉴定肠道杆菌（表 3-7）。

表 3-7　IMViC 试验结果

（引自：蔡凤.微生物学.北京：科学出版社，2004）

细菌类别	I	M	V-P	C
大肠杆菌	＋	＋	－	－
产气杆菌	－	－	＋	＋

注："＋"阳性，"－"阴性。

气相、液相色谱法通过对细菌分解代谢产物中挥发性或不挥发性有机酸和醇类的检测，可准确、快速地确定细菌的种类，是目前细菌生化鉴定的高新技术。

（二）合成性代谢产物及临床意义

细菌不仅通过新陈代谢合成菌体成分，如蛋白质、脂肪、核酸、细胞壁等，还能合成很多在医学上具有重要意义的代谢产物。

（1）热原质　热原质即菌体中的脂多糖大多由革兰氏阴性菌和少数革兰氏阳性菌产生，进入人或动物体内能引起发热反应，故名热原质。

热原质耐高热，高压蒸汽灭菌 121℃ 20 min 不能使其破坏，加热 180℃ 4 h 或 250℃ 45 min 才能使热原质失去作用。热原质可通过一般细菌滤器，但没有挥发性，所以，除去热原质最好的方法是蒸馏。药液、水等被细菌污染后，可能有热原质存在，输注机体后可引起发热反应，严重的可致死亡。生物制品或注射液制成后除去热原质比较困难，所以必须应用无热原质水制备。

（2）毒素　细菌产生的毒素分为内毒素和外毒素。内毒素（endotoxin）即革兰氏阴性菌细胞壁的脂多糖，其毒性成分为类脂 A，菌体死亡崩解后释放出来；外毒素（exotoxin）是由革兰氏阳性菌及少数革兰氏阴性菌在生长代谢过程中释放至菌体外的蛋白质,具有抗原性强、毒性强、作用特异性强等突出特点。

(3)侵袭性酶 某些细菌可产生具有侵袭性的酶,能损伤机体组织,促进细菌的侵袭、扩散,是细菌重要的致病因素,如链球菌的透明质酸酶等。

(4)色素 有些细菌能产生色素,对细菌的鉴别有一定意义。细菌色素有两类:①水溶性色素。能弥散至培养基或周围组织,如铜绿假单胞菌产生的绿脓色素使培养基或脓汁呈绿色。②脂溶性色素。不溶于水,仅保持在菌落内使之呈色而培养基颜色不变,如金黄色葡萄球菌色素。细菌色素的产生需一定条件(营养丰富、氧气充足、温度适宜)。色素在细菌鉴定上有一定价值。

(5)抗生素 某些微生物代谢过程中可产生一种能抑制或杀死某些其他微生物或癌细胞的物质,称抗生素。抗生素多由放线菌和真菌产生,细菌仅产生少数几种,如多黏菌素、杆菌肽等。

(6)细菌素 某些细菌能产生一种仅作用于有近缘关系细菌的抗菌物质,称细菌素。细菌素为蛋白类物质,抗菌范围很窄,无治疗意义但可用于细菌分型和流行病学调查。细菌素以生产菌而命名,如大肠杆菌产生的细菌素称大肠菌素,铜绿假单胞菌产生的称绿脓菌素,霍乱弧菌产生的称弧菌素等。

(7)维生素 有些细菌能产生维生素,产生的维生素除了供自身需要还可分泌到菌体外。如大肠杆菌合成维生素 B_6、维生素 B_{12}、维生素 K_2 等,对人体有利。

第七节 细菌的致病性

一、细菌的毒力

构成病原菌毒力的主要因素是侵袭力和毒素。

(一)侵袭力

侵袭力是指细菌突破机体的防御机能,在体内定居、繁殖及扩散、蔓延的能力。构成侵袭力的主要物质有细菌的酶、荚膜及其他表面结构物质。

1.细菌的胞外酶

本身无毒性,但在细菌感染的过程中有一定作用。

(1)血浆凝固酶 大多数致病性金黄色葡萄球菌能产生一种血浆凝固酶(游离血浆凝固酶),能加速人或兔血浆的凝固,保护病原菌不被吞噬或免受抗体等的作用。凝固酶是一种类似凝血酶原的物质,通过血浆中的激活因子变成凝血样物质后,才能使血浆中的纤维蛋白原变为纤维蛋白因而血浆凝固。金黄色葡萄球菌还产生第二种血浆凝固酶(凝聚因子),结合在菌细胞上,在血浆中将球菌凝集成堆,无需血浆激活因子,而是直接作用于敏感的纤维蛋白原。在抗吞噬作用方面,凝聚因子比游离血浆凝固酶更为重要。

(2)链激酶 或称链球菌溶纤维蛋白酶,大多数引起人类感染的链球菌能产生链激酶。其作用是能激活溶纤维蛋白酶原或胞浆素原成为溶纤维蛋白酶或胞浆毒,而使纤维蛋白凝块溶解。因此,链球菌感染由于容易溶解感染局部的纤维蛋白屏障而促使细菌和毒素扩散。致病性葡萄球菌也有溶纤维蛋白酶,称为葡激酶,其作用不如链激酶强,在致病性上意义不大。

(3)透明质酸酶 或称扩散因子,是一种酶,可溶解机体结缔组织中的透明质酸,使结缔组织疏松,通透性增加。如化脓性链球菌具有透明质酸酶,可使致病细菌在组织中扩散,易造成全身性感染。

此外,产气荚膜杆菌可产生胶原酶,是一种蛋白分解酶,在气性坏疽中起致病作用。许多细菌有神经氨酸酶,是一种黏液酶,能分解细胞表面的黏蛋白,使之易于感染。A族链球菌产生的脱氧核糖核酸酶,能分解脓液中的DNA,因此,该菌感染的脓液,稀薄而不黏稠。

2. 荚膜与其他表面结构物质

细菌的荚膜具有抵抗吞噬及体液中杀菌物质的作用。肺炎球菌、A族和C族乙型链球菌、炭疽杆菌、鼠疫杆菌、肺炎杆菌及流行性感冒杆菌的荚膜是很重要的毒力因素。例如,将无荚膜细菌注射到易感的动物体内,细菌易被吞噬而消除,有荚膜则引起病变,甚至死亡。

有些细菌表面有其他表面物质或类似荚膜物质。如链球菌的微荚膜(透明质酸荚膜)、M-蛋白质;某些革兰氏阴性杆菌细胞壁外的酸性糖包膜,如沙门氏杆菌的Vi抗原和数种大肠杆菌的K抗原等,不仅能阻止吞噬,并有抗体和补体的作用。此外黏附因子,如革兰氏阴性菌的菌毛,革兰氏阳性菌的膜磷壁酸在细菌感染中起重要作用。

(二)毒素

细菌毒素按其来源、性质和作用的不同,可分为外毒素和内毒素两大类。

1. 外毒素

有些细菌在生长过程中,能产生外毒素,并可从菌体扩散到环境中。若将产生外毒素细菌的液体培养基用滤菌器过滤除菌,即能获得外毒素。

外毒素毒性强,小剂量即能使易感机体致死。如纯化的肉毒杆菌外毒素毒性最强,1 mg可杀死2 000万只小白鼠;破伤风毒素对小白鼠的致死量为10~60 mg;白喉毒素对豚鼠的致死量为10~30 mg。

产生外毒素的细菌主要是某些革兰氏阳性菌,也有少数是革兰氏阴性菌,如志贺氏痢疾杆菌的神经毒素、霍乱弧菌的肠毒素等。外毒素具亲组织性,选择性地作用于某些组织和器官,引起特殊病变。例如,破伤风杆菌、肉毒杆菌及白喉杆菌所产生的外毒素,虽对神经系统都有作用,但作用部位不同,临床症状亦不相同。破伤风杆菌毒素能阻断胆碱能神经末梢传递介质(乙酰胆碱)的释放,麻痹运动神经末梢,出现眼及咽肌等的麻痹;白喉杆菌外毒素有和周围神经末梢及特殊组织(如心肌)的亲和力,通过抑制蛋白质合成可引起心肌炎、肾上腺出血及神经麻痹等。有些细菌的外毒素已证实为一种特殊酶,例如产气荚膜的甲种毒素是卵磷脂酶,作用在细胞膜的磷脂上,引起溶血和细胞坏死等。

一般外毒素是蛋白质,不耐热。白喉毒素经加温58~60℃ 1~2 h,破伤风毒素60℃ 20 min即可被破坏。外毒素可被蛋白酶分解,遇酸发生变性。在甲醛作用下可以脱毒成类毒素,但保持抗原性,能刺激机体产生特异性的抗毒素。

2. 内毒素

内毒素存在于菌体内,是菌体的结构成分。细菌在生活状态时不释放出来,只有当菌体自溶或用人工方法使细菌裂解后才释放,故称内毒素。大多数革兰氏阴性菌都有内毒素,如沙门氏菌、痢疾杆菌、大肠杆菌、奈瑟氏球菌等。

(1)化学成分　内毒素是磷脂-多糖-蛋白质复合物,主要成分为脂多糖,是细胞壁的最外层成分,覆盖在坚韧细胞壁的黏肽上。各种细菌内毒素的成分基本相同,都是由类脂 A、核心多糖和菌体特异性多糖(O-特异性多糖)三部分组成。类脂 A 是一种特殊的糖磷脂,是内毒素的主要毒性成分。菌体特异多糖位于菌体胞壁的最外层,由若干重复的寡糖单位组成。多糖的种类与含量决定着细菌种、型的特异性,以及不同细菌间具有的共同抗原性。它还参与细菌的抗补体溶解作用。

内毒素耐热,加热 100℃ 1 h 不被破坏,必须加热 160℃,经 2～4 h 或用强碱、强酸或强氧化剂煮沸 30 min 才能灭活。内毒素不能用甲醛脱毒制成类毒素,但能刺激机体产生具有中和内毒素活性的抗体。

(2)内毒素的作用　内毒素对组织细胞的选择性不强,不同革兰氏阴性细菌的内毒素,引起的病理变化和临床症状大致相同。内毒素还能引起早期粒细胞减少血症,以后继发粒细胞增多血症;活化补体 C3,引起由补体介导的各种反应等。

二、细菌侵入数量和侵入部位

病原微生物引起感染,除必须有一定毒力外,还必须有足够的数量和适当的侵入部位。有些病原菌毒力极强,极少量的侵入即可引起机体发病,如鼠疫杆菌,有数个细菌侵入就可发生感染。而对大多数病原菌而言,需要一定的数量,才能引起感染,少量侵入,易被机体防御机能所清除。

病原菌的侵入部位也与感染发生有密切关系,多数病原菌只有经过特定的门户侵入,并在特定部位定居繁殖,才能造成感染。如痢疾杆菌必须经口侵入,定居于结肠内,才能引起疾病。而破伤风杆菌,只有经伤口侵入,厌氧条件下,在局部组织生长繁殖,产生外毒素,引发疾病,若随食物吃下则不能引起感染。

病原菌的这种特性是它的寄生与机体免疫系统抗寄生相互作用,长期进化过程中相互适应的结果。

三、感染的发生、发展和结局

病原菌在一定条件下侵入机体,与机体相互作用,并产生病理生理过程称为感染或传染。传染过程的发展与结局,取决于病原菌的毒力、数量、机体的免疫状态以及环境因素的影响。

(一)感染的来源

1.外源性感染

外源性感染是指由来自宿主体外的病原菌所引起的感染。传染源主要包括传染病患者、恢复期病人、健康带菌者,以及病畜、带菌动物、媒介昆虫等。

2.内源性感染

有少数细菌在正常情况下,寄生于人体内,不引起疾病。当机体免疫力减低时,或者由于外界因素的影响,如长期大量使用抗生素引起体内正常菌群失调,由此而造成的感染称之为内源性感染。

(二)感染的类型

按临床症状可将感染分为隐性感染和显性感染。

1.隐性感染

当机体有较强的免疫力,或入侵的病原菌数量不多,毒力较弱时,感染后对人体损害较轻,不出现明显的临床症状,称隐性感染。通过隐性感染,机体仍可获得特异性免疫力,在防止同种病原菌感染上有重要意义。如流行性脑脊髓膜炎等大多由隐性感染而获得免疫力。

2.显性感染

当机体免疫力较弱,或入侵的病原菌毒力较强,数量较多时,则病原微生物可在机体内生长繁殖,产生毒性物质,经过一定时间相互作用(潜伏期),如果病原微生物暂时取得了优势地位,而机体又不能维护其内部环境的相对稳定性时,机体组织细胞就会受到一定程度的损害,表现出明显的临床症状,称为显性感染,即一般所谓传染病。显性感染的过程在体可分为潜伏期、发病期及恢复期。这是机体与病原菌之间力量对比的变化所造成的,也反映了感染与免疫的发生与发展。

显性感染临床上按病情缓急分为急性感染和慢性感染;按感染的部位分为局部感染和全身感染。

(1)局部感染　局部感染是指病原菌侵入机体后,在一定部位定居下来,生长繁殖,产生毒性产物,不断侵害机体的感染过程。这是由于机体动员了一切免疫功能,将入侵的病原菌限制于局部,阻止了它们的蔓延扩散。如化脓性球菌引起的疖痈等。

(2)全身感染　机体与病原菌相互作用中,由于机体的免疫功能薄弱,不能将病原菌限于局部,以致病原菌及其毒素向周围扩散,经淋巴道或直接侵入血流,引起全身感染。在全身感染过程中可能出现下列情况。

①菌血症。这是病原菌自局部病灶不断地侵入血流中,但由于受到体内细胞免疫和体液免疫的作用,病原菌不能在血流中大量生长繁殖。如伤寒早期的菌血症、布氏杆菌菌血症。

②毒血症。这是病原菌在局部生长繁殖过程中,细菌不侵入血流,但其产生的毒素进入血流,引起独特的中毒症状,如白喉、破伤风等。

③败血症。这是在机体的防御功能大为减弱的情况下,病原菌不断侵入血流,并在血流中大量繁殖,释放毒素,造成机体严重损害,引起全身中毒症状,如不规则高热,有时有皮肤、黏膜出血点,肝、脾肿大等。

④脓毒血症。化脓性细菌引起败血症时,由于细菌随血流扩散,在全身多个器官(如肝、肺、肾等)引起多发性化脓病灶。如金黄色葡萄球菌严重感染时引起的脓毒血症。

(三)带菌状态

在隐性感染或传染痊愈后,病菌在体内继续存在,并不断排出体外,形成带菌状态。处于带菌状态的人称带菌者。带菌者是体内带有病原,但无临床症状。这种人不断排出病原菌,不易引起人们的注意,常成为传染病流行的重要传染源。健康人(包括隐性感染者)体内带有病原菌,叫健康带菌者。例如,在流行性脑脊髓膜炎或白喉的流行期间,不少健康人的鼻咽腔内可带有脑膜炎球菌或白喉杆菌。医护工作者常与病人接触,很容易成为带菌者,在病人之间互相传播,造成交叉感染。病愈之后,体内带有病原菌的人,叫恢复期带菌者。痢疾、伤寒、白喉恢复期带菌者都比较常见。因此,及时查出带菌者,有效地加以隔离治疗,这在防止传染病的流行上是重要的手段之一。

第八节 常见病原性细菌

一、球菌

(一)葡萄球菌

葡萄球菌呈圆形,在显微镜下呈葡萄串状排列。广泛分布于自然界,如空气、土壤、水及物品上。人和动物的皮肤及与外界相通的腔道中,也经常有本菌的存在。绝大多数不致病,仅有少数可引起化脓性感染,有时污染食物。在适宜的条件下,该菌产生肠毒素,引起食物中毒。葡萄球菌属分为金黄色葡萄球菌和表皮葡萄球菌、腐生葡萄球菌三种。金黄色葡萄球菌产生金黄色色素,凝固酶阳性,能分解甘露醇,致病性最强。其他两种产生白色或柠檬酸色素,凝固酶阴性,不分解甘露醇,一般不致病。

葡萄球菌的毒素和酶。某些葡萄球菌可产生多种毒素和酶。细菌毒力强弱、致病力的大小,常与这些毒素和酶有一定的关系。致病性葡萄球菌产生的重要毒素和酶有以下几种。

1.溶血素

多数病原性葡萄球菌能产生溶血素,在血液平板上菌落周围有溶血环。此种溶血素能自肉汤培养液过滤而得,对各种动物红细胞的溶血作用也不同。

2.杀白细胞素

有一种杀白细胞素可使白细胞运动能力丧失,细胞内颗粒丢失,导致细胞破裂。α溶血素也有杀白细胞的作用。

3.肠毒素

多种葡萄球菌可产生这种毒素,它是一种蛋白质,可引起人的急性胃肠炎和食物中毒。提纯的肠毒素其抗原有 6 个血清型。葡萄球菌食物中毒由 A 型引起的最多,B 型和 C 型次之。肠毒素耐热,100℃ 30 min 仍能保存部分毒性,而各型耐热性略有不同,B 型最耐热。动物中以猫和猴对肠毒素最敏感。

4.凝固酶

致病性葡萄球菌多数能产生此酶,而非致病性菌株一般不产生,这是鉴别菌株致病力的重要指标。来自人和羊血浆只能被来自动物的菌株所凝固。

5.溶纤维蛋白酶

可使人、犬、豚鼠、家兔和已经凝固的纤维蛋白溶解。溶纤维蛋白酶是一种激酶,可致活血浆蛋白酶原成为血浆蛋白酶,使纤维蛋白溶解。

6.透明质酸酶

透明质酸酶可溶解组织中的透明质酸,有助于病原菌的扩散,因此又称此酶为扩散因子。

(二)链球菌

链球菌属是链球菌科的成员之一。为圆形或卵圆形的革兰氏阳性细菌成双或成链排列。一般无芽孢,无鞭毛,有的可产生荚膜。过氧化氢酶阴性,接触酶阴性。营养要求较高,发酵糖类产酸不产气。

1. 形态与染色

本菌呈圆形或卵圆形,直径为 0.5～1.0 μm。常呈链状排列,菌链长短与菌种及生长环境有关,一般致病性链球菌的菌链较长,非致病性或毒力弱的菌株菌链较短;在液体培养基中易呈长链,在固体培养基上则常呈短链。

大多数链球菌在幼龄培养物中可形成荚膜,继续培养后则消失。不形成芽孢,多数无鞭毛。在血清学类群 D 中,偶有运动的菌株。革兰氏染色阳性,在陈旧培养物中也可呈阴性。

2. 培养及生化特性

为需氧兼性厌氧菌。最适生长温度为 37℃,最适 pH 为 7.4～7.6。对营养要求较高,在普通培养基上生长不良,在加有血液、血清及腹水的培养基中生长良好。在血清肉汤中管底有絮状沉淀物,不形成荚膜。在血琼脂平板上形成灰白色、透明或半透明、圆形突起的细小菌落。因菌株不同而出现不同的溶血现象。

本属细胞均能分解葡萄糖,一般不分解菊糖,均不被胆汁溶解。

3. 抗原构造

链球菌的抗原构造较复杂,乙型溶血性链球菌的抗原构造可分三种。

(1)核蛋白抗原(P 抗原)　各种链球菌的 P 抗原都是一致的,且和肺炎球菌、葡萄球菌的核蛋白有交叉反应,所以链球菌的 P 抗原没有种、属、群、型的特异性。

(2)群特异抗原(C 抗原)　是存在于链球菌细胞壁中的多糖成分。C 抗原有群特异性,根据含多糖抗原的不同,可将链球菌分为 19 个血清群。

(3)型特异性抗原(表面抗原)　是链球菌细胞壁的蛋白质抗原,位于 C 抗原的外层。其中分为 M、T、R、S 四种不同性质的抗原成分,与致病性有关的 M 抗原。M 抗原主要见于 A 群链球菌。根据 M 抗原的不同,可将 A 群链球菌分为 60 多个血清型。

4. 分类

链球菌的分类方法很多,常用的分类方法如下:

(1)根据溶血能力分类　即利用链球菌在血液琼脂平板上的溶血特性分成三类。

①甲型溶血性链球菌。菌落周围有 1～2 mm 宽的绿色溶血环,所以又称草绿色链球菌。本型细菌致病力较弱,但在一定条件下也可引起感染。

②乙型溶血性链球菌。能产生溶血毒素,在菌落周围形成有 2～4 mm 宽、界限分明的无色透明的溶血环,故又称为溶血性链球菌。本型细菌致病力强,常引起动物及人发生多种疾病。

③丙型溶血性链球菌。不产生溶血素,菌落周围无溶血现象,故又称为不溶血性链球菌。本型细菌一般无致病性,常在乳类及粪便中查到。

(2)根据抗原结构分类　根据 C 抗原的不同,可将乙型溶血性链球菌分为 A、B、C、D、E…19 个血清群。在同种链球菌之间,因表面抗原不同,又可分为若干型。如 A 群链球菌可分成 60 多个型,B 群链球菌分为 4 个型。与兽医关系密切的有 A 群的化脓链球菌、B 群的无乳链球菌、C 群的马腺疫链球菌和停乳链球菌、D 群的猪链球菌及 E 群的乳房链球菌等。

5. 毒素和酶

致病性链球菌可产生多种毒素和酶,如溶血霉素、杀白细胞素、红疹毒素、透明质酸酶、链激酶和链道酶等。其性质与葡萄球菌的极为相似。链球菌的致病力与其产生毒素和酶的能力有关。

二、杆菌

(一)炭疽杆菌

1.形态与染色

本菌为革兰氏阳性粗大杆菌,大小为$(1～1.5)$ $\mu m \times (3～8)$ μm。无鞭毛。在动物体内可形成荚膜。常呈单个或3～5个菌体相连的短链状排列。菌体两端稍凹陷,成竹节状。在人工培养基上,可形成数个至数十个菌体相连的长链,菌体两端平切。从慢性炭疽病猪体内分离的菌体,细长弯曲或部分膨胀。

炭疽杆菌在人工培养基或外界环境中易形成芽孢,在动物体内或未经剖检的尸体内则不易形成。一般认为,炭疽杆菌的芽孢必须在氧气充足,温度适宜(25～30℃)的条件下形成。芽孢呈卵圆形,其直径比菌体小,多位于菌体中央。在形成芽孢以后,菌体崩解,芽孢游离于培养基或外界环境中。

炭疽杆菌在动物体内或含有血清的培养基中能形成荚膜。荚膜对腐败环境的抵抗力较菌体强,所以在腐败的材料中往往可以看到没有菌体的空荚膜,称之为"菌影"。

2.培养及生化特征

本菌为需氧菌,对营养要求不严格。在普通琼脂平板上,37℃ 24 h后能形成灰白色、不透明、表面粗糙、扁平的菌落,边缘不整齐,在低倍镜下观察时呈卷发状。在血琼脂上一般不溶血,这是区别于类炭疽杆菌的主要特征之一。在普通肉汤中上层液体清朗,管底有白色絮状沉淀,摇振时沉淀卷绕成团往上升起,不形成菌膜。明胶穿刺培养时,呈倒立松树状生长,表面逐渐被液化而呈漏斗状。

本菌能分解葡萄糖、麦芽糖和蔗糖,产酸不产气。不分解乳糖,不产生靛基质和硫化氢。能还原硝酸盐为亚硝酸盐。

3.抵抗力

炭疽杆菌繁殖体对理化因素抵抗力同于一般细菌,但其芽孢的抵抗力相当强。牧场一旦被污染,传染性可保持数十年。120℃需15～30 min才能将其全部杀死。1：2 500的碘液10 min内即可杀死芽孢。10%漂白粉、0.1%升汞也是常用的消毒剂。皮毛等可用甲醛溶液、过氧乙酸等消毒处理,亦可将其浸于2%的盐酸溶液中,在30℃时经48 h可破坏其芽孢。炭疽杆菌在含0.05～0.5 IU/mL青霉素的培养基上,菌体形态可发生变异,呈大而均匀的球状,似串珠,具有鉴别意义。

4.抗原构造

炭疽杆菌有三种主要抗原成分:荚膜抗原、菌体抗原和保护性抗原。

(1)荚膜抗原是一种半抗原,由 D-谷氨酸多肽组成。它与细菌的毒力有关,在动物体内能抵抗吞食作用,使细菌易于繁殖和扩散。

(2)菌体抗原也是一种半抗原,为一种含 D-葡糖胺、D-半乳糖及醋酸的多糖类。它与细菌的毒力无关。有种的特异性。性质稳定,在腐败尸体中经过较长时间,或加热煮沸,也不破坏其抗原性,仍可与抗原性血清发生沉淀反应。

(3)保护性抗原是炭疽菌在生活过程中产生的一种胞外成分,是一种蛋白质,具有免疫原性。

5.毒素

炭疽毒素有三种成分组成。成分Ⅰ为脂蛋白质,在毒性复合物中起络合作用,成分Ⅱ为蛋白质,具有免疫原性。免疫动物后可产生抗感染抗体;成分Ⅲ亦为蛋白质,无免疫原性。以上三种成分单独对动物均无毒性作用,至少要有两种有关的毒素成分,才能引起动物发病。

(二)魏氏梭菌

根据本菌产生的毒素及对动物病原性的特点,可将其分为 A、B、C、D、E、F 六型。

本菌是粗而短、两端钝圆的大杆菌,大小为(4～8) μm×(1～1.5) μm。其特点为:①不运动,在动物体内形成荚膜;②芽孢可在体内形成;③对厌氧条件要求不十分严格等。本菌在肝片肉汤中发育非常迅速,仅 5～6 h 后即变混浊,并产生大量气体。在葡萄糖血液琼脂上培养时,形成中央隆起、圆盘状的湿润菌落,其表面常有辐射状条纹,边缘呈锯齿状,外观似"勋章"样。菌落周围发生双重溶血区。于牛乳培养基中培养 8～10 h 后,在牛乳凝固的同时,因乳糖被分解而产生大量气体,气体穿过酪蛋白凝块,使凝固的牛乳变成多孔的海绵状,称"暴烈发酵"。此现象可应用于本菌的快速诊断。

(三)破伤风梭菌

本菌能产生强烈的外毒素,主要有破伤风痉挛毒素和破伤风溶血毒素两种。当本菌及其芽孢随伤口进入机体引起感染后,则会出现典型的破伤风症状。马对本菌最敏感;绵羊、猪次之;牛、山羊发病较少;家禽自然发病极罕见。人对破伤风有较高的易感性。实验动物中,小白鼠和豚鼠最易感。

本菌为细长杆菌,大小为(0.3～0.5) μm×(4～8) μm。周身鞭毛,能运动。不形成荚膜。芽孢呈圆形,位于菌体顶端,且大于菌体宽度,故似鼓槌状。革兰氏染色阳性。

本菌为严格厌氧菌,能在普通培养基上生长。在葡萄糖血液琼脂上菌落较薄,边缘不整齐,呈分叶状或小蜘蛛状等。菌落周围有溶血环。在肉汤培养基中能使肉汤变黑,产生气体,有腐败性恶臭。

本菌生化反应极不活泼,一般不分解糖类,能液化明胶,产生硫化氢。

本菌芽孢抵抗力极强,在泥土中可活数十年。1%升汞 2～3 h,5%石炭酸 10～15 h,才可杀灭本菌。煮沸 1～3 h 或 120℃ 20 min 可将其杀灭。青霉素对破伤风梭菌有很强的抑制作用。

(四)肉毒梭菌

该菌是目前已知化学毒物和生物毒素中毒性最强烈者。根据毒素抗原性的不同,可分为 A、B、C、D、E、F、G 七个型。实验动物中小白鼠和豚鼠的易感性最强。

本菌为两端钝圆的大杆菌,大小为(4～6) μm×(0.9～1.2) μm,单个或成双排列。周身鞭毛。无荚膜。芽孢呈卵圆形,位于菌体近端,芽孢大于菌体宽度(A、B 型),使之呈汤匙状。其他型别的芽孢一般不超过菌体的宽度。革兰氏染色阳性。

本菌严格厌氧。对营养条件不高,在普通培养基上即能生长。

肉毒梭菌的芽孢(特别是 A 型、B 型菌)是所有细菌芽孢中最耐热的,煮沸时可耐热 1～6 h,干热180℃,5～15 min 才能将其杀死。20%甲醛、5%石炭酸需经 24 h 方能将其破坏。肉毒毒素抵抗力也较强,正常胃液和消化酶于 24 h 内不能将其破坏,80℃、30 min 或 100℃、

10 min 才能完全破坏它。毒素能被胃肠道直接吸收。

(五)猪丹毒杆菌

猪丹毒杆菌又称红斑丹毒丝菌。目前共有 27 个血清型。它广泛分布于自然界,已从多种啮齿动物、反刍动物、肉食动物、海兽、鸟类、昆虫等分离出来。

1.形态与染色

本菌为正直或弯曲的小杆菌,长 0.5～2.5 μm、宽 0.2～0.4 μm。无鞭毛、芽孢、荚膜。在病料中的细菌,常单个、成对或成丛排列。在白细胞内成丛排列如栅栏状。老龄培养菌或慢性病猪内心膜炎的疣状物中细菌多为长丝状,长达 5～20 μm,菌体内有明显的颗粒。革兰氏染色阳性,老龄菌常为阴性。

2.培养特性

本菌为微需氧菌或兼性厌氧菌。最适温度为 35～37℃,最适 pH 7.4～7.8。在培养基中加入血清、血液、1%葡萄糖、0.5%吐温-80,均有明显的促生长作用。

(1)血液琼脂培养 24～48 h 后,生成针尖状露珠样小菌落,菌落呈圆形、灰白色、透明,有的形成狭窄的绿色溶血环(即 α 溶血环)。

(2)明胶培养基沿穿刺向侧方呈试管刷状生长,在鉴别上有特别重要的意义,但不液化明胶。

(3)本菌普通肉汤能使呈轻度混浊,不形成菌膜和菌环,在管底部形成颗粒样沉淀,振动呈雾上升。

3.生化特性

对本菌的生化鉴定,目前国际上推荐进行 20 种碳水化合物的发酵试验。即可发酵糊精、卫矛醇、果糖、葡萄糖、甘油、乳糖、甘露糖、山梨糖、蔗糖,产酸不产气;不发酵阿拉伯糖、肌糖、菊糖、麦芽糖、鼠李糖、水杨苷、木糖、海藻糖等。进行生化试验用的培养基,需加血清或酵母水解物为好。

4.抵抗力

本菌的抵抗力很强,尸体内细菌可活几个月,干燥状态下可活 3 周,在经盐腌制的肉内可存活 3～4 个月。本菌对温度较为敏感,55℃经 10 min,70℃经 5 min 可将其杀死。耐酸,能抵抗胃酸的作用。对一般消毒药抵抗力低,如 0.1%升汞、5%福尔马林、3%来苏儿、5%氢氧化钠、5%石灰乳均能很快将其杀死。

5.抗原性

猪丹毒杆菌有许多不同的血清型,许多学者相继从猪和鱼等动物体内分离到不同的血清型菌株。目前公认的有 22 个血清型及 1 型的亚型的不能定型的 N。我国学者对国内收集的猪丹毒杆菌分为 A、B 及 N 型、14、15 型。从猪丹毒病死猪中分离的菌株 80%～90%以上为 Ia 型。试验证明:不同血清型的猪丹毒杆菌,既具有特异性抗原,也具有共同抗原。灭活菌交互免疫力低的原因,可能与共同抗原量不足或灭活过程中抗原受损有关。弱毒菌苗交叉免疫力较好,是由于接种的活苗在动物体内具有一定的繁殖过程,增强了免疫刺激,也增加了共同抗原量之故。

(六)多杀性巴氏杆菌

多杀性巴氏杆菌可引起多种畜禽发生巴氏杆菌病。主要引起动物发生出血性败血症。从各种动物分离到的巴氏杆菌常常对该种动物呈现较强的致病力,而对其他动物却较少引起感染。所以,在实际工作中常按动物的名称,将本菌分为牛、羊、猪、马、禽、家兔巴氏杆菌,统称为多杀性巴氏杆菌。

多杀性巴氏杆菌可以寄生在健康动物的上呼吸道,而且带菌动物的范围很广,一般家畜、家禽及野生动物都可以带菌。同样的菌株也可引起畜禽出血性败血症的暴发。其原因可能是由于气候变化、运输或厩舍、鸡舍环境不良,或由于其他疾病的发生而激发本病的暴发。

1. 形态与染色

本菌为卵圆形小球杆菌,大小为 $(0.2\sim0.4)$ $\mu m\times(0.5\sim2.5)$ μm,常单个存在,有时成双排列。无芽孢,无运动性。革兰氏染色阴性。新分离的强毒株有荚膜,用瑞氏染色可见典型的两极着色,类似双球菌。

2. 培养特性

本菌为需氧及兼性厌氧菌,于普通培养基上生长不丰盛,在加有血液、血清、马丁汤、少量血红素的培养基中生长良好。最适温度 37℃,pH 为 7.2~7.4。

血液琼脂平板上生长出湿润的水滴样小菌落,其周围无溶血现象。马丁肉汤中呈轻度浑浊,与管底生成黏稠沉淀,表面形成菌环。

血清琼脂平板上形成淡灰白色、边缘整齐、表面光滑、闪光的露珠状小菌落。

从病料中分离到的强毒株,在血清琼脂平板上生长 14~18 h,于 45°折光下观察,菌落表面可看到荧光。根据菌落有无荧光及荧光的色彩,可将其分为三型:

Fg 型:菌落呈蓝绿色带金光,边缘具有狭窄的红黄光带,对猪、牛、羊等为强毒株。

Fo 型:菌落较大,呈橘红色带金光,边缘有乳白色光带,对禽类和兔为强毒株。

Nf 型:菌落不带荧光。

3. 生化特性

本菌能分解葡萄糖、果糖、蔗糖、甘露醇,产酸不产气。大多数菌株可发酵山梨醇、木糖。一般对乳糖、鼠李糖、麦芽糖、水杨苷、肌醇、菊糖、糊精和淀粉等不发酵。来自禽类的 Fo 型菌株多能分解伯胶糖。本菌可形成靛基质,接触酶、氧化酶均为阳性,MR 试验和 VP 试验均为阴性,石蕊牛乳无变化,不液化明胶,产生硫化氢和氨。

4. 抵抗力

本菌抵抗力不强。在干燥空气中 2~3 d 死亡,60℃、20 min,75℃、10 min 可被杀死。本菌易自溶,在蒸馏水中迅速死亡。3‰石炭酸 1 min,1∶5 000 升汞几分钟可使本菌失去活力。

5. 抗原结构

由动物体分离到的多杀性巴氏杆菌具有复杂的抗原结构,有荚膜抗原和菌体抗原。

(七)大肠埃希氏菌

埃希氏菌属多为人类和动物肠道后段的常住菌,代表菌株为大肠埃希氏菌。一般不致病,而且可以合成动物所必需的维生素 B 和维生素 K,某些菌株还能产生大肠菌素。但有些菌株能感染人和动物,引起腹泻、化脓或败血症。

1. 形态与染色

菌体为卵圆形或杆状,长 1~3 μm,宽 0.4~0.7 μm。单个或成双,无芽孢,大多数具有周身鞭毛,能运动。一般无荚膜,但有些菌株有荚膜。革兰氏染色阴性。

2.培养特性

大肠杆菌对营养要求不高,在普通培养基上生长良好。最适宜的温度为 37℃。属于需氧和兼性厌氧菌。

普通琼脂:培养 18～24 h,形成圆形、湿润、半透明、隆起、乳白色的中等大菌落。在室温下继续放置 24 h,则形成边缘不整齐的大菌落。

血液琼脂:某些致病性菌株在菌落周围形成 β 型溶血。

伊红美蓝琼脂:由于该菌发酵乳糖产酸,可形成紫黑色带金属光泽的菌落。

远藤琼脂:形成紫红色有光泽的菌落。

普通肉汤:培养 24 h 后,培养基混浊,形成浅灰色沉淀,并有特殊的粪臭味。

3.生化特性

大肠杆菌的生化特性很活泼,能分解多种糖类和醇,如葡萄糖、麦芽糖、甘露醇、鼠李糖、山梨醇等。大多数菌株能发酵乳糖,只有个别菌株不发酵或发酵迟缓。各菌株对蔗糖、水杨苷的发酵不一致。能产生靛基质,不形成硫化氢。MR 反应阳性,VP 反应阴性,尿素酶阳性。在氰化钾培养基中不能生长。

除乳糖发酵试验外,靛基质的形成、甲基红反应、VP 反应及枸橼酸盐利用等四项试验,是卫生细菌学中常用的手段。凡能发酵乳糖并产气,在上述试验中呈现"＋"、"＋"、"－"、"－"的反应模式属典型的大肠杆菌。除此之外的反应类型则属于非典型大肠杆菌。

4.抵抗力

本菌具有中等程度的抵抗力,一般都能被巴氏消毒所杀死,但也出现少数抗热菌株。常用的化学药品可在数分钟之内杀死本菌,在潮湿、阴暗而温暖的环境中,本菌可生存 1 个月左右,在寒冷而干燥的环境中生存较久。

5.抗原结构

大肠杆菌的抗原结构复杂,根据 O 抗原、K 抗原和 H 抗原的不同,可将本菌分为不同的血清型。到目前为止,已发现本菌有不同的 O 抗原 160 种。O 抗原是光滑型细菌的菌体抗原,其成分为多糖-磷脂与蛋白质的复合物。对热稳定,能耐高压蒸汽 121℃、2 h 不被破坏,抗原性强,注射于兔可产生抗 O 血清。

K 抗原根据对热的敏感程度不同,可将其分为 L、A、B 三类。L 抗原对热敏感,加热 100℃、1 h 后被破坏。A 抗原能耐煮沸 1 h,121℃蒸气加热 2 h 被破坏。B 抗原不耐热,100℃、1 h 后被破坏。大肠杆菌 K_{88}、K_{99} 系为菌毛抗原。

H 抗原为鞭毛抗原,为蛋白质加热 80℃或以酒精处理则被破坏。

根据大肠杆菌的抗原鉴定可以写出某型大肠杆菌的抗原式。如 $O_{111}:K_{58}(B):H_{12}$ 即表示该菌具有 O 抗原 111,B 类 K 抗原 58,H 抗原 12。

(八)沙门氏菌

沙门氏菌属是肠杆菌科中的一个重要菌属,本属细菌分为 4 个亚属,其中亚属Ⅰ是过去典型的沙门氏菌,也是最常见的,包括所有对温血动物致病的各种血清型。亚属Ⅱ、Ⅲ和Ⅳ是生化反应不典型的沙门氏菌,包括对冷血动物致病或寄生的一些种。

1.形态与染色

本菌两端钝圆,细长,中等大杆菌,宽 0.4～0.9 μm,长 2～3 μm,无芽孢,无荚膜,除鸡伤寒、鸡白痢沙门氏菌外,都有周身鞭毛,能运动。除鸡伤寒、鸡白痢、伤寒、甲型副伤寒和仙台沙门氏菌外,绝大多数沙门氏菌都有菌毛,能吸附于细胞表面。革兰氏染色阴性。

2.培养特性

该菌需氧或兼性厌氧,生长温度为 10～42℃。最适温度为 37℃;最适生长 pH 为 6.8～7.8.对营养的要求不高,在普通培养基上均能生长良好。

普通琼脂平板:培养 18～24 h,形成无色半透明、光滑、湿润、边缘整齐或呈锯齿状、直径 2～3 mm 的中等大菌落。继续培养,马流产、猪霍乱沙门氏菌可出现黏液;但鸡白痢、鸡沙门氏菌生长贫瘠,形成较小菌落。如在培养基中加入硫代硫酸钠、葡萄糖、血清、甘油等均有助于本菌生长。

S·S琼脂:由于本菌不分解乳糖,故生长出与培养基颜色一致的淡黄色或无色菌落。产生硫化氢的菌株,菌落中心形成黑色小点。

胆汁肉汤、煌绿、亚硒酸盐肉汤均可作增菌培养。由于肉汤中抑菌剂可阻止大肠杆菌生长,但沙门氏菌在此培养基中呈良好的均匀混浊状生长。

普通肉汤:生长混浊,无菌膜,略有沉淀。

3.生化特性

本属菌株生长特性比较一致,但个别菌株也略有差异。对葡萄糖、麦芽糖、甘露醇和山梨醇产酸产气;不发酵乳糖、蔗糖、侧金盏花醇;不产生吲哚与乙醇甲基甲醇;不水解尿酸。鸡伤寒、鸡白痢沙门氏菌分解糖不产气。大多数鸡白痢杆菌不发酵麦芽糖。

4.抵抗力

此菌属对热、消毒药和外界不良因素的抵抗力与大肠杆菌相似。在水中能存活数月至数周;在粪便中可存活 1～2 个月;含有 10%～15% 食盐的腌肉中能存活 2～3 个月。60℃ 10～20 min 被杀死;在 5% 石炭酸、0.2% 升汞溶液中 5 min 被杀死。对氯霉素、土霉素等抗生素敏感。胆盐和煌绿对沙门氏菌的抑制作用较大肠杆菌小得多,故用其制备 S·S 培养基,有利于分离沙门氏菌。

5.抗原结构

沙门氏菌的抗原构造复杂,可分为菌体抗原(O)、鞭毛抗原(H)和表面抗原(Vi)三种。

(1)O抗原存在于菌体表面,其化学成分为多糖-类脂-蛋白质。化学性质稳定,耐热性强,加热100℃ 2 h不被破坏,能抵抗酒精及 0.1% 石炭酸。目前已知有 65 种 O 抗原成分,以阿拉伯数字1、2、3、4…表示,每种沙门氏菌常常含有数种 O 抗原。有的是几种细菌所共有的,如1、5、6、12 等;有的是一群细菌所独有的,如2、4、8、9、10、11、13、22 等其他群细菌则没有。这些称为主要抗原。以主要抗原为基础,把沙门氏菌分为 42 个 O 群,即 A～Z,每群主要抗原是 A(2)、B(4)、C(7,8)、D(9)、E(3,10)、F(11)、G(13,22)…从人和动物分离的沙门氏菌,98% 以上均属 A～F 群。

(2)H抗原存在于鞭毛中,其化学成分为蛋白质,不耐热,60℃ 30 min 即被破坏。H 抗原有两相,即第一相和第二相。第一相具有较高的特异性,仅为少数沙门氏菌所独有,故称为特异相,共 62 种,用小写英文字母 a、b、c、d、e…表示,不够用再以 z1、z2、z3…z36 表示;第二相抗原的特异性较低,为几种沙门氏菌所共有,故又称为非特异相,共 7 种,用阿拉伯数字1、2、3、…表示,但有些沙门氏菌含有鞭毛抗原第一相中的 e、n、x、z 等抗原成分,是属例外。沙门氏菌中的细菌,有的只含有一相鞭毛抗原,称为单相菌,如肠炎沙门氏菌。马流产杆菌只有第二相鞭毛抗原。但大多数沙门氏菌既具有第一相鞭毛抗原,也具有第二相鞭毛抗原,称为双相菌,如猪霍乱沙门氏菌。另有极少数无鞭毛的细菌,没有鞭毛抗原,如鸡白痢沙门氏菌。

(3)Vi 抗原仅伤寒、丙型副伤寒沙门氏菌具有。它是一种不耐热的聚-N-乙酰-D 半乳糖胺糖醛酸。60℃加热或用石炭酸处理,即被破坏。Vi 抗原可刺激机体产生抗 Vi 抗体。

三、弧菌

(一)霍乱弧菌

霍乱弧菌是人类霍乱的病原体,霍乱是一种古老且流行广泛的烈性传染病之一。曾在世界上引起多次大流行,主要表现为剧烈的呕吐、腹泻、失水,死亡率甚高。属于国际检疫传染病。霍乱弧菌包括两个生物型:古典生物型和埃尔托生物型。这两种型别除个别生物学性状稍有不同外,形态和免疫学性基本相同,在临床病理及流行病学特征上没有本质的差别。

1.形态与培养特性

从病人分离出古典型霍乱弧菌和 ELtor 弧菌比较典型,为革兰氏阴性菌,菌体弯曲呈弧状或逗点状,菌体一端有单根鞭毛和菌毛,无荚膜与芽孢。经人工培养后,易失去弧形而呈杆状。取霍乱病人米泔水样粪便作活菌悬滴观察,可见细菌运动极为活泼,呈流星穿梭运动。营养要求不高,在 pH 8.8~9.0 的碱性蛋白胨水或平板中生长良好。因其他细菌在这一 pH 不易生长,故碱性蛋白胨水可作为选择性增殖霍乱弧菌的培养基。在碱性平板上菌落直径为2 mm,圆形,光滑,透明。

霍乱弧菌能还原硝酸盐为亚硝酸盐,靛基质反应阳性,当培养在含硝酸盐及色氨酸的培养基中,产生靛基质与亚硝酸盐,在浓硫酸存在时,生成红色,称为霍乱红反应,但其他非致病性弧菌亦有此反应,故不能凭此鉴定霍乱弧菌。ELtor 型霍乱弧菌与古典型霍乱弧菌生化反应有所不同。前者 VP 阳性而后者为阴性。前者能产生强烈的溶血素,溶解羊红细胞,在血平板上生长的菌落周围出现明显的透明溶血环,古典型霍乱弧菌则不溶解羊红细胞。个别 ELtor型霍乱弧菌株亦不溶血。

2.抗原性

根据弧菌 O 抗原不同,分成Ⅵ个血清群,第Ⅰ群包括霍乱弧菌的两个生物型。第Ⅰ群 A、B、C 三种抗原成分可将霍乱弧菌分为三个血清型:含 AC 者为原型(又称稻叶型),含 AB 者为异型(又称小川型),A、B、C 均有者称中间型(彦岛型)。

3.抵抗力

霍乱弧菌古典生物型对外环境抵抗力较弱,ELtor 生物型抵抗力较强,在河水、井水、海水中可存活 1~3 周,在鲜鱼、贝壳类食物上存活 1~2 周。

霍乱弧菌对热、干燥、日光、化学消毒剂和酸均很敏感,耐低温,耐碱。湿热 55℃、15 min,100℃、1~2 min,水中加 0.5 μL/L 氯 15 min 可被杀死。0.1%高锰酸钾浸泡蔬菜、水果可达到消毒目的。在正常胃酸中仅生存 4 min。

4.致病性

人类在自然情况下是霍乱弧菌的唯一易感者,主要通过污染的水源或饮食物经口传染。在一定条件下,霍乱弧菌进入小肠后,依靠鞭毛的运动,穿过黏膜表面的黏液层,可能借菌毛作用黏附于肠壁上皮细胞上,在肠黏膜表面迅速繁殖,经过短暂的潜伏期后便急骤发病。该菌不侵入肠上皮细胞和肠腺,也不侵入血流,仅在局部繁殖和产生霍乱肠毒素,此毒素作用于黏膜上皮细胞与肠腺使肠液过度分泌,从而患者出现上吐下泻,泻出物呈"米泔水样"并含大量弧菌,此为本病典型的特征。

霍乱肠毒素本质是蛋白质,不耐热,56℃经 30 min,即可破坏其活性。对蛋白酶敏感而对胰蛋白酶抵抗。该毒素属外毒素,具有很强的抗原性。现已能将该毒素高度精制成晶状,仍保持极强的生物学活性。

霍乱肠毒素致病机理如下:毒素由 A 和 B 两个亚单位组成,A 亚单位又分为 A1 和 A2 两个肽链,两者依靠二硫链连接。A 亚单位为毒性单位,其中 A1 肽链具有酶活性,A2 肽链与 B 亚单位结合参与受体介导的内吞作用中的转位作用。B 亚单位为结合单位,能特异地识别肠上皮细胞上的受体。1 个毒素分子由 1 个 A 亚单位和 6 个 B 亚单位组成多聚体。霍乱肠毒素作用于肠细胞膜表面上的受体(由神经节苷脂 GM1 组成),其 B 亚单位与受体结合,使毒素分子变构,A 亚单位进入细胞,A1 肽链活化,进而激活腺苷环化酶(AC),使三磷酸腺苷(ATP)转化为环磷酸腺苷(cAMP),细胞内 cAMP 浓度增高,导致肠黏膜细胞分泌功能大为亢进,使大量体液和电解质进入肠腔而发生剧烈吐泻,由于大量脱水和失盐,可发生代谢性酸中毒,血循环衰竭,甚至休克或死亡。

(二)副溶血性弧菌

副溶血性弧菌(又称嗜盐菌)是革兰氏阴性多形态杆菌或稍弯曲弧菌。

本菌嗜盐畏酸,在无盐培养基上,不能生长,3%~6%食盐水繁殖迅速,每 8~9 min 为一周期,低于 0.5%或高于 8%盐水中停止生长。在食醋中 1~3 min 即死亡,加热 56℃ 5~10 min 灭活,在 1%盐酸中 5 min 死亡。

已知副溶血弧菌有 12 种 O 抗原及 59 种 K 抗原,据其发酵糖类的情况可分为 5 个类型。各种弧菌对人和动物均有较强的毒力,其致病物质主要有相对分子质量 42 000 的致热性溶血素(TDH)和相对分子质量 48 000 的 TDH 类似溶血素(TRH),具有溶血活性、肠毒素和致死作用。

副溶血性弧菌食物中毒也称嗜盐菌食物中毒,是进食含有该菌的食物所致,主要来自海产品或盐腌渍品,常见者为蟹类、乌贼、海蜇、鱼、黄泥螺等,其次为蛋品、肉类或蔬菜。临床上以急性起病、腹痛、呕吐、腹泻及水样便为主要症状。主要病理变化为空肠及回肠有轻度糜烂,胃黏膜炎、内脏(肝、脾、肺)淤血等。

第九节　放线菌

放线菌(*Actinomycetes*)是一大类形态极为多样、多呈菌丝状生长和以孢子繁殖的、陆生性强的原核微生物,革兰氏染色阳性。放线菌菌体呈纤细的菌丝,且分枝,又以产生孢子的方式进行繁殖,这些特征与霉菌相似。但放线菌具原核、细胞壁主要成分为肽聚糖、核糖体为 70S、最适生长 pH 环境与细菌相仿也为偏碱性等特征决定其仍为原核微生物。因此,放线菌是一类介于细菌和真菌之间的微生物,细胞构造与细菌相似,形状与霉菌相似,是唯一的一种以丝状体存在的原核生物。

放线菌菌落中的菌丝常从中心向四周辐射状生长,并因此得名。放线菌在自然界分布极广,以土壤中为最多,每克土壤中放线菌的孢子数一般可达 10^7 个。放线菌特别适宜生长在排水好、有机物丰富和呈微碱性的土壤中。土壤特有的泥腥味主要是放线菌产生的土腥味素所引起的。

放线菌与人类的关系极为密切,绝大多数属有益菌。放线菌对人类最大的贡献是它能产生大量的、种类繁多的抗生素,是抗生素的最主要的来源。到目前为止,已发现的 10 000 种左右的抗生素中,大约 2/3 是放线菌产生的,其中不少已被用作重要的临床使用药物,如链霉素、金霉素、土霉素、卡那霉素、庆大霉素、利福霉素、两性霉素、万古霉素、阿霉素、丝裂霉素等,既有抗细菌的药物,也有抗真菌和抗肿瘤的药物。

大多数放线菌生活方式为腐生,少数寄生。寄生型的可引起人和动植物的疾病,如人的皮肤病、肺部感染、龋齿、牙周病等。而腐生型放线菌有很强的分解能力,故它们在自然界物质循环和提高土壤肥力等方面有着重要的作用。

一、放线菌的生物学特性

(一)放线菌的形态和结构

1.放线菌的菌丝

放线菌的形态较细菌复杂,其菌体由分枝状菌丝体构成,菌丝的粗细与杆菌相近($1~\mu m$)。根据形态、功能的不同,可将放线菌的菌丝分为基内菌丝、气生菌丝和孢子丝(图 3-19)。

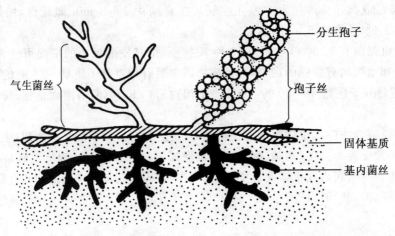

图 3-19　放线菌一般形态结构的模式图

(引自:黄秀梨.微生物学.2 版.北京:高等教育出版社,2003)

(1)基内菌丝　基内菌丝是指伸入培养基内部或表面的菌丝(图 3-1)。直径 $0.2\sim$ $1.2~\mu m$,多数无隔膜,有些还能产生各种水溶性和脂溶性色素,使培养基呈现黄、绿、橙、红、紫、蓝、褐、黑等各种颜色。基内菌丝的功能为吸取营养物质和排泄废物。

(2)气生菌丝　基内菌丝不断向空中生长,分化出直径比基内菌丝粗、颜色较深的菌丝,称为气生菌丝(图 3-1)。其直径为 $1\sim1.4~\mu m$,形状直形或弯曲,有分枝,有的产生色素。气生菌丝往往非常发达,其功能是特化形成孢子丝。

(3)孢子丝　当气生菌丝发育到一定阶段,在其顶端分化出可形成分生孢子的菌丝,即孢子丝(图 3-1)。孢子丝的形状及螺旋的数量、大小、疏密程度、旋转方向随放线菌种的不同而不同(图 3-20),因此这些特征是放线菌分类的重要依据。孢子丝的功能为形成分生孢子,起繁殖作用。

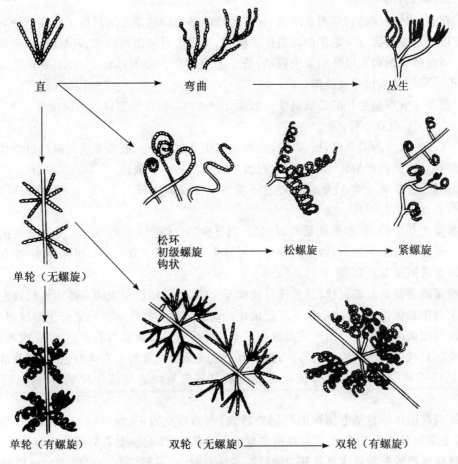

图 3-20 放线菌孢子丝的各种类型

(引自:黄秀梨.微生物学.2 版.北京:高等教育出版社,2003)

2.放线菌的孢子

孢子丝发育到一定阶段即分化形成放线菌的繁殖器官——分生孢子。不同放线菌分生孢子的形状、排列方式、表面结构及成熟孢子堆的颜色不同,因此分生孢子的各项特征也是放线菌菌种鉴定的依据。

分生孢子的形状多样,有球形、椭圆形、杆状、柱状和瓜子状等。孢子的颜色有灰、白、黄、红、蓝、绿等,十分丰富。孢子表面的纹饰因种而异,在电子显微镜下清晰可见,有的光滑,有的有皱状、刺状、毛发状等。

一些放线菌不产生分生孢子,而是在菌丝顶端形成孢囊,孢囊内产生多个球形或近球形、有鞭毛或无鞭毛的孢囊孢子。如游动放线菌属(*Actinoplanes*)气生菌丝无或不发达,其在基内菌丝上形成孢囊,孢囊内的孢囊孢子上着生一至数根极生或周生鞭毛,可运动;链孢囊菌属(*Streptorangium*)具气生菌丝,在气生菌丝的主丝或侧丝的顶端由孢子丝盘卷而成孢囊,内含多个无鞭毛的孢囊孢子。

(二)放线菌的培养

1. 放线菌的培养条件

(1)营养　放线菌的营养要求不高,在普通培养基上即能生长。但由于放线菌分解淀粉能力强,故培养基中常含有一定量的淀粉作为碳源;氮源中可利用蛋白胨、氨基酸、硝酸盐、铵盐、尿素等;同时放线菌对无机盐的要求较高,培养基中需加入如 K、Mg、Fe、Na 等元素。实验室常用高氏一号培养基培养放线菌。

(2)温度　放线菌生长的最适温度一般为 $28\sim32℃$,但寄生型放线菌温度为 $37℃$,有些放线菌在 $50\sim60℃$ 也有生长。

(3)气体　大多为需氧菌,所以在抗生素发酵生产过程中一般需要通气搅拌以增加发酵液中溶氧的含量以提高产量。也有部分放线菌为好氧菌和厌氧菌。

(4)pH　与细菌一样,放线菌的最适环境为中性偏碱,pH $7.5\sim8.5$。放线菌对酸敏感,故在酸性条件下生长不良。

放线菌生长缓慢,比细菌的培养时间长,需 $3\sim7$ d 才能形成典型的菌落。放线菌的分生孢子具有较强的抗干燥能力,因此菌种保藏可将孢子混入沙土管内,4℃可保存 $1\sim5$ 年。

2. 放线菌的菌落特征

放线菌的菌落常呈辐射状,其菌丝分枝相互交错缠绕,所以形成的菌落质地较致密、干燥、多皱。菌丝生长缓慢,菌落较小而不广泛延伸。幼龄菌落因气生菌丝尚未分化形成孢子丝,故菌落表面与细菌菌落相似。当形成大量孢子丝及分生孢子布满菌落表面后,就形成表面絮状、粉末状或颗粒状的典型放线菌菌落。此外,由于放线菌菌丝及孢子常含有色素,使菌落的正面和背面呈现不同颜色;同时营养菌丝生长在培养基内与培养基结合较牢固,所以菌落不易挑起。

放线菌在固体培养基上菌落的共同特征为:表面质地致密、丝绒状或有皱褶、干燥、不透明、上覆盖不同颜色的干粉(孢子),菌落正反面颜色不同,不易挑起。放线菌常有土腥味。

若将放线菌接种到液体培养基中进行振荡培养时,可见到液面与瓶壁交界处粘贴着一圈菌苔,培养液清而不浊,悬浮着许多由短的菌丝所构成的球状颗粒,而一些大的菌丝球团常沉在瓶底。

(三)放线菌的繁殖

放线菌主要以形成分生孢子繁殖,仅少数种类是以基内菌丝分裂形成孢子状细胞进行繁殖。分生孢子主要通过横隔方式形成:气生菌丝顶端先波曲成为孢子丝,然后形成横隔,细胞壁加厚并收缩,分成一个一个的细胞,最后,细胞成熟形成一串分生孢子。

处于液体培养时的放线菌很少形成孢子,但其各种菌丝片段都有繁殖功能,这一特性对于在实验室进行摇瓶培养和工厂的大型发酵罐中进行深层液体搅拌培养来说,就显得尤为重要。

游动放线菌属、链孢囊菌属等主要借助产生的孢囊孢子繁殖。

二、重要的放线菌属

(一)链霉菌属(*Streptomyces*)

链霉菌属(图 3-21)是放线菌目中最大的一个属,也是目前放线菌中人类了解最多的菌。绝大多数是腐生,革兰氏阳性,有营养菌丝、气生菌丝和孢子丝。基内菌丝生长发育良好,有分枝,纤细,一般不形成横隔也不断裂。气生菌丝分枝,直径为基内菌丝的 2 倍。气生菌丝上长有孢子丝链,直或波曲、螺旋形等。孢子丝链分化为分生孢子,为横隔分裂。孢子圆形、椭圆形或杆状,表面光滑或附瘤状物,或有长短粗细不等的刺、毛发状或鳞片状等装饰物。孢子在一定程度上耐热及耐干燥,因此在干燥的环境下的孢子可以存活数年。

链霉菌是严格的好氧型化能异样微生物,对营养要求不高,即使只含一种有机碳源(如葡萄糖、淀粉、甘油等)、一种无机氮源和一些无机盐的基质也能生长。但更快的生长则需要复杂的培养基,例如含有酵母浸出液、麦芽浸出液或含有其他有机氮源的。普通自来水中所含的微量元素通常足够满足菌体生长的无机盐需求,但添加 Fe、Mn、Zn 等元素的效果更好。

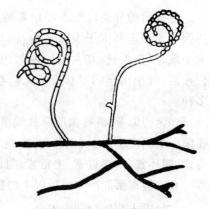

图 3-21 链霉菌属的形态

(引自:钱海伦. 微生物学. 北京:中国医药科技出版社,1993)

链霉菌中大多数是适合在 pH 中性环境中生存的嗜温菌,生长的适宜条件为 pH 6.8～7.5 和 22～37℃。因此链霉菌主要分布在含水量低、通气较好的土壤中,以及一些腐物上。

链霉菌的生长包括一个复杂的生活循环(图 3-22)。在固体培养基上,链霉菌的孢子在适宜条件下萌发,长出 1～3 个芽管;芽管伸长,长出分枝,分枝越来越多形成基内菌丝,基内菌丝发育到一定阶段,向培养基外部空间生长成为气生菌丝,气生菌丝发育到一定程度,在它的上面形成孢子丝,孢子丝出现横隔形成分生孢子,如此周而复始,得以生存发展。

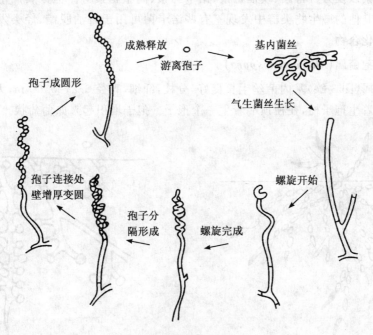

图 3-22 链霉菌的生活史

(引自:纪铁鹏,王德芝. 微生物与免疫基础. 北京:高等教育出版社,2007)

链霉菌的分类以形态和培养特征为主,生理生化特征为辅。有鉴定意义的形态特征包括孢子丝形态和孢子表面结构;而培养特征的重要指标为菌落培养颜色和特征,颜色包括孢子堆、气生菌丝、基内菌丝的颜色和可溶性色素,菌落特征包括表面形态、大小、气味、生长程度、气生菌丝的形状及有无同心轮纹等。根据这些特征链霉菌属分为 14 个类群,3 000 多种。

作为药源菌,链霉菌属是放线菌中最重要的类群。现有的抗生素主要由放线菌产生,而放线菌产生的抗生素中 90% 又是由链霉菌属产生的,其中包括许多著名的、常用的抗生素,如链霉素、四环素、卡那霉素、土霉素、氯霉素、金霉素、两性霉素 B、制霉菌素、万古霉素、丝裂霉素等。有的链霉菌能产生一种以上的抗生素,而不同的链霉菌也可能产生同种抗生素。

(二)诺卡菌属(*Nocardia*)

诺卡菌属(图 3-23)为好氧菌,革兰氏阳性,抗酸或部分抗酸。基内菌丝较细,直径 0.5～1.0 μm,分枝,与链霉菌属不同,基内菌丝内有隔膜,隔膜断裂成杆状体和球状体,每个杆状体至少有一个核,可以复制形成新的多核菌丝。多数种无气生菌丝,有些种有气生菌丝但气生菌丝稀薄,覆盖在菌落表面,断裂后形成孢子。

诺卡菌属由于基内菌丝断裂比较快,培养 24 h 后就开始断裂,一般很难观察到横隔和断裂过程,所以易于将诺卡菌误认为细菌。

诺卡菌属的菌落外观和结构多种多样,一般比链霉菌菌落小,表面崎岖多皱,致密干燥,一触即碎或者为面团;有的种菌落光滑或凸起,无光或发亮呈水渍状。

诺卡菌属主要分布于土壤,能产生 30 多种抗生素。如对结核分枝杆菌和麻风分枝杆菌有特效的利福霉素以及万古霉素、埃福霉素、诺卡霉素、间型霉素等。但该属产生的次级代谢产物通常可以在其他的微生物类群中发现。有些诺卡菌可用于石油脱蜡、烃类发酵以及污水处理中分解腈类化合物。

(三)小单孢菌属(*Micromonospora*)

小单孢菌属(图 3-24)基内菌丝生长良好,分枝,纤细,直径 0.2～0.6 μm,无隔膜,不断裂。在基内菌丝上着生孢子梗,在梗顶端着生一个孢子。孢子堆积起来如葡萄状。孢子圆形、椭圆

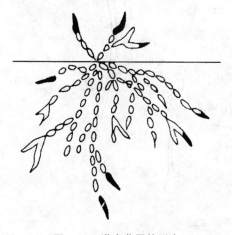

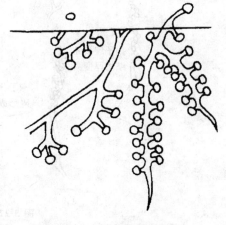

图 3-23 诺卡菌属的形态

(引自:蔡凤.微生物学.北京:科学出版社,2004)

图 3-24 小单孢菌属的形态

(引自:蔡凤.微生物学.北京:科学出版社,2004)

形,一般直径 $1\sim2$ μm,表面棘状或较大突起。孢子能耐热、耐干旱,在土壤、湖泊或湖底的沉积物中可存活多年。不产生气生菌丝。

小单孢菌属多数好氧,且习居于土壤、湿泥和盐池中。能分解自然界的纤维素、几丁质、木质素等。生长温度较高,一般为 $32\sim37$℃。

该属生长力较弱,$15\sim20$ d 停止发育。菌落凸起,表面多皱,同培养基结合紧密,比链霉菌小得多,一般 $2\sim3$ mm,颜色通常为橙红色或红、褐色。

该属是产抗生素较多的一个属,目前受到颇大重视。从该属的菌株中已发现 300 多种生物活性次级代谢产物,这些产物分布在链霉菌产物类群的几乎所有类群,重要的有绛红小单孢菌(*M. purpurea*)和棘孢小单孢菌(*M. echinospora*)产生庆大霉素以及西索霉素、福提霉素、蔷薇霉素等。有的种还能积累维生素 B_{12}。

(四)链孢囊菌属(*Streptosporangium*)

链孢囊菌属(图 3-25)的主要特点是形成孢囊和孢囊孢子。孢囊由气生菌丝上的孢子丝盘卷而成,孢囊孢子无鞭毛,不能运动。革兰氏阳性,不抗酸。有氧条件下生长良好。菌落外貌似链霉菌的菌落,基内菌丝多分枝,横隔稀少,直径 $0.5\sim1.2$ μm。气生菌丝成丛生、散生或同心轮纹排列,呈白色至淡粉色。孢囊出现在气生菌丝上,着生在主丝或侧丝的顶端,一个或多个,球状,$7\sim19$ μm,大部分 $8\sim9$ μm。幼小孢囊无色,逐渐增大,不久在孢囊内形成横隔,孢子卷成一盘卷,孢子完全成熟时呈不规则排列。成熟孢囊孢子由圆

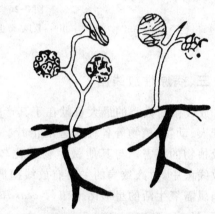

图 3-25 链孢囊菌属的形态

(引自:蔡凤. 微生物学. 北京:科学出版社,2004)

锥形小孔喷出。孢囊孢子球形,$1.8\sim2.0$ μm,有一轮发亮的小体,无鞭毛不能运动。

该属是链霉菌属和游动放线菌属的中间型,也是较大的属之一。其中有的种可产生广谱抗生素,如粉红链孢囊菌(*S. roseum*)产生的多霉素,可抑制细菌、病毒和肿瘤;绿灰链孢囊菌(*S. virdogriseum*)产生的绿菌素,对细菌、霉菌、酵母菌均有作用。

(五)游动放线菌属(*Actinoplanes*)

游动放线菌属(图 3-26)也产生孢囊和孢囊孢子,但与链孢囊菌属不同,游动放线菌属的孢囊在基内菌丝上形成,孢囊孢子具鞭毛。该属一般没有气生菌丝或稀少。基内菌丝分枝或多或少,直或不规则卷曲,横隔无或有,直径 $0.2\sim2.0$ μm。圆形或不规则形的孢囊在基内菌丝上形成,大小不等,直径 $3\sim5$ μm,大的可达几十微米,着生在孢囊梗或菌丝上。孢囊梗直或分枝,每分枝顶端有一个至数个孢囊。孢囊孢子在孢囊内盘卷成直行排列,成熟孢子多呈不规则排列。孢囊孢子球形、椭圆形,通常略有棱角,直径 $1\sim1.5$ μm,有一个至数个发亮小体和几个极生鞭毛,有的种有周鞭毛,能游动。孢囊孢子在培养基上生长较慢,$2\sim3$ d 才能形成菌落。某些种也可产生单个或成链的分生孢子。

该属已报道 14 种,产生各种抗生素,对肿瘤、细菌、真菌都有作用,如创新霉素、绛红霉素等。

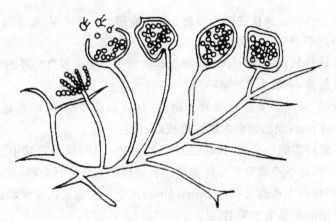

图 3-26　游动放线菌属的形态

(引自:蔡凤.微生物学.北京:科学出版社,2004)

三、病原性放线菌

放线菌对人类的最大贡献在于其产生的各种各样的抗生素,这些生物活性物质被广泛用于人、动物、植物等各种病害的治疗。但部分放线菌也具有致病性,可引起人类和动物,以及植物的病害。与其他微生物相比较,如细菌和病毒,放线菌的致病性是微不足道的。在放线菌中,对人致病的主要有放线菌属厌氧生活的衣氏放线菌(*Actinomyces israelii*)和诺卡菌属需氧生活的星形诺卡菌(*Nocardia asteroides*)、巴西诺卡菌(*N. brasiliensis*)和豚鼠诺卡菌(*N. caviae*)。

(一)衣氏放线菌

1. 生物学性状

衣氏放线菌革兰氏染色阳性,不具有抗酸染色性。菌丝细长,直径 $0.5\sim0.8\ \mu m$、有分枝。菌丝在培养 24 h 后,开始断裂成链杆菌状或链球状,释放孢子,发芽增殖时,有些酷似白喉棒状杆菌。无特殊构造。营养要求较高,培养比较困难,厌氧或微需氧,初次分离在 5% CO_2 环境中能促进其生长。在血液琼脂平板上,经 37℃培养 4～6 d 后,生长出灰白色或淡黄色、圆形、直径小于 1 mm 的球形菌落。初次分离的菌落表面极糙,经多次人工传代后,变成光滑型菌落。

在患者的病灶组织和脓样物质中,经常出现肉眼可见的直径为 $0.1\sim0.2$ mm 的黄色小颗粒,称"硫黄颗粒",是衣氏放线菌在病变部位形成的菌落。将硫黄颗粒放在载玻片上压制成片或病理组织切片,镜检可见菌丝向四周放射排列,状若菊花。用革兰氏染色,菊花形中央部位的菌丝为阳性,四周菌丝末端膨大部分为阴性。用苏木精伊红染色,中央部为紫色,末端膨大部为红色。

2. 致病性

衣氏放线菌为条件致病菌,是人类口、咽部正常菌群的成员,正常条件下不致病。当机体免疫力降低时或大量使用抗生素、皮质激素、免疫抑制剂等药物后,导致菌群失调,引发内源性感染,脓汁中有硫黄颗粒,称放线菌病。常见于面颈部感染,引起的原因主要是口腔卫生不良,特别是拔牙、龋齿、口腔黏膜受损等以及口腔炎或下颌骨骨折,多呈无痛性过程,不断产生新结节,形成多发性脓肿或瘘管。病原菌可通过口腔导管向其他部位蔓延累及眼眶和颅骨形成新的化脓灶,同时还可通过口腔和血液引起呼吸系统、消化系统、神经系统和女性生殖系统等的感染。

放线菌病患者,血中可查到相应抗体,但这些抗体既无诊断意义,对机体也无保护作用。机体对放线菌的免疫主要依赖细胞免疫、体表屏障结构和正常菌群的互相拮抗。

3. 防治原则

无特异性预防方法,主要是注意卫生,牙病等口腔疾病应及早治疗和修补。治疗上可用青霉素、红霉素、林可霉素等抗生素;脓肿瘘管行外科清创。

(二)诺卡菌属

诺卡菌属主要分布于土壤中,不是人体正常菌群微生物。多数诺卡菌为腐生的非致病菌;只有少数可以引起人类外源性感染,在我国常见的是星形诺卡菌。

1. 生物学性状

诺卡菌菌丝纤细、分枝与衣氏放线菌的形态基本相似,但菌丝末端不膨大。革兰氏染色阳性。与放线菌不同,病原性诺卡菌抗酸染色阳性,但仅需 1% 的盐酸乙醇脱色,若延长时间,可导致完全脱色,而成为抗酸染色阴性,此点又可与结核杆菌相区别。该属菌营养要求不高,比较容易培养。需氧,在普通培养基上即可生长。室温至 45℃ 均能生长,以 37℃ 为宜。但繁殖速度慢,一般需 5~7 d 才见到菌落。菌落表面干燥、皱褶呈颗粒状。星形诺杆菌菌落呈黄色或深橙色,巴西诺卡菌有白色菌丝生长。脓汁中可出现淡黄、红或黑色的硫黄颗粒,直径<1 mm。

2. 致病性

诺卡菌的感染属外源性感染。主要通过内呼吸道或创口侵入人体。免疫功能低下者(如AIDS、白血病或长期应用免疫抑制剂的人)易感。经呼吸道侵入,可引起肺炎、肺脓疡、空洞等,症状与肺结核、肺真菌病相似。诺卡菌还易于从肺部病灶沿血行传播,部分感染患者可引起脑膜炎与脑脓疡,也可播散至其他脏器。由皮肤创口侵入皮下,则引起慢性肉芽肿与瘘管形成,创伤患者感染以化脓坏死为特点,脓汁中有带色颗粒,好发于脚与腿部,一般很少播散。诺卡菌免疫性同衣氏放线菌。

3. 防治原则

无特异性预防方法。诺卡菌为外源性感染,主要办法是加强人民群众的无菌观念,加强对免疫功能低下患者的护理,防止从呼吸道感染,皮肤创口要认真消毒,防止沾染泥土。治疗主要为外科手术清创,切除坏死组织,同时配合应用磺胺药物,或米诺环素、氨苄西林、红霉素等效果较好,有时还可加用环丝氨酸。

第十节　其他原核微生物

一、螺旋体

螺旋体(*Spirochetes*)是一群菌体细长并弯曲成螺旋状、运动活泼、介于细菌和原生动物之

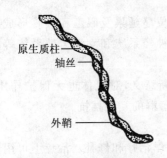

原生质柱 ——

轴丝 ——

外鞘 ——

图 3-27 螺旋体的细胞结构

(引自:黄秀梨.微生物学.2版.
北京:高等教育出版社,2003)

间的原核细胞型微生物。螺旋体因菌体细长,(0.1～0.3) μm × (3～500) μm,柔软,弯曲呈螺旋状而得名。螺旋体主要有 3 个组成部分:原生质柱、轴丝和外鞘(图 3-27)。其细胞壁与外膜之间的轴丝,也称内鞭毛,能够屈曲与收缩,使螺旋体自由活泼运动,因此与原虫相似。但其基本特征与细菌相似,如细胞壁中有脂多糖、具原始核质、以二分裂方式繁殖、对抗生素敏感等。因此在分类学上划归为广义的细菌范畴。

螺旋体广泛分布于水生环境(水塘、江湖和海水)和人或动物体中。根据其抗原性、螺旋的数目、大小和规则程度及两螺旋间的距离将螺旋体目分为 2 个科,即螺旋体科(Spirochaetaceae)和钩端螺旋体科(Leptospiaceae),分别包含 5 个和 2 个属,其中对人类有致病作用的有钩端螺旋体、密螺旋体和疏螺旋体 3 个属,它们分别引起钩体病、梅毒和回归热病。

(一)钩端螺旋体

钩端螺旋体属(*Leptospira*)包括 2 个种,问号钩端螺旋体(*L. interrogans*)能引起人及动物的钩端螺旋体病(简称钩体病)。该病是相当严重的人畜共患的自然疫源性疾病,世界各地均有流行,我国绝大多数地区都有不同程度的流行,尤以南方各省为重,为重点防治的传染病之一。

1. 生物学性状

(1)形态与染色 钩端螺旋体的菌体呈细长丝状,长 6～20 μm,宽 0.1～0.2 μm。螺旋盘曲细致,规则而紧密,菌体一端或两端弯曲而呈钩状,整个菌体呈"C"形或"S"形(图 3-28),在暗视野显微镜下可见钩端螺旋体像一串发亮的微细珠粒,运动活泼。本属菌革兰氏染色阴性,但不易着色,可用 Fontana 镀银染色法,菌体被染成棕褐色。

(2)培养特性 钩端螺旋体是唯一能在体外人工培养的致病性螺旋体。但营养要求较高,常用加入含 10％兔血清或牛血清的柯索夫(Korthof)培养基培养。该菌为需氧微生物,最适 pH 为 7.2～7.4,适宜温度为 28～30℃。生长缓慢,培养 1～2 周后,在液体培养基呈半透明云雾状生长,固体培养基上可形成透明、不规则、直径小于 2 mm 的扁平菌落。因它们属于水生生物,故对干燥敏感。实验动物以幼龄鼠和金地鼠最易感。

(3)抵抗力 对热抵抗力较差,56℃ 10 min 即死亡,对低温抵抗力较强,2～4℃ 可存活 2 周以上,−30℃ 可保存 6 个月,其毒力、动力等均不改变。对化学消毒剂敏感,如 0.15％的各种酚类作用 10～

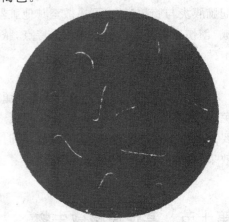

图 3-28 钩端螺旋体

(引自:蔡凤.微生物学.北京:科学出版社,2004)

15 min 即杀死,1％苯酚溶液 10～30 min 可被杀死。在水中或湿土可存活数周至数月,这对本菌的传播具有重要意义。对青霉素、金霉素等抗生素敏感。

2. 致病性

钩端螺旋体在宿主体内产生的溶血素、细胞毒性因子和内毒素样物质是主要的致病物质，还有一些酶类也与其致病性有关。

钩端螺旋体病为自然疫源性疾病，在野生动物和家畜中广泛流行。其中以鼠类与猪为主要传染源和储存宿主。动物大多呈隐性或慢性感染，钩端螺旋体在其肾小管中长期生长、繁殖，并不断随尿排出体外，污染周围的水源与土壤。当人接触这些污染物后，钩端螺旋体便通过皮肤及黏膜侵入机体，也可经口感染，引起发病。钩端螺旋体病主要在夏季流行，雨季造成内涝水淹或山洪暴发时可引起暴发流行。

钩端螺旋体侵入人体后，首先在局部大量繁殖，然后穿过血管壁进入血流。菌体在血液中生长、繁殖并不断死亡，造成菌血症和毒血症，病人出现典型的全身感染中毒症状，如乏力、发热、头痛、肌痛（尤以腓肠疼痛明显）、眼结膜充血、淋巴结肿大等急性感染症状。钩端螺旋体还可侵犯肝、肾、心、肺、脑等脏器以及中枢神经系统，引起肝、肾功能损害，严重可出现休克、黄疸、出血、心功能不全、脑膜炎等。由于所感染的钩端螺旋体的型别、毒力和数量存在差异，以及机体免疫状态不同，患者临床表现相差甚大。临床分型中常见黄疸出血型、流感伤寒型、肺出血型、脑膜脑炎型、肾功能衰竭型、胃肠炎型等，其中肺大出血最为凶险，可致死亡。

隐性感染或病后，可获得对同型钩端螺旋体菌株持久牢固的免疫力，以体液免疫为主。病后 1～2 周体内产生特异性抗体，发挥免疫调理作用，增强吞噬细胞的吞噬功能，可迅速清除机体内钩端螺旋体。但对肾脏内的钩端螺旋体作用不大，故尿中排除钩端螺旋体时间达数周到数年。细胞免疫作用不大。

3. 防治原则

钩端螺旋体的主要宿主为啮齿类动物（尤其是鼠）和家畜，因而预防钩体病的主要措施是防鼠、灭鼠，做好家畜的粪便管理（特别是猪，分布广、带菌高，是广大农村引起洪水型钩体病暴发和流行的主要传染源），保护好水源，避免与疫水或疫土接触。对易感人群可接种疫苗，如外膜菌苗、基因工程口服疫苗等。治疗上可首选青霉素，也可选用庆大霉素、金霉素等。

（二）梅毒螺旋体

梅毒螺旋体（*Treponema pallidum*，TP）是人类梅毒的病原体，分类上属苍白密螺旋体苍白亚种，梅毒是一种危害严重的性传播性疾病（sexually transmitted disease，STD），近些年在我国发病率有明显回升趋势。

1. 生物学性状

梅毒螺旋体细长形，两端尖直，菌体长 6～15 μm，宽 0.1～0.2 μm，螺旋弯曲致密且规则，平均 8～14 个（图 3-29）。电镜下观察，最外层为荚膜样物质，其内有细胞壁和细胞膜包围的柱状原生质体，细胞壁外缠绕 3～4 根轴丝，使螺旋体运动活泼。一般细菌染料难以使梅毒螺旋体着色，用 Fontana 镀银染色法染色，菌体被染成棕褐色。梅毒螺旋体是厌氧菌，可在体内长期生存繁殖，只要条件适宜，便以横断裂方式进行二分裂繁殖。但体

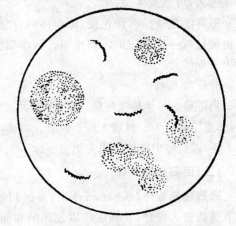

图 3-29 梅毒螺旋体
（引自：蔡凤. 微生物学. 北京：科学出版社，2004）

外培养较为困难,在无生命培养基中不能生长,能在家兔上皮细胞中有限生长数代,但活力与毒力减低,一般将其接种在兔睾丸组织中培养和保存。

梅毒螺旋体抵抗力极弱,对冷、热、干燥均十分敏感,离体1～2 h即死亡,50℃下可存活5 min,4℃下3 d可死亡,故在血库冷藏3 d后的血液就无传染性了。该菌对化学消毒剂敏感,1‰～2‰的苯酚中数分钟死亡,苯扎溴铵、来苏儿、乙醇、高锰酸钾溶液等都很容易将其杀死。对青霉素、四环素、砷剂等敏感。

2.致病性

梅毒螺旋体不产生内外毒素,其致病性可能与其荚膜样物质和黏多糖酶有关。

在自然情况下梅毒螺旋体只感染人,人是梅毒的唯一传染源。根据传播方式不同,将梅毒分为先天性梅毒和获得性梅毒。

(1)先天性梅毒 又称胎传梅毒,由患梅毒的孕妇经胎盘传染给胎儿。梅毒螺旋体在胎儿内脏(肝、肺、脾等)及组织中大量繁殖,引起胎儿全身感染,造成流产或死胎。如出生梅毒儿,会出现皮肤梅毒瘤、马鞍鼻、骨膜炎、锯齿形牙、先天性耳聋等症状。

(2)获得性梅毒 主要由性接触传播,梅毒病人是传染源。临床表现分为3期,以反复隐状和再发为特点。

一期梅毒:梅毒螺旋体侵入皮肤、黏膜约3周,在侵入局部出现直径约1 cm的无痛性硬结及溃疡,称作硬性下疳,多发于外生殖器,其溃疡渗出物中含有大量梅毒螺旋体,此时传染性极强。如不治疗,下疳在4～8周后常自然愈合。进入血液的梅毒螺旋体则潜伏在体内,经2～3个月无症状的潜伏期后进入二期梅毒。

二期梅毒:此期的主要表现为全身皮肤、黏膜出现梅毒疹,全身淋巴结肿大,有时可累及骨、关节、眼及其他器官。梅毒疹及淋巴结中含有大量螺旋体。如不治疗,症状可在1～3个月后自然消退,但常潜伏一段时间后复发。二期梅毒治疗不当,经过2年或更久的反复发作而进入三期。一期和二期梅毒统称为早期梅毒,传染性强而破坏性小。

三期梅毒:主要表现为皮肤、黏膜的溃疡性坏死病灶,并可侵犯内脏器官或组织,出现慢性肉芽肿病变,肝、脾及骨骼常被累及,甚至还可引起心血管及中枢神经系统病变,出现梅毒瘤、动脉瘤、脊髓瘤或全身麻痹等。此期病灶中的螺旋体很少,不易检出。传染性小,但病程长而破坏性大,可危及生命。

梅毒的免疫是有菌免疫,即当体内有螺旋体存在时机体才有免疫力。以细胞免疫为主,体液免疫只有一定的辅助防御作用。巨噬细胞和中性粒细胞在抗体和补体的作用下,能吞噬并杀灭螺旋体。

3.防治原则

梅毒是一种性传播疾病,且危害较大。预防的主要措施是加强性健康教育和性卫生宣传教育,禁止性乱行为。目前无疫苗预防。对确诊的梅毒病人应及早治疗,可使用青霉素治疗3个月至1年,以血清中抗体转阴为治愈指标。

(三)回归热螺旋体

回归热螺旋体(*B. recurrentis*)是回归热的病原体,分类上属疏螺旋体属。回归热是一种以节肢动物为媒介,发病症状以发热期和间歇期反复交替出现为特征的急性传染病。在国内回归热的传播媒介为虱。

回归热螺旋体长10～30 μm,直径0.3～0.5 μm,有5～10个不规则的疏螺旋(图3-30)。

革兰氏染色阳性,最适生长温度为 28～30℃,运动活泼。

　　回归热螺旋体由虱叮咬进入人体内,经过 3～7 d 的潜伏期,便大量出现在血液中。此时病人突发高热、头痛、肌肉及关节痛,有肝脾肿大、黄疸等症状。发热持续 1 周左右骤退,同时血中螺旋体消失,间歇 1～2 周后,可再次发热。如此反复可达数次,每次发作时病情均比前一次轻,直至康复,故称之为回归热。

　　预防本病主要是搞好环境卫生和个人卫生,灭虱防虱。治疗可用金霉素、多西环素等抗生素。

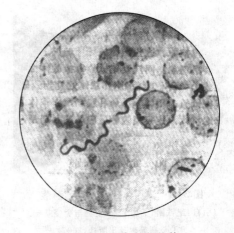

图 3-30　回归热螺旋体
(引自:蔡凤.微生物学.北京:科学出版社,2004)

二、支原体

　　支原体(*Mycoplasma*)是一类无细胞壁、介于细菌和立克次氏体之间的原核微生物,是整个生物界中尚能找到的能在无生命的人工培养基中生长繁殖的最小的原核细胞型微生物。支原体因没有细胞壁,故归属于软膜体纲(Mollicute)的支原体目(Mycoplasmatales),下属支原体科。支原体科中又分为支原体和脲原体 2 个属。现已知支原体属中有 70 余种,脲原体属仅2 个种。支原体在自然界分布广泛,人类、家畜、家禽等体内也能分离到,其中有些株对宿主可造成一定危害。对人类有致病性的支原体主要有肺炎支原体、解脲脲原体、人型支原体、生殖支原体和穿透支原体。

(一)生物学性状

1.形态与染色

　　因支原体无细胞壁,故可呈现多形性,在液体培养基中可呈环状、球形、双球形、丝形、分枝状等不规则形态。支原体体积微小,大小一般在 0.2～0.3 μm,很少超过 1.0 μm,能通过细菌滤器。其最外层是细胞膜,与其他原核微生物不同,支原体的细胞膜含有甾醇。有的支原体在细胞膜外还有一层多聚糖构成的荚膜,有毒性,是支原体的一种致病因素。有的支原体有一种特殊的顶端结构,能使支原体黏附在宿主上皮细胞表面。这一支原体在黏膜上的定殖与致病有关。支原体用普通染色不易着色,用革兰氏染色着色很浅,呈阴性,Giemsa 染色能将其染成淡紫色。

2.培养特性

　　支原体可人工培养,但由于生物合成及代谢能力有限,细胞中主要成分需从外界摄取,因此营养要求高于一般的细菌。一般采用的培养基是以牛心浸液为基础,添加 10%～20% 的人或动物血清,以提供生长所需的脂肪酸、氨基酸、维生素、胆固醇等物质。多数支原体还需添加酵母浸液、组织浸液、核酸提取物及辅酶等才能生长。支原体一般在 pH 7.8～8.0 生长良好,环境 pH 低于 7.0 则死亡,而解脲脲原体最适 pH 为 5.5～6.5,最适培养温度为 37℃。支原体一般为兼性厌氧,仅个别菌株专性厌氧。支原体繁殖方式多样,主要以二分裂方式繁殖,也见出芽、分枝或由球体延伸成长丝,然后分节段成为许多球状或短杆状的颗粒。大部分支原体繁殖速度比细菌慢,在合适环境中孵育,3～4 h 繁殖一代。在琼脂含量较少的固体培养基上,

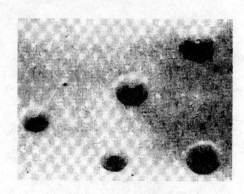

图 3-31　支原体的"煎蛋状"菌落
(引自:纪铁鹏,王德芝.微生物与免疫基础.
北京:高等教育出版社,2007)

2~7 d 长出直径 10~600 μm 的典型的"煎蛋状"菌落(图 3-31)。低倍镜下观察,菌落呈圆形,边缘整齐、透明、光滑,中心部分较厚隆起,向下深入培养基,边缘较薄。支原体在液体培养基中的生长量较小,且个体小,一般不易见到浑浊,只有小颗粒沉于管底。

3.抵抗力

支原体对热抵抗力与一般细菌相似,低温或冷冻干燥可长期保存。对苯酚、重金属盐、来苏儿等化学消毒剂敏感。但对醋酸铊、结晶紫等有抵抗力,因此在分离培养时,培养基中加入一定量的醋酸铊可抑制杂菌生长。支原体因无细胞壁,对干扰细胞壁合成的抗菌药物不敏感(如青霉素、头孢霉素等),但对干扰蛋白质合成的药物如红霉素、氯霉素、链霉素等敏感。

(二)致病性

支原体的致病性较弱,一般不侵入细胞和血液,但可通过特异性黏附作用黏附在宿主的上皮细胞表面,从细胞膜获取脂质和胆固醇,使细胞损伤。如对人致病的肺炎支原体和解脲脲原体黏附在人的呼吸道和泌尿生殖道上皮细胞表面。

肺炎支原体是人类原发性非典型性肺炎的病原体,主要侵犯呼吸道系统,临床上表现为上呼吸道感染综合征。其传播途径主要是飞沫,大多发生于夏末秋初,其他时间也可发病,以5~15 岁青少年最高。

解脲脲原体通过性行为传播,可引起多种泌尿生殖道疾病,如非淋球菌性尿道炎、阴道炎、盆腔炎、输卵管炎等。此外,还可通过胎盘感染胎儿,引起早产、死胎和新生儿呼吸道感染,并且与不孕症有关。

支原体感染后,机体可产生多种抗体,巨噬细胞可杀灭支原体,但中性粒细胞的作用不大。

(三)支原体与 L 型细菌的区别

在抗生素、溶菌酶或抗体与补体的作用下变成细胞壁缺陷的细菌称为 L 型细菌。L 型细菌与支原体一样,都缺乏细胞壁,又均能引起泌尿生殖道感染,且二者的生物学特性也极为相似,如呈多形态,能通过滤菌器,对渗透压敏感,在固体培养基上形成"煎蛋状"菌落等。但两者之间仍有较大区别(表 3-8)。

表 3-8　支原体与 L 型细菌的区别
(引自:蔡凤.微生物学.北京:科学出版社,2004)

性状	支原体	L 型细菌
存在	广泛分布于自然界	多见于实验条件下诱导产生
培养条件	营养要求高,生长一般需加胆固醇	营养要求高,需高渗培养,生长一般不需加胆固醇
固体培养基上生长状态	生长慢,菌落较小,直径大多为 0.1~0.3 mm	菌落较大,直径大多为 0.5~1 mm

续表 3-8

性状	支原体	L 型细菌
液体培养基上生长状态	浑浊度较低	有一定浑浊度,可黏附于管壁或沉于管底
其他	遗传上与细菌无关,任何情况下不能变成细菌	在遗传上与原菌相关,无诱导因素作用下,易回复为有细胞壁的细菌

(四)防治原则

要严防支原体污染实验动物和细胞培养(特别是传代细胞),保证实验用动物血清、生物培养基、传代细胞培养等的质量。支原体治疗上可选用红霉素、氯霉素等。

三、立克次体

立克次体($Richettsia$)是一类极其微小的专性细胞内寄生的原核细胞型微生物。它是在研究时不幸感染而献身的美国医生 Ricketts 在 1909 年首次发现的,为了表示纪念,人们将这类病原体命名为立克次体。立克次体的大小介于细菌和病毒之间,其共同特点是:革兰氏染色阴性;繁殖方式为二分裂;有多种形态,以球杆状为主;含 DNA 和 RNA 两类核酸;酶系统不完善,需专性细胞内寄生;以吸血节肢动物为宿主或传播媒介;大多是人畜共患疾病的病原体;对多种抗生素敏感,磺胺可刺激其增殖。

立克次体病绝大多数为自然疫源性疾病,人类多因被节肢动物叮咬而受感染。对人致病的立克次体主要有立克次体属($Rickettsia$)、东方体属($Orientia$)、柯克斯体属($Coxiella$)、埃立克体属($Ehrlichia$)和巴通体属($Bartonella$)5 个属。引起斑疹伤寒、恙虫病、Q 热等疾病。

(一)生物学性状

1.形态与染色

立克次体大小(0.25～0.6)μm×(0.8～2.0)μm,不同发育阶段和不同宿主体内可表现为球杆状、双球状、丝状等。在感染细胞内排列不规则,可单个、成双或聚集成致密的团块。不同立克次体在宿主细胞内寄居的部位不同。立克次体革兰氏阴性,但较难着色,常用 Giemsa 染色法,可染成紫色或蓝色。在电镜下可以见到立克次体有多层结构的细胞壁,由脂多糖蛋白组成,与革兰氏阴性菌相似。

2.培养特性

与病毒培养方式相似,需细胞内寄生。常用于分离培养立克次体的方法有动物接种、鸡胚卵黄囊接种及细胞培养。立克次体能在豚鼠、小鼠、大鼠、家兔等实验动物体内繁殖,鸡胚卵黄囊细胞常用于立克次体的传代,敏感动物的骨髓细胞、血单核细胞和中性粒细胞等可培养立克次体。立克次体的最适培养温度为 32～35℃,繁殖一代所需要的时间 6～10 h。

3.抵抗力

除 Q 热病原体对热的抵抗力较强外,其他立克次体对热和消毒剂较敏感,一般 56℃ 30 min 可杀死,在 0.5%苯酚或皂酚溶液中约 5 min 可被灭活。立克次体离开宿主细胞后会很快死亡,但耐低温和干燥,在干燥的虱粪中可保持传染性半年以上。对土霉素、氯霉素敏感,应特别注意的是磺胺类药物不仅不能抑制反而能刺激其生长。

（二）致病性

立克次体通过虱、蚤、蜱、螨等节肢动物叮咬或粪便污染伤口侵入机体，偶尔经呼吸道、消化道或眼结膜侵入。侵入机体后，先在局部淋巴组织或小血管内皮细胞中生长繁殖，并通过血流在全身小血管内皮细胞建立新的感染灶，大量繁殖后再次入血引起第二次菌血症。因立克次体能产生内毒素和磷脂A等致病物质，引起细胞肿胀破裂、组织坏死、凝血机制障碍、DIC及血栓的形成，患者出现皮疹和肝、脾、肾、脑等实质性脏器的病变，其毒性物质随血液遍及全身可使病人出现严重的毒血症。

各种病原性立克次体能引起人类不同的疾病，统称为立克次体病。我国主要的立克次体病有斑疹伤寒、恙虫病和Q热。

1.斑疹伤寒

斑疹伤寒可分为流行性斑疹伤寒和地方性斑疹伤寒。

（1）流行性斑疹伤寒　由普氏立克次体引起，病人是唯一传染源，人虱是主要传播媒介，因此又称虱型斑疹伤寒。常流行于冬春季。虱叮咬病人后，立克次体在虱肠管上皮细胞内繁殖，当携带病原体的虱叮咬人体时，常排便于皮肤，由于抓痒使虱粪中的立克次体从抓破的皮肤破损处侵入而感染人体。经14 d左右的潜伏期后骤然发病，主要症状表现为高热、头痛、皮疹等，有的伴有神经系统、心血管系统以及其他实质器官的损害。该病的流行与生活条件拥挤、卫生状况差有关。病后有持续免疫力，并与地方性斑疹伤寒有交叉免疫。

（2）地方性斑疹伤寒　由斑疹立克次体引起，鼠是其天然储存宿主，通过鼠虱或鼠蚤在鼠群间传播，鼠虱又可将立克次体传染给人，又称鼠型斑疹伤寒。若感染人群中有人虱寄生，则又通过人虱在人群中传播，此时传播方式与流行性斑疹伤寒相同，但病原体不同。

地方性斑疹伤寒与流行性斑疹伤寒的临床特征相似，但发病缓慢，病情较轻，病程短。两者病后有牢固免疫力，并可相互交叉免疫。

2.恙虫病

由恙虫病立克次体引起，是一种自然疫源性疾病，主要流行于啮齿动物，野鼠和家鼠为主要传染源。病原体在自然界中寄居于恙螨体内，恙螨即是传播媒介，又是储存宿主，病原体可经恙螨卵传代。人被恙螨幼虫叮咬后，立克次体经皮肤侵入，引起恙虫病。患者经10～14 d潜伏，被叮咬处出现红色丘疹，成水疱后破裂，继而形成中央溃疡、周围红晕、上盖黑色焦痂，是恙虫病的特征之一。此外，还可引起全身中毒症状，表现为高热、皮疹、全身淋巴结肿大及肺、肝、脾、脑等损害症状。恙虫病病后有较持久的免疫力。

3.Q热

由Q热柯克斯体引起（也称贝纳柯克斯体），牛、绵羊等家畜是主要的传染源与储存宿主。病原体以蜱为传播媒介在动物间传播，并可经卵传代。受感动物多无症状，但其排泄物中含有大量病原体。人类通过接触带有病原体的排泄物或饮用含有病原体的乳制品而感染，也可经呼吸道吸入病原体感染。病原体侵入人体后，先在局部的单核细胞内生长繁殖，然后入血引起柯克斯体血症，并累及小血管及心、肝、肺、肾等器官，引起发热、头痛、腰痛等临床症状，严重者可患心内膜炎。病人病后有一定的免疫力。

（三）免疫性

立克次体的免疫包括体液免疫和细胞免疫，但以细胞免疫为主。主要通过激活的巨噬细胞的吞噬杀伤作用,清除病原体。

(四)防治原则

预防重点是控制和消灭储存宿主及媒介节肢动物,保持环境卫生,注意个人卫生,采取灭鼠、灭虱、灭蚤、灭蜱等措施。特异性预防可接种灭活疫苗和减毒活疫苗。治疗可用氯霉素、四环素类抗生素等。

四、衣原体

衣原体(*Chlamydiae*)是一类介于立克次体和病毒之间,代谢活性丧失更多的严格专性真核细胞内寄生,具独特发育周期,并能通过细菌过滤器的原核细胞型微生物,归属于细菌学范畴。衣原体曾一度被认为是"大型病毒",与病毒的相同之处有:①具有滤过性,可通过细菌滤器。②专性细胞内寄生。③在活细胞培养后能形成包涵体。现在已明确,衣原体和病毒有以下不同的生物学特征:①含有 DNA 和 RNA 两类核酸,病毒只含一种核酸。②以二分裂方式进行繁殖。③有细胞壁,由肽聚糖构成,革兰氏染色阴性。④有核糖体。⑤具独立的酶系统,能进行简单的代谢活动。⑥多种抗生素可抑制其生长。

衣原体广泛寄生于人、哺乳动物及禽类,仅少数能致病,引起人类沙眼、性病、呼吸道感染等疾病。衣原体属分为 4 个种,沙眼衣原体(*C. trachomatis*)、鹦鹉热衣原体(*C. psittaci*)、肺炎衣原体(*C. pneumoniae*)和兽类衣原体(*C. pecorum*)。

(一)生物学性状

1. 生活周期和形态染色

衣原体在宿主内生长繁殖,具有独特的生活周期,不同的时期在光学显微镜下可见 2 种大小、性状结构不同的颗粒衣原体,分别称为原体和始体。

(1)原体(elementary body,EB) 原体颗粒圆形、卵圆形或梨形,小而结构致密,直径为 $0.2\sim0.4~\mu m$,Giemsa 染色呈紫色。有细胞壁结构,无繁殖能力,是发育成熟的衣原体,为细胞外形式,较为稳定,具有高度感染性。当与敏感细胞接触时,EB 吸附于敏感的上皮细胞表面,经吞噬、吞饮等作用进入细胞,被宿主细胞膜包裹形成一个空泡。在空泡里面,原体逐渐增大,演化成无感染力的始体。

(2)始体(initial body) 始体颗粒体积较原体大,但致密度较低,直径为 $0.8\sim1.2~\mu m$,圆形或椭圆形。Giemsa 染色呈深蓝色,代谢活泼。始体是衣原体的繁殖方式,为细胞内形式,无感染性。始体在空泡中以二分裂形式繁殖,在空泡内形成众多的子代原体,构成各种形式的包涵体。包涵体的形态、在细胞内的位置及染色性等特征,可用于鉴别衣原体。成熟的子代原体从宿主细胞释放出来,重新感染其他细胞,开始新的发育周期。每个发育周期约需 $48\sim72~h$(图 3-32)。

2. 培养特性

衣原体营专性细胞内寄生,不能在人工培养基上生长。绝大多数能用鸡胚卵黄囊接种培养,在卵黄囊内可找到包涵体、原体和始体。某些衣原体也可用动物接种,如鹦鹉热衣原体接种小鼠腹腔,可使之感染。

3. 抵抗力

衣原体耐冷不耐热,60℃仅能存活 $5\sim10~min$。$-60\sim-20$℃可保存数年。对常用消毒

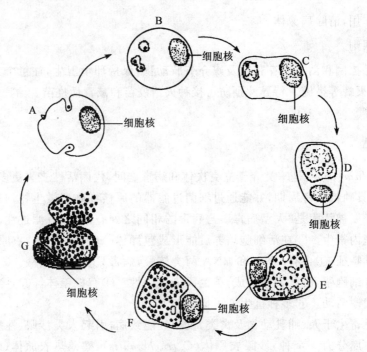

图 3-32　衣原体的生活周期

A—吸附与摄入;B—吞噬体融合;C—原体发育为始体;D—始体增殖;E—始体分化

为无数原体,形成包涵体;F—包涵体形成;G—细胞破裂,释放原体

(引自:蔡凤.微生物学.北京:科学出版社,2004)

剂敏感,如 0.1%甲醛溶液或 0.5%石炭酸 30 min 内可杀死,75%乙醇溶液也可迅速将衣原体灭活。衣原体对四环素、红霉素、氯霉素等抗生素敏感。

(二)致病性

衣原体通过微小创面侵入机体后,原体吸附于易感染的黏膜上皮细胞并在其中生长繁殖,继而进入单核吞噬细胞,形成吞噬体。衣原体也能产生类似革兰氏阴性菌内毒素的物质,能抑制宿主细胞代谢、直接破坏宿主细胞。同时,衣原体主要外膜蛋白能阻止吞噬体与溶酶体的结合,有利于衣原体在吞噬体内繁殖并破坏宿主细胞。

对人致病的衣原体有沙眼衣原体、鹦鹉热衣原体和肺炎衣原体。

1.沙眼衣原体

沙眼衣原体是由我国微生物学家汤飞凡及其助手于 1956 年用鸡胚卵黄囊接种法,在世界上首次分离到。根据致病力和某些生物学特性的差别,可分为 3 个亚种,其中沙眼亚种和性病淋巴肉芽肿亚种能引起人类疾病。

(1)沙眼亚种

①沙眼。据估计,全球每年有 5 亿人患沙眼,其中有 700 万～900 万人失明,是人类致盲的第一病因,主要经直接或间接传播,可通过眼—眼、眼—手—眼等途径传播,共用毛巾是最主要的传播方式。当沙眼衣原体感染眼结膜上皮细胞后,在其中大量繁殖并在细胞质内形成包涵体,导致局部炎症。该病发病缓慢,早期出现眼睑结膜急性或亚急性炎症,表现为流泪,并伴有黏液状脓性分泌物,眼结膜充血。后期出现结膜瘢痕,眼睑板内翻、倒睫,严重的导致角膜损

害,影响视力,最终可致失明。

②泌尿生殖道感染。此病经性接触传播,男性多表现为非淋菌性尿道炎,不经治疗可缓解,但多转变为慢性,周期性加重,并可引起多种并发症,如附睾炎、前列腺炎或直肠炎等。女性能引起尿道炎、宫颈炎或输卵管炎等,可导致不孕。

(2)性病淋巴肉芽肿亚种　人是性病淋巴肉芽肿衣原体的唯一宿主,引起性病淋巴肉芽肿病,主要通过性接触传播。在男性主要侵犯腹股沟淋巴结,产生化脓性淋巴结炎和慢性淋巴肉芽肿溃疡;在女性可侵犯会阴、肛门、直肠等,引起病变而导致会阴-肛门-直肠组织狭窄。

2.鹦鹉热衣原体

鹦鹉热衣原体主要使动物感染,也可使人感染,人类不是此衣原体的天然宿主。首先从鹦鹉体内分离,人可因吸入病禽的感染性分泌物而致病,引起呼吸道症状甚至肺炎和菌血症,临床上称为鹦鹉热或鸟疫。

3.肺炎衣原体

人类是已知的肺炎衣原体的唯一宿主,主要在人与人之间经飞沫或呼吸道分泌物传播,其扩散速度缓慢,潜伏期平均 30 d 左右。肺炎衣原体是呼吸道疾病重要的病原体,主要引起青少年急性呼吸道感染,可引起肺炎、支气管炎、咽炎和鼻窦炎等。

(三)防治原则

预防上应加强卫生宣传教育,注意个人卫生,提倡健康性行为。加强疫鸟的管理。治疗上可用四环素类抗生素、红霉素、利福平等药物。

(四)衣原体、立克次体、支原体与细菌和病毒的比较

衣原体、立克次体与支原体是三类同属 G^- 的、代谢能力差、主要营细胞内寄生的小型原核生物,它们是介于细菌和病毒之间的生物,其与细菌和病毒的主要特征见表 3-9。

表 3-9　衣原体、立克次体、支原体与细菌和病毒的比较

(引自:蔡凤.微生物学.北京:科学出版社,2004)

特征	细菌	立克次氏体	支原体	衣原体	病毒
可见性	光学显微镜	光学显微镜	光学显微镜勉强可见	光学显微镜勉强可见	电子显微镜
过滤性	不能过滤	不能过滤	能过滤	能过滤	能过滤
革兰氏染色	阳性或阴性	阴性	阴性	阴性	无
细胞壁	有	有(含肽聚糖)	无	有(不含肽聚糖)	无细胞结构
繁殖方式	二分裂	二分裂	二分裂	二分裂	复制
培养方式	人工培养基	宿主细胞	人工培养基	宿主细胞	宿主细胞
核酸种类	DNA 和 RNA	DNA 和 RNA	DNA 和 RNA	DNA 和 RNA	DNA 或 RNA
核糖体	有	有	有	有	无
产生 ATP 系统	有	有	有	无	无
入侵方式	多样	昆虫媒介	直接	不清楚	决定宿主
对抗生素	敏感	敏感	敏感(对抑制细胞壁合成者例外)	敏感	有抗性

§阅读材料

古 生 菌

古生菌(archaebacteria)或称古核生物(archaeon),是一些生长在极端特殊环境中的细菌,过去把它们归属为原核生物是因为其形态结构、DNA 结构及其基本生命活动方式与原核细胞相似。

古生菌微小,一般小于 1 μm,虽然在高倍光学显微镜下可以看到它们,但最大的也只像肉眼看到的芝麻那么大。不过用电子显微镜能够让我们区分它们的形态。虽然它们很小,但是它们的形态形形色色。有的像细菌那样为球形、杆状,但也有叶片状或块状。特别奇怪的是,古生菌有呈三角形或不规则形状的,还有方形的,像几张连在一起的邮票。

古生菌的种类很多,大多数生活在极端环境中(包括高温、高酸、高碱、高盐等代表地球形成初期的恶劣环境),因此,深入研究古生菌的生命活动和本质,对认识生命起源、生命的极限、生物的进化规律以及发展生物技术高新产业等,都具有极其重要的意义。

复习思考题

1. 简述细菌的基本结构、特殊结构及其功能。
2. 比较革兰氏阳性菌和革兰氏阴性菌细胞壁的结构及化学组成的差异。
3. 简述细菌的化学组成。
4. 细菌的生长繁殖需要哪些基本条件?
5. 举例说明细菌分解代谢产物在细菌鉴定中的应用。
6. 细菌的耐热性为什么实验室常用高压蒸汽(121.3℃)灭菌?
7. 什么叫放线菌?为什么放线菌在分类上属于原核微生物?
8. 放线菌的三种菌丝之间有何关系?各执行什么功能?
9. 放线菌的主要属有哪些?其与制药行业有何关系?
10. 放线菌引起的人类疾病有哪些?

第四章　真核微生物

【知识目标】
- 掌握霉菌、酵母菌的形态结构及菌落特征。
- 了解真菌的重要属及其与制药的关系。
- 了解这几类微生物所致的疾病。

【技能目标】
- 能够通过菌落形态识别酵母菌和霉菌。
- 熟练鉴别酵母菌死活细胞的染色方法。
- 熟练霉菌的插片培养法。
- 掌握用显微镜观察酵母菌、霉菌的方法。

在本章中将学习霉菌、酵母等真核微生物。主要介绍这些微生物的生物学特性、重要的类群以及病原性类群。通过本章的学习，要掌握霉菌、酵母菌的形态结构及菌落特征，掌握酵母菌死活细胞的染色方法；了解真菌的重要属及其与制药的关系；了解这几类微生物所致的疾病。

真核微生物包括真菌、单细胞藻类、黏菌和原生动物。其中真菌又分为酵母菌、霉菌、和大型真菌（蕈菌类）。真菌在自然界中分布广泛、类群庞大，约有十几万种，形态大小差异极大。有的需要在显微镜下才能观察到，如单细胞酵母菌；有的肉眼就可以看见，如灵芝等蕈菌的子实体。

第一节　真菌

一、真菌概述

真菌（fungi）是一类低等的细胞型真核微生物，其区别与其他生物的特点主要有：①无叶绿素，不能进行光合作用，生活方式为异养型；②一般以发达的菌丝体为营养体；③细胞壁主要成分为几丁质或纤维素；④有真正的细胞核；⑤以产生大量的孢子进行繁殖。

真菌是一类庞大的生物,据估计全球约有 150 万种,目前已描述的种类约 1 万属、7 万余种。广泛分布于土壤、水域、空气及动植物体内外,其分布之广可算是无孔不入,也与人类的生活具有非常密切的关系,能为人类带来许多益处,但也可引起人类和动植物的疾病。

二、真菌与人类的关系

1. 真菌的有益作用

在药学方面,真菌是一个巨大的天然宝库。青霉素是一个家喻户晓的抗生素药物,它是人类发现的第一例抗生素,由英国科学家 Fleming 于 1929 年研究发现,青霉素的问世改革了传染病的治疗方式,曾在第二次世界大战中挽救了许多人的生命,目前也仍是最常用的抗生素药物之一。青霉素即是真菌——青霉菌(*Penicillum spp.*)的代谢产物。除青霉素外,临床上应用较多的头孢霉素、灰黄霉素等抗生素也是真菌为人类提供的重要药物。还有许多真菌是名贵的中药材,如灵芝、虫草、茯苓、马勃、竹黄、神曲、猴头、银耳、假蜜环菌等约百种。近些年来,研究发现一些真菌中含有丰富的对多种癌症具明显疗效的多糖类物质,如灵芝多糖、猪苓多糖、银耳多糖等,目前已有部分真菌多糖商品化。真菌来源的其他化学药物,如甾族化合物、麻黄素、麦角碱、核黄素、β-胡萝卜素等也是目前医药界不可缺少的重要药物。真菌现在仍是人类筛选各类生理活性物质的重要微生物源之一。

在食品方面,酱油、面包、酿酒等都是真菌发酵产物,香菇、木耳、平菇等大型食用真菌含有丰富的蛋白质,是人类美味可口的食物;工业上的柠檬酸、葡萄糖酸、淀粉酶、蛋白酶等也是真菌产物;在农业上真菌也有有益的作用,一些真菌可用于植物病虫害的生物防治,半知菌亚门的白僵菌和绿僵菌是已商品化的真菌杀虫剂,在我国主要用于防治松毛虫和玉米螟,利用真菌的寄生作用或其代谢产物防治植物病害和杂草也是近些年来的研究热点;在基础理论研究方面,粗糙脉孢菌(*Neurospora crassa*)和构巢曲霉(*Aspergillus nidulans*)是微生物遗传学研究的良好材料。

2. 真菌的负面作用

真菌对人类的生活和健康也有很大的危害。真菌作为病原微生物也能侵入人体,引起浅表组织(如皮肤、毛发、指甲等)和深部组织(如脑及神经系统、肺及呼吸系统、骨骼、内脏、五官等)的真菌病害。食品、中药材、纺织品、皮革等与人类生活息息相关的大量物品,经常出现霉变,这也是真菌对人类负面影响的一个重要方面;特别是一些真菌引起食品霉变,可产生毒性很强的真菌毒素,发霉的花生、大豆、瓜子等食品中就含有黄曲霉毒素,黄曲霉素是目前发现的致癌作用最强的化学物质之一。农业上,真菌是植物病害最主要的病原微生物,在人类历史上,由于真菌引起的植物病害而导致作物减产或绝产,给人类带来巨大灾难的事件已发生多次。

三、真菌的分类

在最早的两界分类系统中,真菌属于植物界真菌门。20 世纪中叶,学者提出了五界分类系统,在这个分类系统中,真菌独立成界,但不同学者提出的真菌界内分类内容差异很大,目前被各国真菌学家普遍采用的是安斯沃斯(G. C. Ainsworth)提出的 5 个亚门的分类系统。20 世纪 80 年代,八界分类系统建立,1995 年出版的安斯沃斯真菌分类著作《真菌词典》(第 8 版)

接受了八界分类系统。在此分类系统中真菌分属于3界:假菌界、原生动物界和真菌界。在国内,学者也提出用菌物代替真菌一词,目前也正逐步被采纳。

为了照顾习惯,本书仍采用真菌一词,分类方面仍采用五界分类系统中将所有真菌归于真菌界中的普遍接受的观点。真菌界包含黏菌门和真菌门两大类群的真菌,真菌门分为5个亚门,鞭毛菌亚门(Mastigomycotina)、接合菌亚门(Zygomycotina)、子囊菌亚门(Ascomycotina)、担子菌亚门(Basidiomycotina)和半知菌亚门(Deuteromycotina)。其主要依据是有性孢子和无性孢子的不同(表4-1)。

表4-1 真菌5个亚门分类

(引自:蔡凤.微生物学.北京:科学出版社,2004)

亚门	有性孢子	无性孢子
鞭毛菌亚门	休眠孢子囊或卵孢子	游动孢子
接合菌亚门	接合孢子	孢囊孢子
子囊菌亚门	子囊孢子	分生孢子
担子菌亚门	担孢子	分生孢子
半知菌亚门	无	分生孢子

为研究方便通常根据应用将真菌分为酵母菌和霉菌,酵母菌是指主要以出芽方式繁殖的单细胞真菌,而霉菌是丝状真菌的统称。以下主要介绍酵母菌和霉菌。

(一)酵母菌

酵母菌(yeast)是通常以出芽方式进行无性繁殖的低等单细胞真菌的统称。酵母菌是一俗称,在分类学上酵母菌主要归属于子囊菌亚门。其在自然界分布很广,水果、蜜饯的表面和果园土壤等偏酸的含糖环境中最为常见。酵母菌及其发酵产品大大改善和丰富了人类的生活。酵母菌也是重要的药源微生物,可从酵母菌中提取核酸、麦角甾醇、辅酶A、细胞色素C、凝血素和维生素等生化药物。各种酒类生产,面包制造,甘油发酵,饲用及食用单细胞蛋白生产等也都是酵母菌的"专业"。少数酵母能引起人或动物的疾病。

1.酵母菌的形态结构

(1)酵母菌的形态和大小 酵母菌主要是为单细胞,形态因种而异。基本形态为球形、卵圆形和圆柱形,有些酵母菌形状特殊,可呈柠檬形、瓶形、三角形、弯曲形等。酵母菌细胞大小因种类而异。长5~20 μm,可达50 μm,宽1~5 μm,可达10 μm以上,比细菌大几倍至几十倍。

(2)酵母菌的细胞结构 酵母菌为真核微生物,其细胞结构如图4-1所示。细胞核有核仁和核膜;细胞质有线粒体、核糖体、内质网、液泡等细胞器。

酵母菌细胞壁厚约25 nm,约占细胞干重的25%,其主要成分为葡聚糖、甘露聚糖、蛋白质和几丁质,另有少量脂质。

酵母菌细胞膜的结构、成分与原核微生物基本相同,但功能不如原核微生物那样具有多样化。细胞核由多孔核膜包裹的定形结构,核膜上存在着大量直径40~70 nm的圆形核孔。

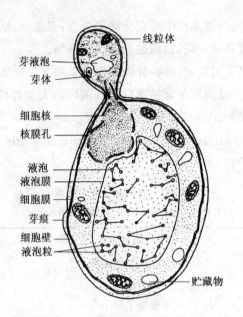

图 4-1 酵母菌细胞结构示意图

(引自:黄秀梨.微生物学.2版.北京:高等教育出版社,2003)

2.酵母菌的繁殖方式

酵母菌的繁殖分有性和无性两种方式,以无性繁殖为主。繁殖方式对酵母菌的科学研究、菌种鉴定和菌种选育极为重要。

(1)无性繁殖

①芽殖。芽殖是酵母菌最常见的繁殖方式。在良好的营养和生长条件下,酵母菌生长迅速,所有细胞上都长有芽体,芽体上还可形成新芽体,进而出现呈簇状的细胞团。当它们进行一连串的芽殖后,子细胞与母细胞不立即脱落,就形成假菌丝。芽体又称芽孢子,芽孢子脱落后在母细胞上留下一个芽痕(图 3-9),在芽孢子上相应地留下一个蒂痕。任何细胞上的蒂痕仅一个,而芽痕有一至数十个,根据它的多少还可测定该细胞的年龄。

②裂殖。少数酵母菌,如裂殖酵母属(*Schizosaccharomyces*)的种类以二分裂的方式繁殖,与细菌的繁殖方式相仿。

③产生无性孢子。掷孢酵母属(*Sporobolomyces*)的酵母菌可在卵圆形营养细胞上生出小梗,梗上形成肾形掷孢子。掷孢子成熟后通过特有喷射机制射出,用倒置培养皿培养掷孢酵母时,皿盖上会出现掷孢子发射形成的模糊菌落"镜像"。地霉属(*Geotricum*)酵母菌在培养初期菌体为完整的多细胞丝状,在培养后期从菌丝内横隔处断裂,形成短柱状或筒状,或两端钝圆的节孢子。

(2)有性繁殖   酵母菌主要以形成子囊孢子的方式进行有性繁殖。子囊孢子的形状十分多样。子囊孢子的形成过程是两个邻近的细胞各伸出一根管状原生质突起,然后相互接触并融合而成一个通道,细胞质结合(质配),两个核在此通道内结合(核配),形成二倍体细胞,并随即进行减数分裂,形成 8 个或 4 个子核,每一子核和其周围的原生质形成子囊孢子。每个子囊孢子相似于一个酵母细胞,它们发芽后生长成单倍体细胞,然后又开始融合,产生二倍体化。如此周而复始,完成其生活史(图 4-2)。

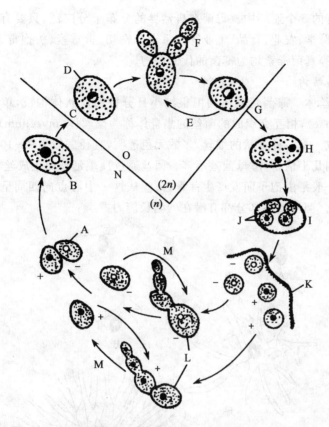

图 4-2 酵母菌的生活史

A—配囊融合；B—质配；C—核配；D—合子；E—二倍体细胞；F—发芽；G—减数分裂；

H—年轻子囊；I—成熟子囊；J—子囊孢子；K—子囊壁溶解；L—单倍体细胞；

M—出芽繁殖；N—单倍体期(n)；O—二倍体期(2n)

(引自：蔡凤.微生物学.北京：科学出版社，2004)

3.酵母菌培养与菌落特征

(1)酵母菌的培养条件　酵母菌对营养要求不高，在自然界分布广泛。普遍喜欢在含有葡萄糖、蔗糖、麦芽糖、淀粉等的培养基上生长。除了营养要求不高外，酵母菌喜欢偏酸的环境，多数在 pH 2～9 的范围内均可生长，最适 pH 为 4～6。最适生长温度为 22～28℃。培养过程中需氧。此外，酵母菌的生长对湿度有较高的要求。酵母菌生长速度比较缓慢，一般培养 3～7 d 才能形成典型的菌落。

(2)酵母菌的菌落特征　酵母菌的菌落形态特征与细菌极为相似，其特征为湿润，表面光滑，多数不透明，黏稠，质地均匀，与培养基结合不紧密，容易用针挑起，比细菌菌落大而厚，颜色单调，多数呈乳白色，少数红色，个别黑色，正反面及中央与边缘的颜色一致。不产生假菌丝的酵母菌，菌落更隆起，边缘十分圆整；形成大量假菌丝的酵母，菌落较平坦，表面和边缘粗糙。酵母菌的菌落通常会散发出一股悦人的酒香味。

(二)霉菌

霉菌(mould, mold)是丝状真菌(filamentous fungi)的总称，原指"引起物品霉变的真菌"，凡生长在营养基质上形成绒毛状、蜘蛛网状或絮状菌丝体的小型真菌，统称为霉菌。在分类学上霉菌分属于所有的 5 个亚门中。霉菌在自然界的分布十分广泛,只要有有机物就有霉菌的踪迹。其与药学、医学、农业、食品、工业等关系十分密切,青霉素、头孢霉素、灰黄霉素等抗生素,以及黄曲霉素等真菌毒素均为霉菌的代谢产物。

1. 霉菌的形态结构

(1)菌丝和菌丝体 霉菌营养体均由很细小且分枝的丝状体构成,单根丝状体称为菌丝(hypha,复数 hyphae),相互交织成的菌丝的集合体称为菌丝体(mycelium)。菌丝是构成霉菌营养体的基本单位。是一种管状的细丝,多数无色透明,直径一般为 2~10 μm,比细菌和放线菌的宽度大几倍到几十倍,与酵母菌差不多。菌丝通过顶端延长而生成丝状体,且不断产生分枝。霉菌的生长一般是由孢子萌发产生芽管,菌丝从这一中心点向四周呈辐射状延伸形成圆形的菌落(图 4-3)。菌丝的各部分都有潜在的生长能力。

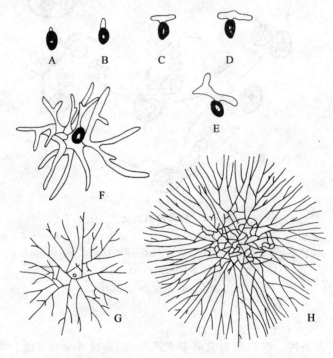

图 4-3 从一个孢子发展成辐射状菌落的过程

(引自:周奇迹.农业微生物.北京:中国农业出版社,2001)

根据菌丝的分化程度,霉菌的菌丝可分为营养菌丝和气生菌丝。营养菌丝密布在固体培养基内部,主要执行吸收营养物的功能;而气生菌丝伸展到空中,其中一部分会分化成繁殖菌丝,产生孢子。

根据有无隔膜又可将菌丝分为无隔菌丝和有隔菌丝(图 4-4)。无隔菌丝含多个细胞核,菌丝只有核分裂,没有细胞分裂。一些低等的霉菌如鞭毛菌和接合菌的菌丝是无隔膜的。有隔菌丝的菌丝内有隔膜,核分裂伴随着细胞分裂,成为由许多细胞连接而成的菌丝,每个细胞中有一个或多个细胞核。在其隔膜的中央有小孔相通,使细胞质、细胞核和养料可以自由流通。高等的霉菌如子囊菌和担子菌的菌丝是有隔膜的。

不同的霉菌在长期进化中,对各自所处的环境条件产生了高度的适应性,其菌丝或菌丝体

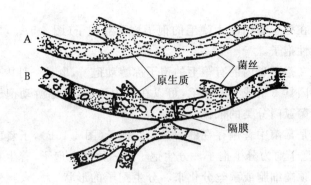

图 4-4 霉菌的营养菌丝

A—无隔菌丝；B—有隔菌丝

(引自：黄秀梨. 微生物学. 2版. 北京：高等教育出版社，2003)

的形态与功能发生了明显变化，形成了各种特化构造。营养菌丝主要特化为假根、吸器、附着胞、菌索等，气生菌丝主要特化成产生孢子的各种形态的子实体或产孢结构。

(2)菌丝的细胞结构　霉菌的细胞由细胞壁、细胞膜、细胞质、细胞核、核糖体、线粒体和其他内含物组成。幼龄菌丝的细胞质均匀透明，充满整个细胞，老龄菌丝的细胞质黏稠，出现较大的液泡，内含许多肝糖粒、脂肪滴等贮藏颗粒。

霉菌细胞壁厚 0.1~3 μm。大部分霉菌的细胞壁主要由几丁质组成，鞭毛菌亚门的卵菌纲霉菌细胞壁的主要成分为纤维素。几丁质或纤维素构成了霉菌细胞壁的网状结构，它包埋在基质中。除此之外，霉菌细胞壁还含有蛋白质、脂类等复杂的化合物。

2.霉菌的繁殖方式

霉菌是以产生多种多样的孢子或断裂的菌丝片段进行繁殖。霉菌的传染性强，与其繁殖方式密切相关。霉菌的繁殖能力很强，菌丝的碎段或菌丝截断只要遇到合适的条件，均可发育成新个体。霉菌的孢子具有小、轻、多、抗逆性强等特点。所以只要条件合适，霉菌病害极易大流行。

霉菌的无性和有性繁殖分别产生大量的无性孢子和有性孢子。无性孢子和有性孢子又可分为多种类型。孢子的形态、色泽、细胞数目、产生和排列方式是霉菌分类和鉴定的重要依据。

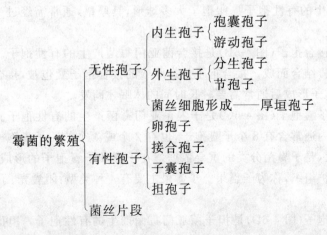

(1)无性孢子

①孢囊孢子。生在孢子囊内的无鞭毛的孢子称孢囊孢子(图 4-5A),是一种内生孢子,为接合菌亚门霉菌的无性孢子。

②游动孢子。生在孢子囊内的有鞭毛的孢子称游动孢子,也是一种内生孢子,为鞭毛菌亚门霉菌的无性孢子。因具 1 根或 2 根鞭毛,可以在水中游动,故称游动孢子。鞭毛的数目、类型和着生位置是鞭毛菌亚门分类的依据。

③分生孢子。这是霉菌中普遍存在的一类无性孢子(图 4-15B),子囊菌、担子菌和半知菌 3 个亚门霉菌的无性孢子均为分生孢子。分生孢子是一种外生孢子,着生在分生孢子梗顶端,分生孢子梗则由菌丝顶端细胞或菌丝分化来。分生孢子的形状、大小、颜色、结构以及着生情况多样。有些霉菌的分生孢子的产孢结构还可以形成复杂的子实体,如分生孢子器、分生孢子盘、分生孢子座等。

④厚垣孢子。又称厚壁孢子,是一种休眠孢子,由菌丝顶端或中间的个别细胞膨大,原生质浓缩,细胞壁加厚形成的孢子(图 4-5C)。它对外界环境有较强的抵抗力。

⑤节孢子。也称粉孢子,由菌丝断裂而成(图 4-5D)。

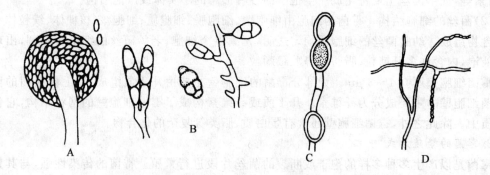

图 4-5　各种类型的无性孢子

A—孢囊孢子;B—分生孢子;C—厚垣孢子;D—节孢子

(引自:黄秀梨.微生物学.2 版.北京:高等教育出版社,2003)

(2)有性孢子

①卵孢子。卵孢子(图 4-6A)是鞭毛菌亚门卵菌纲霉菌产生的有性孢子。是由形状不同的配子囊结合而产生的有性孢子。卵孢子大多球形,具厚壁,通常需经过一定时期休眠才能萌发。

②接合孢子。接合孢子(图 4-6B)是接合菌亚门霉菌产生的有性孢子。接合孢子是由菌丝生出的两个配子囊结合而成。接合孢子外有厚壁的接合孢子囊包被,接合孢子囊内包含一个接合孢子,接合孢子形成后通常需要较长时间的休眠才萌发。

③子囊孢子。子囊孢子(图 4-6C)是子囊菌亚门霉菌产生的有性孢子。子囊孢子产生于子囊中。一个子囊内通常含有 8 个子囊孢子,也有 2 个或 4 个的。子囊孢子的形状、大小、颜色、纹饰等差别很大,是子囊菌分类的重要依据。在子囊和子囊孢子的形成过程中,外部的菌丝体形成包被的保护组织,称为子囊果。子囊果主要有 4 种类型:闭囊壳、子囊壳、子囊盘和子囊座。

④担孢子。担孢子(图 4-6D)是担子菌亚门霉菌产生的有性孢子。担孢子着生在一种被

称为担子的结构上,因此称为担孢子,每个担子上通常着生 4 个担孢子。担孢子多为圆形、椭圆形、肾形和腊肠形。

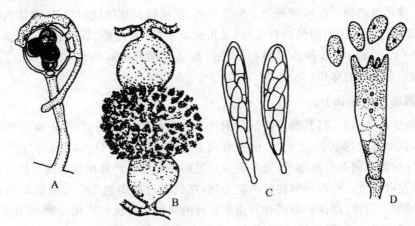

图 4-6　各种类型的有性孢子

A—卵孢子;B—接合孢子;C—子囊孢子;D—担孢子

(引自:许志刚.普通植物病理学.3 版.北京:中国农业出版社,2003)

3.霉菌培养特征及菌落特征

霉菌的培养特征与酵母菌相似。

霉菌菌落的共同特征:菌落疏松,呈绒毛状、絮状或网状,外观干燥、不透明,不易挑取,菌落大,颜色十分多样,正反面颜色不同,边缘与中央颜色也不同,常有霉味。

霉菌的菌丝较粗且长,故形成的菌落呈绒毛状、絮状或网状,且疏松,这是区别霉菌与其他微生物的主要菌落特征,有些霉菌产孢量大,菌落比较致密,但在其菌落边缘也可见到絮状的菌丝。与细菌的湿润、较透明、易挑取的菌落特征不同,霉菌的菌落外观干燥,完全不透明,菌落与培养基紧密结合,不易挑取,因此,在进行霉菌的相关实验挑取霉菌时,使用的是相对粗且硬的接种针,而不同于挑取细菌的细且软的接种环。霉菌在固体培养基上最初的菌落呈浅色或白色,当菌落产生各种颜色的孢子后,菌落表面呈现肉眼可见的不同结构和色泽,如红、黄、绿、黑、橙等,有些霉菌还分泌一些水溶性色素扩散到培养基内,使菌落正反面呈现不同的颜色。一些霉菌菌落,处于菌落中心的菌丝菌龄较大,发育分化和成熟得也较早,而位于边缘的菌丝则较幼小,使得菌落中心与边缘的颜色不同,一般菌龄越大,颜色越深,有些霉菌的菌落甚至会出现多层颜色的同心轮纹。

在液体培养基中震荡培养时,菌丝往往产生菌丝球,这样菌丝体相互紧密纠缠形成颗粒,均匀地悬浮于培养液中,有利于氧的传递以及营养物和代谢产物的输送,对菌丝的生长和代谢产物形成有利;静止培养时,菌丝生长在培养基表面,培养液不浑浊。有时可用来检查培养液是否被细菌污染,因细菌的培养液呈浑浊。

四、常见真菌简介

(一)酵母属(*Saccharomyces*)

酵母属(图 3-9)在分类上属于子囊菌亚门。该属微生物细胞圆形、椭圆形或腊肠形,多边出芽,假菌丝在少数种发生,有性繁殖形成子囊孢子。发酵产物主要为乙醇和二氧化碳,不同化乳糖和硝酸盐。酿酒酵母(*S. cerevisiae*)是酵母菌的典型代表,分布在各种水果的表皮、发酵的果汁、土壤和酒曲中。酿酒酵母除了酿造啤酒、酒精以及其他饮料酒外,菌体内的维生素、蛋白质含量高,可食用、药用和做饲料酵母,又可提取核酸、麦角醇、谷胱甘肽、细胞色素 C,凝血素、辅酶 A 等。此外,酵母菌还可参与某些甾族化合物的中间转化,因而在酿造、食品、化工、制药等工业有重要的作用。

(二)根霉属(*Rhizopus*)

根霉属属于接合菌亚门,其典型特征是菌丝分化出假根和匍匐菌丝,孢囊梗单生或丛生,与假根对生,顶端着生球状的孢子囊,孢子囊内有许多孢囊孢子(图 4-7)。广泛分布于自然界,土壤、空气中都有很多根霉孢子,是实验室常见的污染菌。经常出现在淀粉质食品上,引起馒头、面包等发霉变质。根霉分解淀粉的能力强,在代谢过程中能产生淀粉酶和糖化酶,是酿造业中著名的生产菌种,存在于酒药和酒曲中。有的菌种能转化甾族化合物,产生脂肪酶和有机酸,也是发酵工业中应用的重要的菌种,常见的有匍枝根霉(*R. stolonifer*)、米根霉(*R. oryzae*)等。

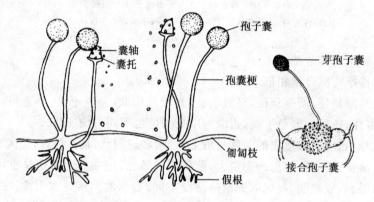

图 4-7　根霉属

(引自:周德庆.微生物学教程.北京:高等教育出版社,2002)

(三)毛霉属(*Mucor*)

毛霉属(图 4-8)在分类上属于接合菌亚门,其菌丝无隔膜,呈棉絮状,孢囊梗直接由菌丝体长出,顶端有膨大的孢子囊,毛霉和根霉不同,没有假根和匍匐枝。广泛分布于土壤、堆肥、蔬菜、水果和富含淀粉的食品上,能损坏食品、纺织品、皮革和中药材等。毛霉能分解复杂的有机物质,工业上用它来生产淀粉酶、柠檬酸、蛋白酶、脂肪酶等。我国人民所喜爱的豆豉、豆腐乳、甜米酒等都是毛霉的发酵产物。

(四)虫草属(*Cordyceps*)

子囊菌亚门的虫草属最常见的是冬虫夏草(*C. sinensis*)(图 4-9),它寄生在鳞翅目昆虫(主要是尺蠖)的幼虫上,把虫体变成充满菌丝的僵虫,这是菌核部分,被害的昆虫冬天进入土内,夏天虫草菌从被害虫体生出一有柄棍棒形的子座(即所谓的草)。子座单个,罕见 2~3 个,褐色,初期内部充实,后变中空。在子座顶端膨大部分的边缘内形成许多子囊壳,子囊产生在子囊壳内,细长。每个子囊内含有 2 个具隔膜的子囊孢子,子囊孢子透明,线状。冬虫夏草是我国特产的名贵药材,具有补精益髓,保肺,益肾,止血化痰,止咳嗽等功效。主要分布在我国青藏高原边缘的青海、四川、甘肃、云南、西藏等地。

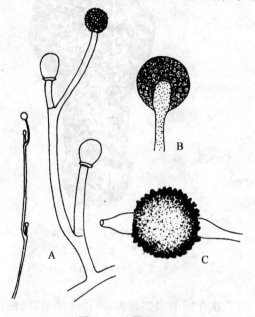

图 4-8 毛霉属

A—孢囊梗;B—孢子囊;C—接合孢子

(引自:许志刚.普通植物病理学.3 版.

北京:中国农业出版社,2003)

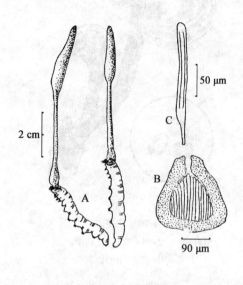

图 4-9 虫草属

A—菌核及子座;B—子囊壳(内含子囊);

C—子囊(内含子囊孢子)

(引自:李阜棣,胡正嘉.微生物学.5 版.

北京:中国农业出版社,2000)

(五)灵芝属(Ganoderma)

担子菌亚门的灵芝属(图 4-10)为大型真菌,其菌盖木栓质,半圆形或肾形,厚约 2 cm,黄色,渐变为红褐、红紫或暗紫色。具有一层漆状光泽,有环状棱纹及辐射状皱纹,大小及形状变化很大。灵芝俗有"长生不老药"之称,具有滋补、健脑、强壮、消炎、利尿、益胃的功效。主治神经衰弱、冠心病、慢性肝炎、肾盂肾炎、胃病等。

(六)马勃属(Lycoperdon)

担子菌亚门大型真菌马勃属(图 4-11)的子实体球形,直径 15~25 cm,包被白色,后变成淡黄色、浅青黄色,有两层。早期表面被有一层绒毛,后变平滑,老熟后裂为碎片脱落,露出孢体。孢子呈球形,壁平滑,有时有小疣。生于林间空旷处的地上。具消肿、止血、清肺、利喉、解毒功效,主治扁桃体炎、喉炎、鼻出血、咳嗽等。

(七)曲霉属(Aspergillus)

曲霉属在分类学上属于半知菌亚门,其分生孢子梗从特化的厚壁而膨大的菌丝细胞(足细胞)垂直生出,不分枝。分生孢子梗顶端膨大成顶囊。在顶囊表面辐射状长满一层或两层小梗,小梗顶端生成串的球形分生孢子(图 4-12)。已知有些曲霉菌种的有性阶段为子囊菌,但不易产生。曲霉大都是腐生菌,在自然界分布极广,谷物、土壤和有机体上最常见。空气中经常有曲霉的孢子,是工业和实验室常见的污染菌。曲霉可引起食品、衣服、皮革等物品的发霉、腐烂。引起大豆、花生、瓜子、大米等发霉的黄曲霉(A. flavus)能产生黄曲霉毒素,黄曲霉毒素具有很强的致

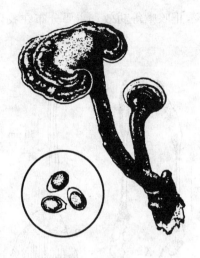

图 4-10　灵芝属

（引自：李阜棣,胡正嘉.微生物学.5版.

北京:中国农业出版社,2000）

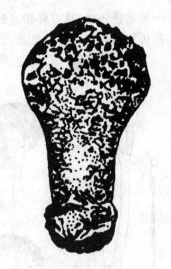

图 4-11　马勃属

（引自:邢来君,李明春.普通真菌学.

北京:高等教育出版社,1999）

癌作用。另外,曲霉是发酵工业、食品加工业和医药工业方面的重要菌种,可用于酿酒、制酱、制酶制剂和有机酸等,常见的重要菌种有米曲霉(*A. oryzae*)和黑曲霉(*A. niger*)等。

（八）青霉属（*Penicillium*）

青霉属也属于半知菌亚门,其菌丝体产生长而直的分生孢子梗,上半部分产生几轮小梗,小梗顶端着生成串的球状至卵形的分生孢子,整个产孢结构形如扫帚(图 4-13)。已发现有性

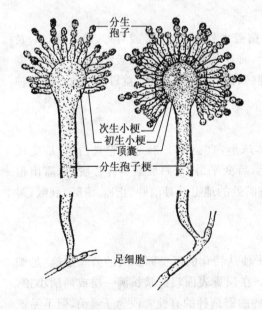

图 4-12　曲霉属

（引自:李阜棣,胡正嘉.微生物学.5版.

北京:中国农业出版社,2000）

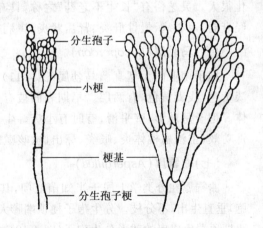

图 4-13　青霉属

（引自:李阜棣,胡正嘉.微生物学.5版.

北京:中国农业出版社,2000）

阶段的青霉为子囊菌。青霉广泛分布在土壤、空气、水果和粮食上，也是工业和实验室常见的污染菌。有的种与动物、人和植物的病害有关。青霉在医药工业方面具有重要的经济价值，产黄青霉（*P. chrysogenum*）、点青霉（*P. notatum*）等在工业上是青霉素的主要生产菌，灰黄青霉（*P. griseofulvum*）是灰黄霉素的生产菌。青霉也是食品工业上经济价值很高的菌种，例如有些青霉能产生柠檬酸、延胡索酸、草酸、葡萄糖酸等有机酸，青霉也可用于食品发酵。

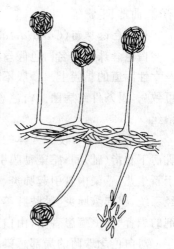

图 4-14 头孢霉属

（引自：邢来君，李明春．普通真菌学．
北京：高等教育出版社，1999）

（九）头孢霉属（*Cephalosporium*）

半知菌亚门头孢霉属（图 4-14）的菌落特征不一，有些种缺乏气生菌丝，菌落湿润如细菌菌落，有些种气生菌丝发达，呈绒毛状或絮状的菌落。菌丝无色，分生孢子梗基部稍膨大，分生孢子在分生孢子梗的顶端靠黏液把它们黏成假头状，遇水即散开。本属包括许多经济上重要的种，产黄头孢霉（*C. chrysogenum*）和顶头孢霉（*C. acremonium*）是头孢霉素的生产菌，某些种可产生一些抗革兰氏阳性和阴性菌及抗癌的活性物质，还有些头孢霉可产生较强的脂肪酶和淀粉酶。

五、常见真菌性疾病

一般而言，真菌的致病力比细菌弱，由致病性真菌和条件致病性真菌引起的疾病统称为真菌病。根据发病部位可把真菌病分为浅部真菌感染和深部真菌感染，以及产毒素真菌引起的真菌中毒。

（一）浅部真菌感染

浅部真菌感染病大多由皮肤真菌（包括毛发癣菌、表皮癣菌和小孢霉）侵犯皮肤、毛发和指（趾）甲等浅角化组织引起，简称为癣，包括体癣、股癣、足癣、手癣等，其中手足癣是人类最多见的真菌病。此类皮肤真菌又统称为皮肤癣菌或皮肤丝状菌，具有嗜角质蛋白的特性。当它们侵犯皮肤、毛发等角质组织后，遇到潮湿、温暖的环境即大量繁殖，通过机械刺激和代谢产物的作用而引起局部病变。通常造成的损伤较温和，限于浅表部位，不会引起死亡，但极易在人群中传播，传播主要靠孢子。

由于浅部真菌感染多为慢性感染，且真菌对治疗药物易产生耐药性，因而成为影响人们生活质量和卫生健康的问题之一。目前，治疗皮肤癣菌的感染还没有特效办法，重在预防。主要是注意个人皮肤卫生，避免与被污染的物品直接接触，保持鞋袜干燥，以防皮肤癣菌生长繁殖。治疗可用灰黄霉素、克霉唑等抗真菌药物。

（二）深部真菌感染

引起深部感染的真菌包括两类：致病性真菌与条件致病性真菌。致病性真菌为外源性的，侵入机体可在吞噬细胞内繁殖，抑制机体的免疫反应，引起组织慢性肉芽肿和形成组织坏死、溃疡等。条件致病性真菌是宿主正常菌群的成员，正常情况下不致病，只有当宿主免疫力下降时才致病。近年来，随着广谱性抗生素、皮质激素、免疫抑制剂的广泛应用，条件致病性真菌的发病率明显上升。我国最常见的条件致病性真菌是白色念珠菌，其次是新型隐球菌，以及肺孢子菌、曲霉、毛霉等。

1. 白色念珠菌（*Candida albicans*）

白色念珠菌又名白色假丝酵母菌，是人体内的正常菌群，存在于人的体表、口腔、上呼吸道及女性阴道的黏膜上。一般不致病，只有当宿主的抵抗力降低（特别是细胞免疫力降低时）方可致病，属条件致病菌。白色念珠菌以出芽方式繁殖，子酵母菌不与母体脱离，形成较长的假菌丝。

白色念珠菌可侵犯人体的许多部位。感染皮肤多发于皮肤皱褶处，如腹股沟、腋窝、臀沟、乳房下和指（趾）间；感染黏膜引起鹅口疮、口角炎、阴道炎、龟头炎等，其中以鹅口疮最多，多发于新生儿；感染内脏引起肺炎、支气管炎、食管炎、肠炎、膀胱炎、肾盂肾炎等；甚至感染中枢神经系统，引起脑膜炎、脑脓肿等。近年来，在接受放、化疗的肿瘤患者、接受移植而用免疫抑制剂的患者、艾滋病患者中，由白色念珠菌引起的感染日益增多，应给予足够重视。

对白色念珠菌的局部感染可选用制霉菌素、克霉唑等软膏涂抹，内脏感染可用 5-氟尿嘧啶、两性霉素 B、酮康唑等抗真菌药物治疗。

2. 新型隐球菌（*Cryptococcus neofonans*）

新型隐球菌为圆形或卵圆形的酵母菌，外包有一层肥厚的荚膜，菌体常有出芽，但无假菌丝。其在自然界分布广泛，在鸽粪中最多，正常人体也可分离到此菌。该菌的感染主要经呼吸道入至肺引起肺部感染，但症状不明显。可以从肺播散到全身其他部位如皮肤、骨、心脏等。而最易侵犯的是中枢神经系统，引起慢性脑膜炎。此病多继发于体质极度衰弱且免疫力低下者。近年来，抗生素、激素和免疫抑制剂的广泛使用，也是新型隐球菌病增多的原因。治疗可选用两性霉素 B、5-氟尿嘧啶等药物。

（三）真菌毒素中毒

真菌毒素是真菌产生的毒性代谢产物。能产生毒素的真菌很多，除了一些大型真菌能产生毒素，误食后引起呕吐、腹泻、幻觉、甚至死亡等外，对人类健康造成更大威胁的是一些小型霉菌引起食物霉变，同时产生真菌毒素。真菌毒素中毒主要引起肝、肾、神经系统的损害及造血功能障碍。

人类历史上已发生多次真菌毒素中毒事件。例如，早在 11 世纪欧洲发生的麦角中毒事件是人类认识真菌毒素最早的记载；我国东北乌苏里江农民很早就发现赤霉麦食后引起昏迷，形象地称为"昏神麦"，研究表明该现象是由镰刀菌等产毒真菌引起的；河北、河南的霉甘蔗中毒主要由节菱孢菌（*Arthrinium*）等产生的毒素引起，作用于脑，引起抽搐、昏迷，死亡率在 20%左右。

近年来不断发现有些真菌及其产物与肿瘤的发生有关。目前已知的 200 多种真菌毒素中，至少有 10 多种可引起人和实验动物致癌，如黄曲霉毒素、杂色曲霉素、黄变米毒素、镰刀菌烯酮等。其中研究最多的是黄曲霉（*A. flavus*）产生的黄曲霉毒素。黄曲霉毒素主要存在霉变的花生、大豆、玉米、瓜子等食物中，其毒性很强，小剂量即有致癌作用，主要作用于肝脏，可引起肝脏变性、肝细胞坏死、肝硬化，直至诱发肝癌。亦可引起胃、肾、直肠、乳腺及卵巢等器官发生肿瘤。黄曲霉毒素的毒性稳定，加热至 280℃以上才被破坏，因此一般烹调方法不能去除毒性。花生、大豆、玉米等及其加工产品的黄曲霉毒素含量是食品卫生检查指标之一。

真菌在粮食等食品中产生毒素受环境条件的影响，所以发病有地区性和季节性，但无传染性，不引起流行，但一般药物和抗生素不能控制症状。

第二节　酵母菌的形态观察及死活细胞的鉴别

一、实验目的

(1)观察酵母菌的菌落形态。

(2)观察酵母菌的细胞形态及出芽生殖方式。

(3)学习掌握区分酵母菌死、活细胞的染色方法。

二、实验原理

酵母菌细胞一般呈球形、卵圆形、圆柱形或柠檬形。每种酵母细胞有其一定的形态大小。大多数酵母在平板培养基上形成的菌落较大而厚,湿润、较光滑,颜色较单调(多数乳白色,少有红色,偶见黑色)。酵母细胞核与细胞质有明显的分化,个体直径比细菌大几倍到几十倍。繁殖方式也较复杂,无性繁殖主要是出芽生殖;有性繁殖是通过接合产生子囊孢子。

美蓝是一种无毒性染料,它的氧化型是蓝色的,而还原型是无色的,用它来对酵母的活细胞进行染色,由于酵母细胞中新陈代谢的作用,使酵母细胞内具有较强的还原能力,可将美蓝从蓝色的氧化型变为无色的还原型,所以酵母的活细胞无色,而对于死细胞则因其无此还原能力,而被美蓝染成蓝色或淡蓝色。因此,用美蓝水浸片不仅可观察酵母的形态,还可以区分死、活细胞。需要注意的是,一个活酵母菌的还原能力是有限的,必须严格控制染料的浓度和染色时间。

三、所用仪器及试剂

(1)菌种　酿酒酵母(*Saccharomyces cerevisiae*)或卡尔酵母(*S. calsbergensis*)。

(2)培养基及试剂　麦芽汁培养基,0.05%、0.1%吕氏碱性美蓝染液,蒸馏水等。

(3)仪器器皿　显微镜,载玻片,盖玻片,接种环,滴管,酒精灯,超净工作台等。

四、操作方法

1.菌落形态特征的观察

取少量酿酒酵母或卡尔酵母划线接种在平板培养基上,28～30℃培养 3 d。观察酵母的菌落特征,注意菌落表面的湿润或干燥情况,有无色泽、隆起形状,边缘的整齐度、大小、颜色等。

2.细胞形态、芽殖方式的观察和死活细胞的染色鉴别

(1)在载玻片中央加一滴 0.1%吕氏碱性美蓝染液,然后按无菌操作法用接种环取在麦芽汁琼脂斜面上培养 48 h 的酿酒酵母或卡尔酵母少许,放在美蓝染液中,使菌体与染液均匀混合。

(2)用镊子夹盖玻片一块,先将盖玻片的一边与液滴接触,然后将整个盖玻片慢慢放下,盖在液滴上。

(3)将制好的水浸片放置 3 min 后镜检。先用低倍镜观察,然后换用高倍镜观察酿酒酵母的形态和出芽情况,同时可以根据是否染上颜色来区别死、活细胞。

(4)染色半小时后,再观察一下死细胞数是否增加。

(5)用 0.05%吕氏碱性美蓝染液重复上述的操作。

五、注意事项

染色时染液不宜过多,否则在盖上盖玻片时,菌液会溢出或出现大量气泡而影响观察。盖玻片不宜平着放下,以免产生气泡而影响观察。

六、实践思考题

(1)吕氏碱性美蓝染色液浓度和作用时间的不同,对酵母菌死细菌数量有何影响?试分析原因。

(2)在显微镜下,酵母菌有哪些突出的特征区别于一般细菌?

(3)如何鉴别酵母菌的死活细胞?

第三节　霉菌、放线菌插片培养与形态观察

一、实验目的

(1)观察霉菌、放线菌的菌落形态。

(2)掌握霉菌、放线菌的插片培养法。

(3)观察青霉、曲霉、根霉、毛霉、链霉菌等的显微形态特征。

二、实验原理

霉菌和放线菌等微生物都常具有发达的菌丝体,但霉菌为真核微生物,而放线菌为原核微生物,其菌落形态不同。霉菌的菌落常呈绒毛状、絮状或蛛网状,疏松,不透明,不易挑取,菌落大,颜色十分多样,正反面颜色不同,边缘与中央颜色也不同。放线菌的菌落初期和细菌极为相似,但组织紧密,常和基质结合在一起,干燥,不透明,表面质地致密,或有皱褶,上覆盖不同颜色的干粉(孢子),难挑取,菌丝及孢子常含有色素,使菌落的正面和背面呈现不同颜色。

由于霉菌和放线菌的基内菌丝或营养菌丝长入培养基中,用一般的接种工具不易挑取,因此以常规制片法很难制得完整的玻片标本,也难以观察到子实体及孢子丝等着生状态。插片培养法能很好地解决霉菌、放线菌观察中常规方法的不足,且简便易行,得到广泛应用。其主要原理是:在接种过霉菌、放线菌的琼脂平板上,由于斜插上盖玻片,使放线菌的菌丝体沿着培养基与盖玻片的交界线上生长、蔓延,从而附着在盖玻片上;待培养物成熟后轻轻地取出盖玻片,就能获得放线菌在自然生长状态下的标本,将其置于载玻片上即可用作镜检,观察到放线菌的个体形态特征。

三、所用仪器及试剂

(1)菌种 产黄青霉(*Penicillium chrysogenum*),黑曲霉(*Aspergillus niger*),根霉(*Rhizopus* sp.),毛霉(*Mucor* sp.)等霉菌。灰色链霉菌(*Streptomyces griseus*),细黄链霉菌(*S. microflavus*)等放线菌。

(2)培养基 马铃薯葡萄糖琼脂培养基(PDA),高氏1号培养基。

(3)仪器器皿 培养皿,盖玻片,载玻片,镊子,接种针,接种环,酒精灯,显微镜,超净工作台等。

四、实验准备

(1)无菌培养皿和盖玻片的灭菌 数套培养皿用报纸包好,盖玻片可放到一个培养皿中,再单独用报纸包好。将包好的培养皿和盖玻片放到电烘箱内,设置160℃,灭菌2 h。

(2)培养基的融化 所用的PDA和高氏1号培养基在实验前用开水浴或微波炉完全融化。然后放置使其自然冷却,冷却至45℃左右时及时倒平板。

(3)无菌操作环境的准备 打开超净工作台开关,用紫外灯照射30 min,然后关闭紫外灯。

五、操作方法

1. 菌落形态特征的观察

(1)放线菌菌落 用接种环刮取放线菌斜面表面的孢子,然后在平板培养基上蜿蜒划折线。置28℃培养6 d,观察菌落生长的情况。注意观察菌落的大小、表面性状(呈崎岖、皱褶或平滑),气生菌丝的形状(呈绒毛状、粉状等),有无同心环,以及菌落正面和反面的颜色等特点。

(2)霉菌菌落 用接种针挑取霉菌,直接接种到平板培养基,置22℃培养6 d,观察菌落生长状况。注意观察菌落的大小、形态、表面性状、正反面的颜色等,并与放线菌、酵母菌和细菌的菌落特征比较,掌握这4大类微生物的菌落特征。

2. 插片法及显微形态观察

(1)倒平板 融化的PDA和高氏1号培养基,冷却至45℃左右后分别倒平板。平板宜厚些,每皿约20 mL培养基。冷凝待用。

(2)接种 霉菌直接用接种针挑取菌种接种到平板中央。放线菌用接种环从试管斜面上挑取孢子,在平板培养基来回划线接种,接种量可适当大些,以利于插片。

(3)插盖玻片 用无菌镊子取无菌盖玻片,在上述接种平板上以45°的角度斜插入琼脂培养基内(插入深度约占盖玻片1/2长度)。

(4)培养 将插片平板倒置于28℃温箱中,培养3~7 d。

(5)镜检 用镊子小心取出盖玻片,并将其背面附着的菌丝体擦净。然后将盖玻片有菌的一面向下放在洁净的载玻片上,用低倍镜、高倍镜或油镜观察,并绘出观察结果。

六、注意事项

(1)用镊子取已长菌的盖玻片时,要特别小心,防止剧烈震动导致孢子脱落,而不能观察到完整的子实体或孢子丝的着生状态。

（2）放线菌插盖玻片时应插在接种划线旁，而霉菌不必考虑这一点。

（3）霉菌、放线菌的生长速度较慢，培养期较长，在操作中应特别注意无菌操作，严防杂菌污染。

七、实践思考题

（1）比较显微镜下细菌、放线菌与霉菌形态上的异同。

（2）从菌落特征上如何识别酵母菌、放线菌和霉菌？

（3）霉菌、放线菌的插片培养法如何操作？

（4）比较酵母菌、青霉、曲霉、链霉菌等的显微形态特征。

---

§阅读材料

冬虫夏草

冬虫夏草是一种真菌，是麦角菌科真菌冬虫夏草寄生在蝙蝠蛾科昆虫幼虫上的子座及幼虫尸体的复合体。

每年夏末，蝙蝠蛾将虫卵产在地下，使其孵化成长得像蚕宝宝一般的幼虫。另外，麦角菌科真菌的孢子，会经过水而渗透到地下，专门找蝙蝠蛾的幼虫寄生，并吸收幼虫体的营养，而快速繁殖，称为虫草真菌。当菌丝慢慢成长的同时，幼虫也随着慢慢长大，而钻出地面。直到菌丝繁殖至充满虫体，幼虫就会死亡，此时正好是冬天，就是所谓的冬虫。而当气温回升后，菌丝体就会从冬虫的头部慢慢萌发，长出像草一般的真菌子座，称为夏草。在真菌子座的头部含有子囊，子囊内藏有孢子。当子囊成熟时，孢子会散出，再次寻找蝙蝠蛾的幼虫作为寄主，这就是冬虫夏草的循环。

冬虫夏草主产于金沙江、澜沧江、怒江三江流域的上游。东至四川省的凉山，西至西藏的普兰县，北起甘肃省的岷山，南至喜马拉雅山和云南省的龙雪山。

复习思考题

1. 比较放线菌、酵母菌、霉菌的菌落特征。

2. 比较放线菌、酵母菌、霉菌以及细菌的个体形态、繁殖方式的差异。

3. 真菌的主要属有哪些？其与制药行业有何关系？

4. 真菌引起的人类疾病有哪些？

5. 比较螺旋体、支原体、衣原体、立克次体以及细菌、病毒的生物学性状。

6. 螺旋体、支原体、衣原体和立克次体能引起人类的哪些疾病？其防治原则为何？

第五章 病 毒

【知识目标】

- 理解病毒的形态结构及化学组成,病毒的干扰现象及干扰素,理解噬菌体的性质及应用等。
- 掌握病毒的增殖特性。

【技能目标】

- 能够根据病毒的基本特性进行病毒的控制。
- 会进行干扰素的应用。
- 熟练病毒的人工培养操作。

在本章中将学习病毒。主要介绍病毒的形态结构和化学组成、病毒的增殖、人工培养方法,噬菌体的生物学特性及应用。通过本章的学习,要掌握病毒的主要特征及形态结构;明确病毒的分类原则,了解病毒的主要类型;掌握干扰现象、干扰素的概念,干扰素的诱生及抗病毒机制。掌握噬菌体的概念、特性及生长繁殖过程,熟悉噬菌体的检查方法与预防措施。

19世纪末,俄国的烟草染上了一种可怕的疾病。烟草的嫩叶抽出不久,就在上面出现了一条条黄黄绿绿的斑纹,叶子卷缩起来,最后完全枯萎、腐烂,这种病叫烟草花叶病,它蔓延很快,人们对这种病束手无策,就连有名的植物学家见了,也只能皱起眉头。俄国年轻的植物学家伊万诺夫斯基在亲眼目睹了烟草花叶病给种植者带来的灾难后,下决心要查出发病原因。伊万诺夫斯基从田里采了几片得病的烟叶,把它们捣烂,加上水调成浆液,然后把这种浆液滴在没有得病的烟叶上,几天后,这些烟叶也得了花叶病。当时,人们认为传染病是由细菌引起的,那么,烟草花叶病是不是由细菌引起的呢?伊万诺夫斯基把病烟叶的浆液接种在细菌培养基上,希望它们长成便于观察的菌落,没有成功,他又在光学显微镜下对病叶组织进行观察,结果也没有看到致病细菌。有人把花叶病烟草的浆液用过滤纸过滤,滤液仍能使烟叶得病,这说明滤纸并不能阻挡这种看不见的凶手,伊万诺夫斯基选择了一种孔隙更小的细菌不能通过的过滤器,用它来过滤病叶的浆液,再把经过过滤的滤液注射到无病烟叶中,几天后,烟叶上又出现了黄色的花斑,这说明滤液具有传染性。就这样,经过反反复复的实验,伊万诺夫斯基用实验证明了烟草花叶病的致病凶手是一种比细菌还要小的有机体,这就是最小的生命——病毒。

人们将使烟草得花叶病的生物体称之为烟草花叶病毒。现在,科学家已经用电子显微镜看清了烟草花叶病毒的真面目。

第一节 病毒的形态结构及化学组成

病毒(virus)是一类非细胞形态的微生物,是体积非常微小、结构极其简单、性质十分特殊的生命形式。主要有以下基本特征:①个体微小,可通过除菌滤器,大多数病毒必须用电镜才能看见;②无细胞结构,仅具有一种类型的核酸,DNA 或 RNA;③大部分病毒没有酶或酶系统极不完全,不能进行独立的代谢作用;④严格的活细胞(真核或原核细胞)内复制增殖;⑤具有受体连结蛋白,与敏感细胞表面的病毒受体连接,进而感染细胞。

病毒与人类的关系密切,在人类的传染病中约 80% 由病毒引起,发酵工业的噬菌体污染会严重危及生产,而一些侵染有害生物的病毒则可制成生物防治剂用于生产实践等。

一、病毒的形态

病毒在细胞外环境以形态成熟的颗粒形式,即毒粒存在。在细胞外环境,病毒毒粒的形态多种多样,电镜观察主要有 5 种基本形态。

(1)球形 大多数人类和动物病毒为球形,如脊髓灰质炎病毒、疱疹病毒及腺病毒等。

(2)丝形 多见于植物病毒,如烟草花叶病毒、苜蓿花叶病毒、甜菜黄化病毒等。昆虫病毒(如家蚕核酸多角体病毒),人类某些病毒(如流感病毒)有时也可形成丝形。

(3)弹形 形似子弹头,如狂犬病毒等,其他多为植物病毒。

(4)砖形 如痘病毒、天花病毒、牛痘苗病毒等。

(5)蝌蚪形 由一卵圆形的头及一条细长的尾组成,如细菌病毒(噬菌体)。

病毒个体微小,测量病毒大小的单位是纳米(nm),即 $1/1\,000\ \mu m$。大多数病毒都能通过细菌滤器,各种病毒大小相差很大。大型病毒(如牛痘苗病毒)$200\sim300\ nm$;中型病毒(如流感病毒)约 $100\ nm$;小型病毒(如脊髓灰质炎病毒)仅 $20\sim30\ nm$。测量病毒大小可用高分辨率电子显微镜,放大几万倍到几十万倍直接测量;也可用分级过滤法,根据它可通过的超滤膜孔径估计其大小;或用超速离心法,根据病毒大小,形状与沉降速度之间的关系,推算其大小(图 5-1)。

二、病毒的结构和组成

病毒的结构有两种,一是基本结构,为所有病毒所必备;二是辅助结构,为某些病毒所特有,它们各有特殊的生物学功能。

(一)病毒的基本结构

病毒毒粒的基本结构是包围着病毒核酸的蛋白质外壳。

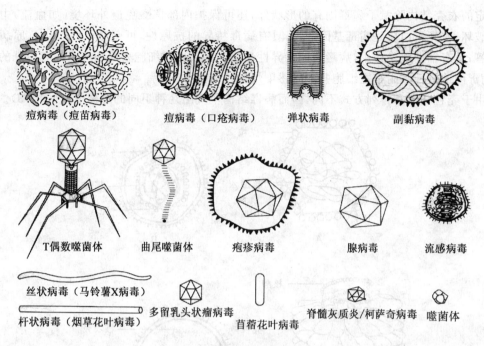

痘病毒（痘苗病毒）　　痘病毒（口疮病毒）　　弹状病毒　　　　副黏病毒

T偶数噬菌体　　曲尾噬菌体　　　疱疹病毒　　　　腺病毒　　　流感病毒

丝状病毒（马铃薯X病毒）

杆状病毒（烟草花叶病毒）　　多瘤乳头状瘤病毒　　　　脊髓灰质炎/柯萨奇病毒　噬菌体

苜蓿花叶病毒

图 5-1　病毒的形态与大小

(引自:于淑萍. 微生物基础. 北京:化学工业出版社,2005)

1. 核酸

核酸位于病毒的中心，构成病毒的核心，其外包绕着一层蛋白质组成的外壳，称为衣壳，核酸和衣壳共同组成核衣壳（图 5-2）。病毒的核心由一种类型的核酸构成，含 DNA 的称为 DNA 病毒，含 RNA 的称为 RNA 病毒。DNA 病毒核酸多为双股（除微小病毒外），RNA 病毒核酸多为单股（除呼肠孤病毒外）。

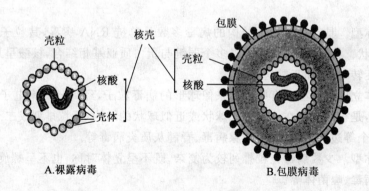

壳粒　　　　核壳

壳粒

核酸

核酸

包膜

壳体

A. 裸露病毒　　　　　　　　　　　B. 包膜病毒

图 5-2　病毒的基本结构

(引自:李阜棣,胡正嘉. 微生物学. 5 版. 北京:中国农业出版社,2000)

2. 衣壳

在核酸的外面紧密包绕着一层蛋白质外衣，即病毒的"衣壳"。衣壳是由大量蛋白质亚单位以次级键结合壳粒构成的。每个壳粒又由一条或多条肽链组成。蛋白质衣壳的功能是:致密稳定的衣壳结构除赋予病毒固有的形状外,还可保护内部核酸免遭外环境(如血流)中核酸酶的破坏;衣壳蛋白质是病毒基因产物,具有病毒特异的抗原性,可刺激机体产生抗原病毒免疫应答;具有辅助感染作用,病毒表面特异性受体连接蛋白与细胞表面相应受体有特殊的亲和力,病毒可选择性吸附宿主细胞并建立感染灶。

由于壳粒数目和排列方式不同,因而病毒结构呈现出几种不同的对称形式(图 5-3)。

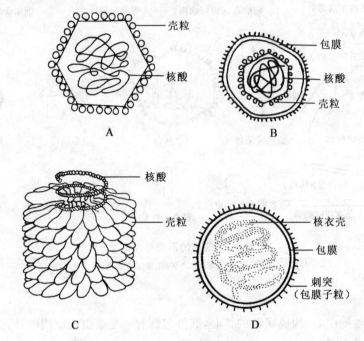

图 5-3 病毒体结构模式图

A—裸露二十面体对称;B—有包膜二十面体对称;C—裸露螺旋对称;D—有包膜螺旋对称

(引自:薛永三.微生物.哈尔滨:哈尔滨工业大学出版社,2005)

(1)螺旋对称型 具有螺旋对称结构的病毒多数是单链 RNA 病毒,其粒子形态为线状、直杆状和弯曲杆状。核酸是伸展开的,以多个弱键与蛋白质亚基相结合,核酸呈规则地重复排列,通过中心轴旋转对称,如正黏病毒等。

(2)二十面体立体对称型 有些看起来像球形的病毒粒子,经高分辨率电子显微镜观察,实际是个多面体,是核酸浓集在一起形成球状或近似球状的结构,壳粒排列成二十面体立体对称形式,形成 20 个等边三角形的面,如腺病毒、脊髓灰质炎病毒等。

(3)复合对称型 少数病毒壳粒排列较为复杂,既不呈立体对称,也不呈螺旋对称,称为复合对称型,如痘病毒、噬菌体等。

最简单的病毒就是裸露的核衣壳,如脊髓灰质炎病毒等。有囊膜的病毒核衣壳又称为核心。

(二)病毒的辅助结构

(1)囊膜 一些复杂的病毒的核衣壳外还覆盖着一层脂蛋白膜,如人类免疫缺陷病毒、疱疹病毒等,在核衣壳外包绕着的这层含脂蛋白的外膜,称为"囊膜"(也称包膜)。囊膜是病毒以出芽方式成熟时,由细胞膜(少数是由核膜)衍生而来的,故具有宿主细胞膜脂质的特性。它们位于病毒体的表面,有高度的抗原性,并能选择性地与宿主细胞受体结合,促使病毒囊膜与宿主细胞膜融合,感染性核衣壳进入胞内而导致感染。有囊膜病毒对脂溶剂和其他有机溶剂如乙醚、氯仿和胆汁等敏感,失去囊膜后便丧失了感染性。如呼吸道病毒一般不能侵入消化道,因为该类病毒易被胆汁所破坏。当包膜受到破坏时,包膜病毒可丧失吸附和穿入细胞的能力,从而丧失感染性。

(2)触须样纤维　腺病毒是唯一具有触须样纤维的病毒,腺病毒的触须样纤维是由线状聚合多肽和一球形末端蛋白所组成,位于衣壳的各个顶角。该纤维吸附到敏感细胞上,抑制宿主细胞蛋白质代谢,与致病作用有关。

(3)病毒携带的酶　某些病毒核心带有催化病毒核酸合成的酶,如流感病毒带有 RNA 的 RNA 聚合酶,这些病毒在宿主细胞内要靠它们携带的酶合成感染性核酸。

第二节　病毒的增殖

由于病毒缺乏生活细胞所具有的细胞器,缺乏酶系统和能量代谢体系,因而病毒具有严格的细胞内寄生性,其繁殖必须借助宿主细胞提供的能量和原料,在自身核酸控制下合成子代的核酸和蛋白质并装配成完整的病毒粒子,并以一定的方式释放到细胞外,将病毒这种独特的繁殖方式称为复制(replication)。从病毒颗粒进入易感细胞,经过复制形成单个新的病毒颗粒,再从细胞释放出来的过程称为一个复制周期(replicative cycle)。各种病毒增殖的时间因种而异,如单纯疱疹病毒在上皮细胞中需 12~30 h;脊髓灰质炎病毒在神经细胞中增殖需 6~8 h。病毒的复制可划分为 5 个连续的阶段,即吸附、穿入、脱壳、生物合成以及装配与释放。

一、吸附

病毒吸附(absorption)到易感细胞表面,此过程可能是随机碰撞,是可逆的。只有当易感细胞的表面受体位点(receptor site)和病毒体的吸附位点(attachment site)间特异性结合才是牢固的。例如流感病毒必须通过包膜上的血凝素与呼吸道上皮细胞膜上的黏蛋白受体才能牢固结合。

二、穿入

病毒吸附于宿主细胞后,紧接着进入细胞的过程称为穿入(penetration),有 3 种方式(图 5-4):①直接穿入。病毒吸附到宿主细胞膜上,与受体位点相配,细胞膜打开缺口,病毒核酸进入细胞质。②内吞作用。完整的病毒被吞入,胞内酶消化衣壳释放核酸。③直接融合。病毒的包膜直接与细胞膜融合,核衣壳进入细胞,胞内酶消化衣壳,释放病毒核酸。

三、脱壳

脱壳(uncoating)指病毒颗粒脱去包裹其核酸的蛋白质外壳,使核酸游离出来并进入细胞的一定部位,开始生物合成。

四、生物合成(biosynthesis)

病毒在脱壳后释放出核酸,完整的病毒粒子已不存在,直至出现子代病毒的这段时间,细胞内查不出病毒颗粒,称为隐蔽期(eclipse phase)。病毒的基因组结构多样,如何把不同类型核酸的遗传信息转移到病毒的 mRNA 是关键。为了全面了解各种核酸型病毒的复制特点,分别介绍如下:

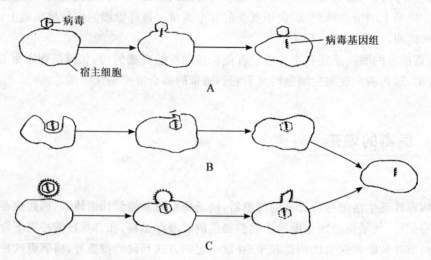

图 5-4　病毒粒子进入细胞的方式

A—直接穿入;B—内吞作用;C—融合

(引自:薛永三. 微生物.哈尔滨:哈尔滨工业大学出版社,2005)

1. dsDNA 病毒

如痘病毒、疱疹病毒等。

(1)细胞内的病毒在自身依赖 DNA 的 RNA 多聚酶催化下,以亲代 DNA 为模板转录早期 mRNA。

(2)由早期 mRNA 翻译出病毒的早期蛋白质,其主要作用是:①作为病毒复制所需的酶蛋白质;②改变或抑制宿主细胞正常代谢的调节蛋白。

(3)在早期蛋白质的催化下,以亲代病毒 DNA 为模板,以半保留方式复制出许多子代 dsDNA。

(4)以子代 DNA 为模板转录晚期 mRNA,翻译成病毒的晚期蛋白质。晚期蛋白质的主要功能是用于装配子代病毒的各种结构蛋白,如衣壳蛋白,以及参与装配成熟的各种非结构蛋白。以上步骤见图 5-5。

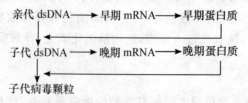

图 5-5　双链 DNA 病毒的生物合成

(引自:薛永三. 微生物.哈尔滨:哈尔滨工业大学出版社,2005)

2.ssDNA 病毒

如细小病毒。所有单链 DNA 病毒的核酸均为正链 DNA，复制时以亲代（＋）DNA 为模板形成双链 DNA，然后以新合成的互补链为模板合成子代（＋）DNA 以及转录 mRNA，并翻译成病毒的结构蛋白（图 5-6）。

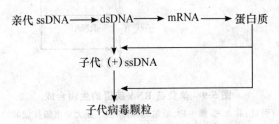

图 5-6 单链 DNA 病毒的生物合成
（引自：薛永三.微生物.哈尔滨：哈尔滨工业大学出版社，2005）

3.dsRNA 病毒

如呼肠病毒。以半保留复制方式，利用其中的（－）RNA 为模板转录 mRNA，mRNA 具有两个功能：一是合成病毒的蛋白质，二是作为模板合成新的双链 RNA（图 5-7）。

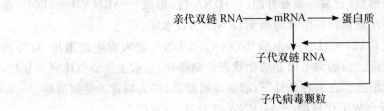

图 5-7 双链 RNA 病毒的生物合成
（引自：薛永三.微生物.哈尔滨：哈尔滨工业大学出版社，2005）

4.（＋）ssRNA 病毒

如脊髓灰质炎病毒。此类病毒的（＋）RNA 可直接作为 mRNA 翻译成病毒的结构蛋白和非结构蛋白又可作为模板形成互补的（－）RNA，并以（－）RNA 为模板合成子代（＋）RNA（图5-8）。

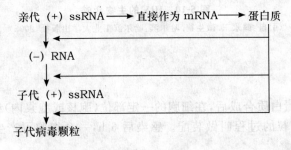

图 5-8 单正链 RNA 病毒的生物合成
（引自：薛永三.微生物.哈尔滨：哈尔滨工业大学出版社，2005）

5.(一)ssRNA 病毒

如弹状病毒。病毒首先复制出与(一)RNA 互补的(十)RNA,然后既可以(十)RNA 为模板合成子代(一)RNA 链,又可直接作为 mRNA 翻译成蛋白质(图 5-9)。

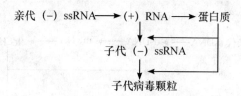

图 5-9 单负链 RNA 病毒的生物合成

(引自:薛永三.微生物.哈尔滨:哈尔滨工业大学出版社,2005)

6.反转录病毒

如 HIV。此类病毒的代表是 HIV,含有两条完全相同的单正链 RNA,病毒颗粒内含有反转录酶及多种 tRNA,病毒 RNA 的主要作用是作为模板,在反转录酶的催化下必须合成 DNA 为中间体。以 HIV 为例,其主要步骤如下:

(1)HIV 与易感细胞结合,经病毒包膜和宿主细胞膜融合进入细胞浆内。在逆转录酶的催化下,以子代(十)RNA 为模板,合成一条互补的(一)DNA 链,形成(十)RNA/(一)DNA 杂交双链,杂交链中的(十)RNA 被核糖核酸水解酶 H(RNase H)水解。

(2)以(一)DNA 为模板合成(十)DNA,形成 dsDNA。dsDNA 进入宿主细胞核,可与宿主细胞染色体整合形成前病毒。前病毒可以非活化状态长期存在,与宿主核染色体同步复制,产生大量带有前病毒的子代细胞。在某种条件下,前病毒被激活,进入病毒的复制周期。

(3)以双链 DNA 为模板合成子代核酸(十)ssRNA 以及蛋白质(图 5-10)。

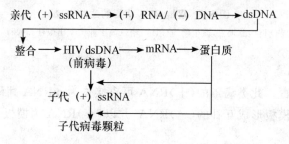

图 5-10 HIV 的生物合成

(引自:薛永三.微生物.哈尔滨:哈尔滨工业大学出版社,2005)

五、装配与释放

子代病毒核酸与蛋白质合成后,在细胞的一定部位(胞核或胞浆内)组合成大量成熟、完整的、有传染性的病毒颗粒的过程叫做装配。感染后 6 h,一个细胞可产生多达 10 000 个病毒颗粒。

不同病毒在宿主细胞内有不同的装配位置,如腺病毒的核酸和蛋白质在细胞核内装配,脊髓灰质炎病毒在胞浆内装配。装配方式与病毒在宿主细胞中的复制部位及其是否存在包膜有关。衣壳蛋白达到一定浓度时,将聚合成衣壳,并包裹核酸形成核衣壳。无包膜病毒组装成核衣壳即为成熟的病毒体,有包膜病毒一般在核内或细胞质内组装成核衣壳,然后以出芽形式释放时再包上宿主细胞核膜或细胞质膜后,成为成熟病毒。整个装配过程至少需要 50 种不同蛋白质和 60 多个基因组参与,需要在一些非结构蛋白的指导下进行。

病毒装配后,成熟的病毒粒子从被感染的细胞内转移到细胞外的过程称为释放。当宿主细胞内的大量子代病毒成熟后,由于水解细胞膜的脂肪酶和水解细胞壁的溶菌酶的作用,从细胞内部促进细胞裂解,从而实现病毒的释放。噬菌体粒子成熟,引起宿主细胞裂解,释放出病毒粒子(图 5-11)。在细菌培养液中,细菌被噬菌体感染,细胞裂解,浑浊的菌悬液变成透明的裂解溶液。动物病毒释放的方式多样,有的通过细胞溶解或局部破裂而释放,如脊髓灰质炎病毒;具包膜的病毒则通过与吞饮病毒相反的过程即"出芽"作用或细胞排泄作用而释放。释放出来的病毒粒子,都可以再进行感染。有些植物病毒,如巨细胞病毒,很少释放到细胞外,而是通过胞间连丝或融合细胞在细胞间传播。

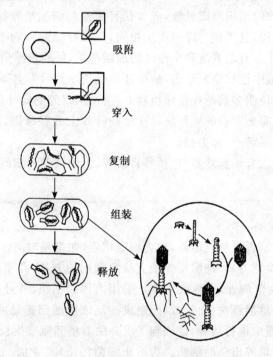

吸附

穿入

复制

组装

释放

图 5-11 T偶数噬菌体的侵染复制过程
(引自:李阜棣,胡正嘉.微生物学.5 版.北京:中国农业出版社,2000)

第三节 病毒的人工培养方法

因为病毒缺乏完整的酶系统,又无核糖体等细胞器,所以不能在无生命的培养基上生长,只有在活细胞内才能增殖,所以,培养病毒必须提供活的生物细胞。实验动物、禽胚以及体外培养的组织和细胞可作为人工培养病毒的场所。

噬菌体的培养和检测方法较为简单。将噬菌体接种到易感细菌的肉汤培养物中,经18～24 h后,混浊的培养物重新透明,此时细菌被裂解,大量噬菌体被释放到肉汤中,再经除菌过滤,即为粗制噬菌体。为了测定其中噬菌体的数量,将粗制噬菌体稀释到每一接种量含100个左右,与过量的细菌混合,然后铺种于琼脂平皿上,在恒温培养箱中培养过夜,细菌繁殖成乳白色衬底,被噬菌体裂解的区域则在此衬底上表现为圆形的透明斑,称为噬菌斑。噬菌斑数代表该接种量中有活力的噬菌体数量。如果挑出单个噬菌斑来培养,就能获得由单个噬菌体所繁殖的后代,达到分离纯化的目的。

动物病毒的培养可在自然宿主、实验动物、鸡胚或细胞培养中进行,以死亡、发病或病变等作为病毒繁殖的直接指标,或以血细胞凝集、抗原测定等作为间接指标。除了利用病毒的致病性定量检测病毒外,还可应用物理方法,如在电子显微镜下计数病毒颗粒,或用紫外分光光度计测定提纯病毒的蛋白和核酸量,测得的数据包括了有感染性和无感染性的病毒粒。动物病毒培养后,收获发病动物的组织磨成悬液,或收获有病变的细胞培养液,即为粗制病毒。测定活病毒数量可采用空斑法,其原理与噬菌斑法相同,但以易感的动物单层细胞代替细菌,在接种适当稀释的病毒后,用含有培养液和中性红的琼脂覆盖,使病毒感染局限在小面积内形成病变区,衬底的健康细胞被中性红染成红色,病变区不染色而显示为空斑。

植物病毒的培养和检测多数是在整株植物上进行,从捣碎的病叶汁中制备病毒,常用枯斑法检测。用手指蘸上混有金刚砂的稀释病毒在植物叶片上先轻摩擦,经一定时间后会出现单个分开的圆形坏死或退绿斑点,称为枯斑。

常用的病毒培养方法有细胞培养(包括器官培养、组织培养和细胞培养)、鸡胚培养和动物接种法。

一、细胞培养

将离体的分散的细胞人工加以培养,称为细胞培养(如果是对离体的活器官或组织加以培养,则为器官培养或组织培养)。细胞培养是实验室常用的方法,几乎所有的动物病毒均可进行细胞培养(B型肝炎病毒例外)。细胞培养是采用离体的活组织,经机械处理法或蛋白酶消化法,分散成单个细胞,然后经洗涤、计数,配制成一定浓度的细胞悬液,加入适量的小牛血清等,分装在适当的培养瓶中进行培养,使细胞下沉并贴着培养瓶壁生长。在一定的温度等条件下,经一定时间的孵育,培养出单层细胞。为防止细菌污染,通常加一定浓度的抗生素。组织培养即将器官或组织小块于体外细胞培养液中培养存活后,接种病毒,观察组织功能的变化,如气管黏膜纤毛上皮的摆动等。

常用于分离培养病毒的细胞有胚胎肺中的人成纤维细胞、新生瘤细胞、人胚肺二倍体细胞、初级猴肾细胞、鸡胚细胞等。

病毒在组织或单层细胞内增殖时,能引起细胞病变。也有一些病毒不引起细胞病变,但可改变组织培养液的 pH,或使细胞膜表达病毒特异的血凝素,因而感染细胞能吸附动物的红细胞,从而产生血细胞吸附现象,如流感病毒。有时可用免疫荧光技术等血清学试验检查细胞中的病毒。

由病毒感染引起细胞的病变称为细胞病变效应,简称细胞病变。有些细胞只引起轻微病变,无明显变化;有些细胞变化显著,表现为细胞核染色质靠边、核浓缩、细胞膜失去相互黏附作用使细胞圆缩等;有些细胞彼此融合,形成多核巨细胞,甚至有的坏死、溶解、从培养瓶脱落等。还有的病毒在细胞内增殖后,细胞内会出现可用光学显微镜观察到的、大小不同、数量不等的圆形斑块,称包涵体。如狂犬病毒的包涵体位于神经细胞的细胞浆内,呈圆形、嗜酸性,有助于狂犬病毒的诊断。腺病毒引起的包涵体位于细胞核内,嗜碱性。包涵体的形态、大小、在细胞内的位置以及染色性等特性有助于病毒的鉴定。

细胞培养病毒有许多优点:离体活细胞不受机体免疫力影响,很多病毒易于生长;便于人工选择多种敏感细胞供病毒生长;易于观察病毒的生长特征;便于收集病毒作进一步检查。细胞培养是病毒研究、疫苗生产和病毒疾病诊断的良好方法。但此法由于成本和技术水平要求较高,操作复杂,所以在基层单位尚未广泛应用。

二、鸡胚培养

禽胚是正在孵育的禽胚胎。禽胚胎组织分化程度低,病毒易于在其中增殖,来自禽类的病毒大多可在相应的禽胚中增殖,其他动物病毒有的也可在禽胚内增殖,感染的胚胎组织中病毒含量高,培养后易于采集和处理。禽胚来源充足,操作简单等,是目前常用的病毒培养方法。

禽胚中最常用的是鸡胚,发育的鸡胚作为病毒生长的培养基,具有价廉、无菌、易于操作,便于选用不同的适宜接种部位等优点。培养的病毒可用于研究、纯化、加工或制备疫苗。

病毒在鸡胚中增殖后,可根据鸡胚病变和病毒抗原的检测等方法判断病毒增殖情况。病毒导致禽胚病变常见的有以下四个方面:一是禽胚死亡,胚胎不活动,照蛋时血管变细或消失;二是禽胚充血、出血或出现坏死灶,常见在胚体的头、颈、躯干、腿等处或通体出血;三是禽胚畸形;四是禽胚绒毛尿囊膜上出现痘斑。可用上述现象检查病毒是否增殖。而有些则必须用血清学或病毒学相应的检测方法来确定病毒的存在和增殖情况。

培养病毒接种时,不同的病毒可采用不同的接种途径,并选择日龄合适的禽胚。鸡胚常用的接种部位有:绒毛尿囊膜、尿囊腔、羊膜腔和卵黄囊(图 5-12)。按病毒种类不同,将含病毒的材料接种于不同日龄鸡胚的不同部位。如天花病毒、疱疹病毒和痘病毒适合接种于 10～12 日龄的鸡胚的绒毛尿囊膜;流感病毒适合接种于 9～10 日龄的鸡胚的尿囊膜;初次自患者分离的流感病毒适宜于在 12～14 日龄的鸡胚羊膜腔中增殖,此途径比尿囊腔接种更敏感,但操作较困难,且鸡胚易受伤致死;鸡胚的卵黄囊在 5～8 日龄适于流行性乙型脑炎病毒的增殖。

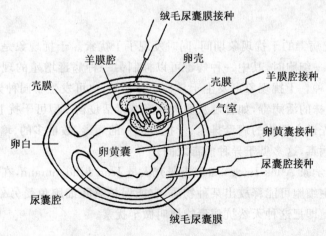

图 5-12 鸡胚构造及接种部位示意图

(引自:钱海伦. 微生物学. 北京:中国医药科技出版社,1996)

适于鸡胚接种的病毒常见的有：禽痘及其他动物痘病毒,可增殖于鸡胚的绒毛尿囊膜;禽脑脊髓炎病毒可增殖于鸡胚的卵黄囊内;禽马立克氏病病毒可增殖于鸡胚的卵黄囊、绒毛膜内;鸡传染性喉气管炎病毒可增殖于鸡胚的绒毛尿囊膜;人、畜、禽流感病毒可增殖于鸡胚的绒毛尿囊膜;鸡传染性支气管炎病毒可增殖于鸡胚的绒毛尿囊膜;鸭瘟病毒可增殖于鸡胚的绒毛尿囊膜等。

鸡胚接种的方法为：选好适龄受精卵,通过无菌操作将含病毒的材料用注射器注入鸡胚的一定部位,接种后的鸡胚一般 37.5℃孵育,相对湿度 60%,培养 48~72 h,使病毒增殖,根据接种途径不同,收获相应的材料,如绒毛尿囊膜接种时收获接种部位的绒毛尿囊膜;尿囊腔接种收获尿囊液;卵黄囊接种收获卵黄囊及胚体;羊膜腔接种收获羊水。然后将含病毒的材料送检或保存。病毒在鸡胚内增殖,可使鸡胚死亡、胚膜出血、出现斑痕,含病毒的材料能凝集脊椎动物的红细胞。因此,可用上述现象检查病毒是否增殖。

禽胚接种在基层生产中应用很广泛,常用在家禽传染病的诊断、病毒病原性的研究以及生产诊断抗原和疫苗等方面。

三、动物接种

动物接种是较为原始的培养病毒的方法。常用于接种的动物有：小白鼠、大白鼠、豚鼠、兔、猴等。病毒经注射、口服等途径进入易感动物体后可大量增殖,并使动物产生特定反应。实验用动物,应该是健康的,血清中无相应病毒的抗体等。接种时应根据病毒种类,选择易感动物及恰当的接种途径,如流行性乙型脑炎病毒可选用小鼠脑内接种;呼吸道病毒可由鼻腔接种;其他接种途径还有皮内、皮下、腹腔、静脉等。接种后,应每日观察动物的发病情况。当动物临死时,取病变组织进行传代与鉴定。

动物接种培养病毒主要用于病原学检查,传染病的诊断,疫苗生产及疫苗效力检验等。

第四节　病毒的干扰现象和干扰素

1957 年在研究病毒的干扰现象期间,同时发现了干扰素。干扰现象是两种病毒同时或短时间内先后感染同一细胞时,其中一种病毒可以抑制另一种病毒增殖的现象。病毒的干扰作用有直接和间接两种。干扰现象可发生于异种病毒之间,也可发生于同种异型病毒间,甚至灭活的病毒可干扰同株的活病毒,如脊髓灰质炎病毒减毒活疫苗Ⅰ型可干扰Ⅱ、Ⅲ型。通常是死病毒干扰活病毒,先进入细胞的病毒排斥、干扰后进入的病毒,数量多的、增殖快的病毒干扰数量少的、增殖慢的病毒,这多见于异种病毒之间。

英国病毒生物学家 Alick Isaacs 和瑞士研究人员 Jean Lindenmann,在用流感病毒感染鸡胚细胞时,发现宿主细胞可能释放出某种物质,它能保护鸡胚细胞免受另外几种病毒的感染,干扰病毒的复制,随即把这种天然抗病毒物质叫做干扰素。

一、干扰素的定义、分类及生物学活性

干扰现象产生的原因主要是感染了病毒的宿主细胞产生了一种免受其他病毒感染的物质

干扰素。干扰素是由大多数脊椎动物细胞受病毒或其他因子(诱导剂)诱导产生的一种特殊的低分子蛋白质。

根据细胞诱生干扰素的来源,将干扰素分为三种类型:来自白细胞的干扰素称为 α 干扰素;由成纤维细胞产生的干扰素,称为 β 干扰素。α 干扰素和 β 干扰素又称Ⅰ型干扰素。γ 干扰素由致敏 T 淋巴细胞受抗原刺激产生,或由淋巴细胞受丝裂原(如 PHA)激活产生,又称免疫干扰素或Ⅱ型干扰素。

目前,这三种干扰素都能利用基因工程技术进行生产,例如将干扰素基因重组于大肠杆菌染色体中,通过大肠杆菌表达产生干扰素。利用基因工程技术生产的干扰素称重组干扰素。

干扰素的相对分子质量小,是一组相对分子质量在 15 000～25 000 的糖蛋白分子,化学成分无毒,抗原性弱,对蛋白分解酶敏感,但对脂酶和核酸酶不敏感。对热稳定,4℃可保存很长时间,−20℃可长期保存其活性,56℃则被破坏,pH(酸碱度)2～10 干扰素不被破坏(表 5-1)。人体自然就能产生干扰素,经一定的制剂加工过程也能制造成药物——干扰素制剂。

表 5-1 干扰素的性质

(引自:蔡凤. 微生物学. 北京:科学出版社,2004)

性　质	Ⅰ型		Ⅱ型(γ)
	由白细胞产生(α)	由成纤维细胞产生(β)	
蛋白质	+	+	+
pH 2 时稳定	+	+	−
有抗病毒作用			
在人类细胞中	+	+	+
在小牛细胞中	+	+	
在兔细胞中	+	+	
在大鼠细胞中			
能被抗血清中和			
Ⅰ型 Leucocyte IF	+	−	−
Ⅰ型 Fibroblast IF	−	+	−
相对分子质量	15 k,21 k	20 k	30 k,70 k

干扰素具有多种功能的活性蛋白质(主要是糖蛋白),是一种由单核细胞和淋巴细胞产生的细胞因子,干扰素的抗病毒作用没有特异性,即有广谱抗病毒作用,也就是说,一种病毒诱生的干扰素可对多种病毒起作用。但是,干扰素的作用有高度种属特异性。如人细胞产生的干扰素,只能在人细胞内发挥抗病毒作用;兔、鼠等动物细胞产生的干扰素,在人细胞内没有抑制病毒增殖的作用。可见干扰素在同种细胞上具有广谱的抗病毒性能。干扰素还有抑制细胞分裂、分化及成熟的作用,可用于治疗肿瘤,可调节免疫功能,还有活化巨噬细胞及抑制细胞内寄生物等多种生物活性。干扰素的抗病毒作用与抗体不同,它不是直接杀死或中和病毒,而是干扰素与细胞相互作用,产生抗病毒蛋白质这一介质抑制病毒蛋白的合成。

在临床上,干扰素可用于急慢性病毒性肝炎(乙型、丙型等)、尖锐湿疣、毛细胞白血病、慢性粒细胞白血病、淋巴瘤、艾滋病相关性卡波济氏肉瘤、恶性黑色素瘤等疾病的治疗。据大量临床显示,干扰素对流行性出血热、流行性感冒、病毒性腹泻、小儿病毒性肺炎、病毒性角膜炎、疱疹、水痘、麻疹、慢性宫颈炎等病毒性疾病也有良好疗效;另外,干扰素对输血、烧伤及器官移植的病例有积极意义。

二、干扰素的诱生和抗病毒机制

一般认为,细胞本来具有产生干扰素的能力,但在正常情况下,编码干扰素的基因处于被抑制状态,从而抑制干扰素的产生,这种状态是由一种抑制蛋白来实现的。当病毒或其他干扰素诱生剂作用于细胞后,与抑制蛋白结合而使之失去活性,干扰素的基因被活化,细胞开始转录干扰素的 mRNA,再翻译成干扰素蛋白质释放到细胞外,作用于邻近细胞膜上的干扰素受体。干扰素分子与干扰素受体结合后,使细胞固有的抗病毒蛋白基因活化。细胞在活化基因的指导下合成抗病毒蛋白。抗病毒蛋白阻断病毒蛋白的翻译过程,抑制了病毒的增殖(图 5-13),于是细胞处于抗病毒状态。常用的干扰素诱生剂是一种合成的双链 RNA,称为多聚肌苷酸——多聚胞苷酸。

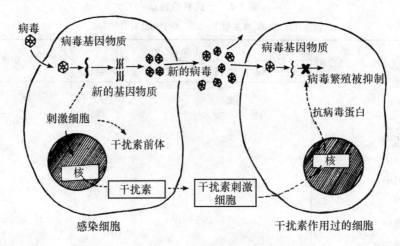

图 5-13   干扰素作用模式图

(引自:薛永三.微生物.哈尔滨:哈尔滨工业大学出版社,2005)

病毒感染时,产生的干扰素可阻止、中断病毒增殖,从而中断发病;若疾病已经发生,在产生足够保护性抗体之前,干扰素可使机体恢复健康。在防治病毒性疾病方面,可通过调节疫苗用量或分期接种疫苗,如两次预防接种之间要间隔足够的时间等,避免产生干扰现象,使之达到预期的免疫效果。

干扰素有广泛的抗病毒作用,现已作为一些抗病毒药物在临床上使用,但还存在着来源困难、不易纯化等问题。这些问题正逐渐由基因工程和单克隆抗体的应用得到解决。

临床上常用的干扰素制剂有:

1. 自然干扰素

人体淋巴母细胞样多亚型天然干扰素(IFN-N1),葛兰素威康公司(英国)生产,商品名为惠福仁。

2. 人体白细胞重组干扰素

IFN-α1b:世界上第一个采用中国人干扰素基因克隆和表达的 IFN-α1b 型干扰素,商品名为赛若金,深圳科兴生物制品有限公司生产,有 300 万 U/支和 500 万 U/支两种剂量,为粉针剂。

IFN-α2a:罗氏公司(瑞士)生产的罗扰素,有 300 万 U/支和 450 万 U/支两种剂量,粉针剂和小容量注射剂两种剂型;沈阳三生公司生产的因特芬,每支 300 万 U;辽宁卫星生物研究所生产的迪恩安,每支 300 万 U 和 500 万 U 两种剂型,均为粉针剂,但备有专用溶剂。

IFN-α2b:先灵葆雅(美国)公司生产的干扰能 300 万 U/支和 500 万 U/支,均为粉针剂;天津华立达公司生产的安福隆,300 万 U/支,粉针剂;安徽安科公司生产的安达芬,100 万 U/支。300 万 U/支、500 万 U/支粉针剂。

3.复合干扰素

安进公司(美国)生产的复合干扰素 C-IFN,商品名为干复津。其为针对治疗目的而设计的一种非人体能自然产生的生物合成干扰素。干复津的特异活性被定位每毫克蛋白质功能单位,在体外已证实其活性至少比 α2a 或 α2b 干扰素高出 5 倍,干复津有 9 μg、15 μg 两种剂量规格,其 9 μg 的疗效与 300 万 U 的 IFN-α2b 相似

第五节 噬菌体

病毒自被发现以来,已有很多种类,习惯上按宿主不同将病毒进行分类,分为动物病毒、植物病毒和微生物病毒三大类型。

微生物病毒即噬菌体,噬菌体是寄生于细菌、放线菌或真菌等细胞型微生物的病毒。因部分能引起宿主菌体的裂解,故称为噬菌体。

一、生物学特性

噬菌体广泛分布于自然界,具有病毒的一般特性,对于宿主细胞有高度特异性。具有一定的形态结构和严格的寄生性,需要在易感的活菌体内增殖,并能将寄生的微生物裂解或使之处于溶源状态。噬菌体多数分布在人和高等动物的肠道排泄物或由它们污染的水源和其他材料中,在脓汁、土壤中也时有发现。

噬菌体和其他病毒一样,也是由核酸和蛋白质组成。噬菌体的基本形态有蝌蚪形、球形或丝形,大多数噬菌体呈蝌蚪形。蝌蚪形噬菌体的头部呈球形、二十面体对称,由蛋白质外壳包绕核心(DNA 或 RNA)组成。尾部是噬菌体与宿主菌体细胞接触的部分,由尾领、尾髓、尾鞘、尾板、尾刺和尾丝组成。对大肠杆菌 T 系噬菌体($T_1 \sim T_7$)的研究起始于 1960 年,T 系噬菌体被认为是研究较深入的一群,特别是偶数的 T_2、T_4、T_6 具有类似的结构和化学组成,被称为 T 偶数噬菌体,是噬菌体的典型代表。现以大肠杆菌 T_4 噬菌体为例说明噬菌体的显微结构(图 5-14)。

大肠杆菌 T_4 噬菌体由头部和尾部构成,头部是由二十面体的蛋白质衣壳包裹着 DNA 分子,盘绕折叠于其中,大小 80~100 nm;尾部是螺旋对称的蛋白质衣壳,由不同的蛋白质组成,尾部中间的空腔称为尾髓,外面包围有可收缩的尾鞘,此外还有颈、尾丝、尾板和尾刺等构造。尾的长短不等,长的 100~200 nm,短的仅 10~40 nm。

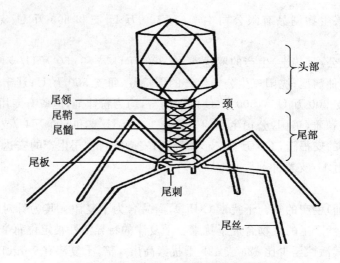

图 5-14　大肠杆菌 T_4 噬菌体结构模式图

(引自:薛永三.微生物.哈尔滨:哈尔滨工业大学出版社,2005)

噬菌体的增殖也包括吸附、穿入、脱壳、生物合成、装配与释放几个过程。噬菌体的生活周期叫溶菌(裂解)周期,一个周期大约 25 min。

噬菌体的培养方法很简单。将噬菌体接种到易感细菌的肉汤培养物中,经 18～24 h 后,混浊的培养物重新透明,此时细菌被裂解,大量噬菌体被释放到肉汤中,再经除菌过滤,即为粗制噬菌体。为了测定其中噬菌体的数量,将粗制噬菌体稀释到每一接种量含 100 个左右,与过量的细菌混合,然后铺种于琼脂平皿上,在温箱中培养过夜,细菌繁殖成乳白色衬底,被噬菌体裂解的区域则在此衬底上表现为圆形的透明斑,称为噬菌斑。噬菌斑数代表有活力的噬菌体数量。如果挑出单个噬菌斑来培养,就能获得由单个噬菌体所繁殖的后代,达到分离纯化的目的。

二、噬菌体与宿主细胞的关系

根据噬菌体与宿主细胞的关系,可将噬菌体分为烈性噬菌体和温和噬菌体两大类。凡能在宿主细胞内增殖,产生大量子代噬菌体并引起细菌裂解的噬菌体,称为烈性噬菌体;反之则称为温和噬菌体。一般将烈性噬菌体所经历的繁殖过程,称为裂解性周期或增殖性周期,将温和噬菌体所经历的过程称为溶源性周期。整合到染色体上的噬菌体核酸叫原(前)噬菌体,含原噬菌体的细胞称为溶源性细菌。细菌的溶源性是一种遗传特性,溶源性细菌的子代一般也具有溶源性。溶源性细菌是一类能与温和噬菌体长期共存,一般不会出现有害影响的宿主细胞。

三、噬菌体的应用

由于噬菌体的某些生物学特性,使其在人类的生产实践和生物学基础理论研究中都有一定的价值。作为分子生物学和遗传工程的研究工具,噬菌体现已成为进行分子生物学研究的重要工具和较为理想的材料,在遗传工程研究中,噬菌体是外源基因的重要载体,在生产和理论研究中也将起到更大作用,并制备出某些重要产物,如制备乙型肝炎疫苗等。

噬菌体在医药方面的应用和防治主要有以下几个方面。

(1)用于细菌的分型与鉴定。由于噬菌体的溶菌作用具有特异性,可利用已知的噬菌体对菌体细胞进行鉴定、分型,在诊断疾病和流行病学调查中有一定价值。如用葡萄球菌噬菌体可把金黄色葡萄球菌分为 5 群 22 个型。

(2)用于临床,治疗某些疾病。对烧伤引起的绿脓杆菌感染,曾用绿脓杆菌噬菌体浸泡创面,但常会出现再生菌而影响疗效。噬菌体还可用于抗病毒药及抗肿瘤药物(如抗肿瘤抗生素)的筛选和致癌物的检测。

(3)由于噬菌体基因数较少,又易于大量增殖,是开展分子生物学研究的重要材料和工具。由于噬菌体在噬菌过程中可将其基因组整合到宿主细胞的染色体中,从而能够影响宿主细胞的遗传性,因而常用温和噬菌体作为载体,将需要转移的基因携带并嫁接到细菌的基因组中去,使细菌表达所获基因的产物。

噬菌体造福于人类的同时,也会给人类造成损失,尤其微生物发酵工业常深受其害。例如在抗生素工业、微生物农药、有机溶剂和酿酒工业等发酵工业生产中,普遍存在着噬菌体危害,当发酵过程中污染了噬菌体后,轻者使发酵周期延长,发酵单位(产量)降低;重者则造成倒罐,经济损失惨重,是发酵工业的大敌。噬菌体的危害可以防治,例如控制或杜绝噬菌体赖以生存增殖的环境条件;定期更换菌种;用药物进行防治等。

第六节　噬菌体的分离、纯化与效价的测定

一、实验目的

(1)学习分离、纯化噬菌体的基本原理和方法。
(2)观察噬菌斑的形态和大小。
(3)学习噬菌体效价测定的基本方法。

二、实验原理

噬菌体是一类专性寄生于细菌和放线菌等微生物细胞的病毒,某种噬菌体往往只能感染一种或与它相近的某种细菌,自然界中凡有细菌等微生物细胞分布的地方,均可发现噬菌体的存在,亦即噬菌体是伴随着宿主菌体的分布而分布的。由于噬菌体侵入细菌细胞后进行复制而导致细胞裂解,噬菌体即从中释放出来,所以,在液体培养基内可使混浊菌悬液变为澄清,此现象可指示有噬菌体存在;也可利用这一特性,在样品中加入敏感菌株与液体培养基,进行培养,使噬菌体增殖、释放,从而可分离到特异的噬菌体;另外,在宿主细菌生长的固体琼脂平板上,噬菌体可裂解细菌而形成透明的空斑,称噬菌斑,一个噬菌体产生一个噬菌斑,利用这一现象可将分离到的噬菌体进行纯化与测定噬菌体的效价。噬菌体的效价就是 1 mL 培养液中所含活噬菌体的数量。效价测定的方法,一般应用双层琼脂平板法。

三、所用器材及试剂

灭菌小试管,灭菌吸管,灭菌玻璃涂布器,灭菌蔡氏细菌滤器,灭菌抽滤器,恒温水浴箱,真空泵等。

四、实验准备

37℃培养18 h的大肠杆菌斜面,阴沟污水,普通肉膏蛋白胨培养基,三角瓶内装3倍浓缩的液体培养基,试管液体培养基,上层琼脂培养基,底层琼脂平板,大肠杆菌18 h培养液,大肠杆菌噬菌体10^{-2}稀释液,肉膏蛋白胨琼脂平板等。

五、操作方法

噬菌体的分离→噬菌体的纯化→噬菌体的效价测定。

1.噬菌体的分离

(1)制备菌悬液 取大肠杆菌斜面1支,加4 mL无菌水洗下菌苔,制成菌悬液。

(2)增殖培养 于100 mL 3倍浓缩的肉膏蛋白胨液体培养基的三角烧瓶中,加入污水样品200 mL与大肠杆菌悬液2 mL,37℃培养12~24 h。

(3)制备裂解液 将以上混合培养液2 500 r/min离心15 min。将已灭菌的蔡氏过滤器用无菌操作安装于灭菌抽滤瓶上,用橡皮管连接抽滤瓶与安全瓶,安全瓶再连接于真空泵,其上的真空表接或不接均可。将离心上清液倒入滤器,开动真空泵,过滤除菌。所得滤液倒入灭菌三角瓶内,37℃培养过夜,以作无菌检查。

(4)确证试验 经无菌检查没有细菌生长的滤液作进一步证明噬菌体的存在。

①于肉膏蛋白胨琼脂平板上加一滴大肠杆菌悬液,再用灭菌玻璃涂布器将菌液涂布成均匀的一薄层。

②待平板菌液干后,分散滴加数小滴滤液于平板菌层上面,于37℃培养过夜。如果在滴加滤液处形成无菌生长的透明噬菌斑,便证明滤液中有大肠杆菌噬菌体。

2.噬菌体的纯化

(1)如果已证明确有噬菌体的存在,便用接种环取菌液一环接种于液体培养基内,再加入0.1 mL大肠杆菌悬液,使混合均匀。

(2)取上层琼脂培养基,溶化并冷至48℃(可预先溶化、冷却,放48℃水浴内备用),加入以上噬菌体与细菌的混合液0.2 mL,立即混匀。

(3)并立即倒入底层培养基上,混匀。置37℃培养12 h。

(4)此时长出分离的单个噬菌斑,其形态、大小常不一致,再用接种针在单个噬菌斑中刺一下,小心取噬菌体,接入含有大肠杆菌的液体培养基内。于37℃培养。

(5)等待管内菌液完全溶解后,过滤除菌,即得到纯化的噬菌体。

(以上(1)、(2)、(3)三步骤,目的是在平板上得到单个噬菌斑,能否达到目的,决定于所分离得到的噬菌体滤液的浓度和所加滤液的量,若平板上的噬菌体连成一片,则需减少接种量或增加液体培养基的量;若噬菌斑太少,则增加接种量。)

3.高效价噬菌体的制备

刚分离纯化所得到的噬菌体往往效价不高,需要进行增殖。将纯化了的噬菌体滤液与液体培养基按1∶10的比例混合,再加入大肠杆菌悬液适量(可与噬菌体滤液等量或1/2的量),培养,使增殖,如此重复移种数次,最后过滤,可得到高效价的噬菌体制品。

4.噬菌体的效价测定

(1)稀释噬菌体 将4管含有0.9 mL液体培养基的试管分别标写10^{-3},10^{-4},10^{-5}和10^{-6};用1 mL无菌吸管吸0.1 mL 10^{-2}大肠杆菌噬菌体,注入10^{-3}的试管中,旋摇试管,使混匀;用另一支无菌吸管吸0.1 mL 10^{-3}大肠杆菌噬菌体,注入10^{-4}的试管中,旋摇试管,使混匀。依此类推,稀释到10^{-6}管中,混匀。

(2)噬菌体与菌液的混合、培养 将5支灭菌空试管分别标写10^{-4},10^{-5},10^{-6},10^{-7}和对照;用吸管从10^{-3}噬菌体稀释管吸0.1 mL加入10^{-4}的空试管内,用另一支吸管从10^{-4}稀释管内吸0.1 mL时加入10^{-5}空试管内,直至10^{-7}管;将大肠杆菌培养液摇匀,用吸管取菌液0.9 mL加入对照试管内,再吸0.9 mL加入10^{-7}试管,如此从最后一管加起,直至10^{-4}管,各管均加0.9 mL大肠杆菌培养液;将以上试管旋摇混匀;将5管上层培养基融化,标写10^{-4},10^{-5},10^{-6},10^{-7}和对照,使冷却至48℃,并放入48℃水浴箱内。分别将4管混合液和对照管对号加入上层培养基试管内。每一管加入混合液后,立即旋摇混匀。混合液加入上层培养基中。接种了的上层培养基倒入底层平板上。将旋摇均匀的上层培养基迅速对号倒入底层平板上,放在台面上摇匀,使上层培养基铺满平板。凝固后,放置37℃培养。

(3)噬菌体效价计算 观察平板中的噬菌斑,将每个稀释度的噬菌斑数目记录于实验报告表格内,并选取30～300个噬菌斑的平板,计算每毫升未稀释的原液的噬菌体数(效价)。

$$噬菌体效价＝噬菌斑数×稀释倍数×10$$

六、注意事项

(1)噬菌体过滤时要注意细菌滤器的型号。

(2)纯化噬菌体时要注意形态、大小。

七、实践思考题

(1)在固体培养基平板上为什么能形成噬菌斑?哪些因素决定噬菌斑的大小?

(2)噬菌体效价测定的原理是什么?要提高测定的准确性应注意哪些操作?

(3)如何设计一个实验从泡菜中分离乳酸杆菌噬菌体并测定其效价?

(4)噬菌体纯化时得到单个噬菌斑,能否达到目的,决定于什么?

(5)纯化噬菌体时为什么要注意形态、大小?

第七节 病毒与人类疾病

病毒寄生于人体和脊椎动物细胞内,可引起多种疾病,危害程度极其严重。人类传染病中,病毒引起的传染病占很大的比例。如流行性感冒、肝炎、麻疹、水痘、腮腺炎、小儿麻痹症、流行性乙型脑炎等都是多发的常见病。一些病毒还能使人和动物生成肿瘤,如多型瘤病毒等。

病毒性疾病传染性强、流行广、死亡率较高，而且缺乏有效的防治药物，对人类健康造成很大威胁。

一、呼吸道病毒

呼吸道病毒是指由呼吸道感染的病毒的总称。呼吸道病毒主要以呼吸道为侵入门户，首先在呼吸道黏膜上皮细胞中增殖引起呼吸道以及全身感染，造成呼吸道及其他器官损害。其种类繁多，常见的有流感病毒、副流感病毒、麻疹病毒、腮腺炎病毒等，临床上的急性呼吸道感染中有 90%～95% 是由这群病毒引起的。

流感病毒（甲、乙、丙型）主要导致疾病为流行性感冒；副流感病毒（1,2,3,4,5 型）主要导致疾病为普通感冒、小儿支气管炎；呼吸道合胞病毒、麻疹病毒主要导致细支气管炎、肺炎、麻疹；腮腺炎病毒主要导致流行性腮腺炎；风疹病毒可导致小儿风疹、先天畸形；鼻病毒、柯萨奇病毒和埃可病毒的部分型别可导致普通感冒、支气管炎或上呼吸道感染等。

流行性感冒病毒（简称流感病毒），可引起人和动物（猪、马、海洋哺乳动物和禽类等）流行性感冒（简称流感），是引起流行性感冒的病原体。流感是一种急性上呼吸道传染病，具有高度传染性，传播快、蔓延广，该病毒经飞沫在人与人之间直接传播，温带冬天为流行季节，常造成局部流行，历史上曾引起多次世界性大流行。其中 1934 年分离出的甲型流感病毒在引起人类流感流行上最为重要，是反复流行最为频繁和引起真正全球流行的重要病原体。

流行期间应尽量避免人群聚集，公共场所每 100 m^3 空间可用 2～4 mL 乳酸加 10 倍水混匀，加热熏蒸，能灭活空气中的流感病毒。免疫接种是预防流感最有效的方法，但必须与当前流行株的型别基本相同。流感尚无特效疗法，盐酸金刚烷氨及其衍生物甲基金刚烷氨可用于预防甲型流感，其作用机制主要是抑制病毒的穿入和脱壳。此外，干扰素滴鼻及中药板蓝根、大青叶等有一定疗效。

麻疹病毒是麻疹的病原体，麻疹是儿童时期最为常见的急性传染病，发病率几乎达 100%，常因并发症的发生导致死亡。人是麻疹病毒的自然宿主，急性期患者为传染源，通过飞沫直接传播或鼻腔分泌物污染玩具、用具等感染易感人群。冬春季发病率最高。潜伏期 10～14 d，病毒先在呼吸道上皮细胞内增殖，然后进入血流，出现第一次病毒血症，病毒随血流侵入全身淋巴组织和单核吞噬细胞系统，在其细胞内增殖后，再次入血形成第二次病毒血症，少数病例病毒尚可侵犯中枢神经系统。

麻疹自然感染后一般免疫力牢固，抗体可持续终生，母亲抗体能保护新生儿。鸡胚细胞麻疹病毒减毒活疫苗是当前最有效疫苗之一。对接触麻疹的易感者，可紧急用丙种球蛋白或胎盘球蛋白进行人工被动免疫，防止发病或减轻症状。

二、脊髓灰质炎病毒

脊髓灰质炎俗称小儿麻痹症，是由脊髓灰质炎病毒引起的传染病。该病传播广，是一种急性传染病。直至 20 世纪 50 年代末出现疫苗以后，脊髓灰质炎才逐渐得到控制。脊髓灰质炎病毒常侵犯中枢神经系统，损害脊髓前角运动神经细胞，导致肢体松弛性麻痹，多见于儿童，故又名小儿麻痹症。

本病一年四季均可发生，但流行都在夏、秋季。通过患者的粪便或口腔分泌物传染。病毒感染首先从口进入，在咽、肠等部位繁殖，随后进入血液，侵犯中枢神经系统，沿着神经纤维扩散,病毒破坏了刺激肌肉使之保持活力的神经细胞,这些神经细胞不能再生,从而使其控制的肌肉失去正常功能,腿部肌肉比手臂肌肉更容易受到影响,有时病毒对神经系统的破坏影响到了躯干和胸部腹部肌肉的正常功能,会导致四肢瘫痪。该病一般以散发为多,带毒粪便污染水源可引起暴发流行。潜伏期通常为 7~14 d,最短 2 d,最长 35 d。在临床症状出现前后病人均具有传染性。

目前尚无特异的治疗脊髓灰质炎病毒感染的药物。对该病的控制主要依赖于疫苗的使用。

三、狂犬病毒

狂犬病又称恐水症,为狂犬病病毒引起的一种人畜共患的中枢神经系统急性传染病。其他感染本病的温血动物如猫、狼、狐等也可传播。早在 1884 年病毒发现之前,法国科学家巴斯德就发明了狂犬疫苗。感染者发病时呈高度兴奋状态,并伴有发热、头痛、恐怖不安、惊风怕声、肢体发麻、吞咽困难,一旦喝水即引起严重痉挛等症状,出现恐水现象,故又称"恐水症"。

狂犬病毒进入人体,沿周围传入神经而到达中枢神经系统,因此头、颈部、上肢等处咬伤和创口面积大而深者发病机会多。狂犬病毒主要存在于患病动物的延脑、大脑皮层、小脑和脊髓中。唾液腺和唾液中也常含有大量病毒,人被患狂犬病的动物咬伤、抓伤或经黏膜感染均可引起狂犬病,在特定条件下也可以通过呼吸道气溶胶传染。如果被狂犬动物咬伤或抓伤了皮肤、黏膜,病毒就随唾液侵入伤口,先在伤口周围繁殖、当病毒繁殖到一定数量时,就沿着周围神经向大脑侵入。病毒走到脊髓背侧神经根,便开始大量繁殖,并侵入脊髓的有关节段,很快布满整个中枢神经系统。病毒侵入中枢神经系统后,还要沿着传出神经传播,最终可到达许多脏器中,如心、肺、肝、肾、肌肉等,使这些脏器发生病变。故狂犬病的症状特别严重,一旦发病,几乎 100% 的死亡。狂犬病遍布于全世界,中国仍时有发生。因野生动物中也存在本病,故要彻底消灭非常困难。预防接种在本病有极其重要的意义。由于狂犬病毒产生的危害较为严重,因此应当做好防范工作。对犬、猫等宠物应严加管理,定期进行疫苗注射。被狂犬咬伤后,若能及时进行预防注射,则几乎均可避免发病,大力普及狂犬病知识,使被咬伤者能早期接受疫苗注射非常重要。人被狂犬咬伤,应立即清洗伤口,可用 20% 肥皂水、去垢剂、含胺化合物或清水充分洗涤。清洗后,尽快注射狂犬病毒免疫血清。

四、肝炎病毒

肝病是一种慢性疾病而且在我国患者极其广泛。市面上没有特效药,传统的药品也不能彻底地根治它。肝炎病毒是引起病毒性肝炎的病原体。能引起肝炎的病毒主要是甲型、乙型、丙型、丁型和戊型肝炎病毒。此外,其他病毒如巨细胞病毒、风疹病毒、黄热病毒等在发生全身感染时也可引起肝炎,但这些病毒不列入肝炎病毒范畴。常见肝炎主要有乙型肝炎、丙型肝炎等。

病毒性肝炎传播极广,严重危害人类健康,除引起急、慢性肝炎外,还可发展为肝硬化、肝癌。乙肝的主要传染源是病人和乙肝抗原携带者。在潜伏期和急性期,病人血清均有传染性,乙型肝炎的传播非常广泛。由于它们不显临床症状,而乙肝抗原携带的时间又长(数月至数年),故成为传染源的危害性要比患者更大。输血或注射是重要的传染途径,也可经口感染。外科和口腔手术、针刺、使用公用剃刀、牙刷等物品,皮肤污染含少量病毒的血液,均可成为传染源。通过血吸昆虫传染乙型肝炎亦有报道。也可随唾液经口传播,也存在两性接触传播乙型肝炎的可能性。孕妇在妊娠后期患急性乙型肝炎,其新生儿容易感染此病。

目前,乙型肝炎治疗上比较肯定的药物为 α-干扰素。国内外均有报道,经连续大剂量注射 α-干扰素半年后乙型肝炎抗原转阴的例子,但最近发现,一些转阴后病人在停用干扰素后又转为阳性。其他如胸腺肽、转移因子治疗慢性肝炎的效果欠佳。乙肝基因工程疫苗已大规模投入应用,多肽疫苗、融合蛋白疫苗和基因疫苗的研制方兴未艾,相信经过多方努力,控制乙肝的愿望会成为现实。丙型肝炎的预防方法基本与乙型肝炎的相同。

五、人类免疫缺陷病毒

1981 年在中美洲发现一种新的传染病——艾滋病(AIDS),我国译为:获得性免疫缺陷综合征。艾滋病的病原体是人类免疫缺陷病毒(HIV),属逆转录病毒(图 5-15)。

自发现艾滋病,随后在世界各地迅速蔓延,其中非洲流行最严重,其次是东南亚地区。由于艾滋病惊人的蔓延速度和高度致死率,已引起 WHO 和许多国家的重视。

艾滋病人由于免疫功能严重缺损,常合并严重的机会感染,常见的有细菌(鸟分枝杆菌)、原虫(卡氏肺囊虫、弓形体)、真菌(白色念珠菌、新型隐

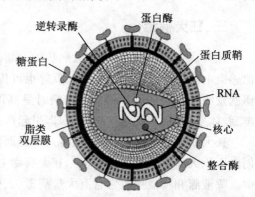

图 5-15　人类免疫缺陷病毒(HIV)结构模式图
(引自:薛永三.微生物.哈尔滨:哈尔滨工业大学出版社,2005)

球菌)、病毒(巨细胞病毒、单纯疱疹病毒、乙型肝炎病毒)等,最后导致无法控制而死亡,另一些病例可发生恶性淋巴瘤。HIV 感染人体后,往往经历很长潜伏期(3～5 年或更长至 8 年)才发病,表明 HIV 在感染机体中,以潜伏或低水平的慢性感染方式持续存在。当 HIV 潜伏细胞受到某些因素刺激,使潜伏的 HIV 激活,大量增殖而致病,多数患者于 1～3 年内死亡。

HIV 的传播途径主要有:

(1)性传播　通过男性同性恋之间及异性间的性接触感染。

(2)血液传播　通过输血、血液制品或没有消毒好的注射器传播,静脉嗜毒者共用不经消毒的注射器和针头造成严重感染。

(3)母婴传播　包括经胎盘、产道和哺乳方式传播。

目前已成功地使用 HIV 血清抗体、蛋白印迹等方法对病人血清进行检测和诊断。由于灭活疫苗不能保证安全,难于被病人接受。迄今多考虑用重组疫苗进行人体试验。但由于艾滋病病毒变异速度快,且没有找到理想的实验动物,因此,疫苗的研制工作尚面临一定的困难,有效治疗还在进一步研究过程中。目前用于治疗艾滋病的药物有叠氮脱氧胸苷、苏拉明、双脱氧胞苷、双脱氧肌苷等。中草药中发现括蒌蛋白、贝母苷、甘草甜素、及地丁、空心苋、紫草等抽提物有抑 HIV 的作用。

预防是防治本病的关键。防治 HIV 传播可按以下原则进行:开展社会宣传教育、取缔娼妓,控制性传播,严禁吸毒;监测 HIV 的高危人群,严密注视艾滋病的发病及死亡情况;对供血者进行 HIV 抗体检测,确保输血和血液制品安全;探索特异预防制品,研制有效的抗病毒药用于治疗等。

§阅读材料

疯牛病毒——朊病毒

疯牛病是一种新型早老性痴呆症即新型克雅氏症。这是一种从未见过的疾病,是一种慢性、致死性、退化性神经系统的疾病。它由一种目前尚未完全了解其本质的病原——朊病毒所引起的。

朊病毒的特征。首先,它没有核酸,能使正常的蛋白质由良性转为恶性,由没有感染性转化为感染性;其次,它没有病毒的形态,是纤维状的东西;第三,它对所有杀灭病毒的物理化学因素均有抵抗力,现在的消毒方法都无用,只有在136℃高温和两个小时的高压下才能灭活;第四,病毒潜伏期长,从感染到发病平均28年,一旦出现症状半年到一年100%死亡;第五,诊断困难,正常的人与动物细胞内都有朊蛋白存在,不明原因作用下它的立体结构发生变化,变成有传染性的蛋白,患者体内不产生免疫反应和抗体,因此无法监测。

疯牛病可能通过牛肉和牛肉制品,尤其是内脏和骨髓传染给人类。疯牛病的传播,一是医源性感染,比如输血、医疗器械、脑的手术、器官移植、生物制品感染等。用于治疗侏儒症的脑下垂体生长激素和治疗不育症的性腺激素都是从大量尸体中提取的,如果其中一个尸体是克雅氏症,全部制品都遭污染。美、英、法、澳已经出现上百病例。二是牛源性药物,患病的牛脑、牛脊髓、牛血、牛骨胶制成的药物都会传染疯牛病。

目前,我国没有发现疯牛病,但一定要提高警惕。要做到:①堵漏洞。海关进出口要堵住。②查内源。要查我们本土自己的牛、羊有没有朊病毒引起的疾病。朊病毒可打破种群界限,现在发现18种动物都会得到传染,其中16种通过消化道传染。③强基础。加强基础研究,目前,朊病毒研究被列入国家"863"项目,也获得国家自然科学基金的资助,已建立多项具有知识产权的诊断方法。

复习思考题

1.什么是病毒?具有哪些生物学上的特性?

2.病毒的大小如何?试图示病毒的典型构造。

3.结构蛋白在病毒中有何主要作用?

4.以 dsDNA 病毒为例,说明病毒的一个复制周期。

5.简述病毒的增殖过程及各过程的主要特点。

6.如何进行鸡胚接种培养病毒?

7.简述干扰素的诱生和抗病毒机制。

8.烈性噬菌体在发酵生产中有何危害?

9.阐明噬菌体和宿主菌的关系。

第六章　微生物分离技术

【知识目标】
- 了解不同种类培养基的特点及适用对象。
- 理解接种与无菌操作,分离与培养技术的操作原理。
- 掌握基本的消毒与灭菌方法。

【技能目标】
- 熟练使用手提式压力蒸汽消毒器和立式自动蒸汽消毒器进行灭菌。
- 熟练掌握培养基的配制技术。
- 熟练掌握接种及无菌操作技术。
- 会从土壤中分离培养三大微生物。

在本章中将学习微生物的分离技术。主要介绍培养基的制作、消毒与灭菌、微生物接种技术、无菌操作技术、土壤中三大微生物的分离与平板菌落计数技术。通过本章的学习,明确培养基的配制原理,掌握配制培养基的一般方法和步骤。了解微生物的常用接种技术,掌握无菌操作的基本环节。掌握几种常用的微生物分离基本操作技术。

在涉及微生物生产或产品质量检测过程中,都必须对微生物进行培养,对其环境进行消毒或灭菌。因此,本章着重介绍微生物的培养基制作、通常的消毒灭菌技术及无菌操作技术。

第一节　培养基的制作

无论是以微生物为材料的研究,还是利用微生物生产生物制品,都必须进行培养基的配制,它是微生物学研究和微生物发酵生产的基础。

一、培养基及分类

培养基(culture medium)是人工配制的、适合微生物生长繁殖的营养基质。培养基应具备的条件:①含有合适的营养物质;②合适的 pH;③经灭菌后才能使用。

1. 按照培养基的营养成分和使用目的的不同分类

(1)基础培养基 含有满足一般细菌生长繁殖所需要的营养物质,如肉汤培养基,其成分是牛肉浸膏或肉汤、蛋白胨、氯化钠和水。

(2)营养培养基 在基础培养基中加入一些如血液、血清、酵母浸膏等营养物质,以满足营养要求较高或有特殊营养要求的细菌的生长。如链球菌需要在血琼脂平板上才能生长。

(3)选择培养基 利用不同细菌对化学药物敏感性的不同,在培养基中加入一定的化学物质以抑制某些细菌的生长,从而筛选出目的菌。如在培养基中加入胆酸盐,能选择性地抑制革兰氏阳性菌的生长,有利于革兰氏阴性菌的生长,常用于肠道病原菌的分离。

(4)鉴别培养基 利用细菌生化反应能力的不同,在基础培养基内加入特殊的底物和指示剂,以达到鉴别细菌的目的。如细菌的糖发酵试验,可根据细菌分解糖类产酸产气以及指示剂的变色来鉴别。

(5)厌氧培养基 专供厌氧菌的培养、鉴别用的培养基。常用的厌氧培养基有庖肉培养基、硫基乙酸钠培养基等。两者均含有特殊的营养物质,氧还原电位低以利于厌氧菌的生长。

2. 按照培养基的物理状态不同分类

(1)固体培养基 含有凝固剂而呈固体状态的培养基称为固体培养基。常用的凝固剂是琼脂,这是一种从海藻中提取的多糖类物质,其熔点为 96℃,冷却到 45℃ 即可凝固。琼脂不是细菌的营养物质,仅作为赋形剂。一般在液体培养基中加入 2%~3% 的琼脂即可制成固体培养基。

固体培养基的发明,推动了纯培养技术的发展,也推动了微生物学的发展,在科学研究和生产实践上有广泛的用途。可用于菌种的分离和保存、鉴定等方面。

(2)半固体培养基 与固体培养基相比较,半固体培养基中的琼脂加入量 0.2%~0.3%,硬度低。半固体培养基主要用于鉴别细菌有无鞭毛,即检查细菌有无运动能力。

(3)液体培养基 液体培养基中不加入琼脂,培养基组分均匀分布,微生物能充分利用培养基中的养料。实验室常用的液体培养基为营养肉汤,发酵工业中使用的种子培养基和发酵培养基也是液体培养基。可用于细菌生理学研究、摇瓶培养以获得大量菌体以及工业化的生产。

除以上两种分类方法外,还可按照培养微生物的种类不同分为细菌培养基、放线菌培养基和真菌培养基;按照培养基的成分不同分为合成培养基、天然培养基和半合成培养基等。

二、培养基的配制与灭菌

(一)实验目的

(1)学会一般培养基的制备原理、方法。

(2)掌握培养基及其器皿的灭菌方法。

(二)实验原理

一般培养细菌常用牛肉膏蛋白胨培养基、培养放线菌常用淀粉培养基、培养霉菌常用马铃薯培养基、培养酵母菌常用麦芽汁培养基(或者麦芽糖、蛋白胨培养基)。

根据不同种类微生物的要求,应将培养基调到一定的 pH 范围,如细菌培养基中性偏碱,放线菌培养基偏碱,霉菌、酵母菌培养基偏酸。

还可以将培养基制成固体、半固体和液体三种形式,通常固体培养基中加入 1.5%～2%的琼脂,半固体加入 0.3%～0.5%琼脂作为支持物。

(三)所用仪器及试剂

1.材料

马铃薯、蔗糖、牛肉膏、蛋白胨、可溶性淀粉、琼脂、NaCl、KNO_3、K_2HPO_4、MgSO_4 · 7H_2O、FeSO_4 · 7H_2O、NaOH、HCl。

2.用具

试管、三角烧瓶、漏斗、量筒、吸管、烧杯、纱布、棉花、玻璃棒、pH 试纸、铁架台、漏斗架、电炉、电子天平、药匙、牛皮纸、线绳、标签纸、剪刀、镊子、白瓷盘、铁丝筐。

(四)操作方法

1.培养基的制作方法

(1)称量　按照培养基的配方,准确称取各成分于烧杯中。

(2)融化　向烧杯中加入足量的水,搅动,然后加热使其溶解。用马铃薯、豆芽等配制的培养基,须先将马铃薯等按其配方的浓度加热煮沸 0.5 h(马铃薯需先削皮,切碎),并用纱布过滤,然后加入其他成分继续加热使其融化,补足水分,如果配方中含有淀粉,需先将淀粉加热融化,再加入其他物质,补足水分。

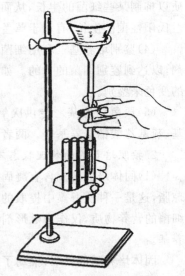

图 6-1　培养基的分装
(引自:钱存柔.微生物学实验教程.
北京:北京大学出版社,2008)

(3)调节 pH　初制备好的培养基往往不能符合所要求的 pH,需要用酸度计、pH 试纸等来校正。调 pH 用 1 mol/L NaOH(称取 40 g NaOH,溶于蒸馏水中定容至 1 000 mL)或 1 mol/L HCl 溶液(量取比重为 1.19 的浓盐酸 82.5 mL,溶于蒸馏水中定容至 1 000 mL)。用干净的玻璃棒蘸取培养基至 pH 试纸,与比色板比较。注意:在未调 pH 前,先用精密 pH 试纸测量培养基的原始 pH。如果偏酸,用滴管向培养基中逐滴加入 1 mol/L NaOH,一边加一边搅拌,并随时用 pH 试纸测其 pH,直至 pH 在 7.4～7.6;反之,用 1 mol/L HCL 逐滴进行调节。对于某些要求 pH 较精确的微生物,可用酸度计进行 pH 的调节。

调节 pH 时注意不要过度,因回调会影响培养基内各离子浓度。配制 pH 低的琼脂培养基时,若预先调好 pH 并在高压蒸汽下灭菌,则琼脂因水解不能凝固。因此,应将培养基的成分和琼脂分开灭菌后再混合,或在中性 pH 条件下灭菌,然后再调整 pH。

(4)过滤　用滤纸或双层纱布(中间夹一层脱脂棉)趁热过滤。

(5)分装　将配制好的培养基分装入试管或者三角瓶中,管口塞上棉塞,用牛皮纸包扎好管口。

①液体。分装高度以试管高度的 1/4 左右为宜。

②固体。分装试管,每管装液量为管高的 1/5,灭菌后制成斜面;分装三角烧瓶的量不超过 1/2 为宜;倒平板的培养基每管装 15～20 mL。

③半固体。分装试管以管高度的 1/3 为宜,灭菌后制成斜面或垂直待凝成半固体深层培养基。

(6)灭菌　高压蒸汽灭菌,一般培养基 0.11 MPa,20～30 min,含糖培养基为 0.05 MPa,30 min。

2.配制培养基的步骤

按下列培养基配方配制培养基或采用脱水培养基进行配制。

(1)牛肉膏蛋白胨

牛肉膏	0.3 g	琼脂	2.0 g
蛋白胨	1.0 g	蒸馏水	100 mL
NaCl	0.5 g	pH	7.2～7.4

(2)马铃薯(PDA)培养基

马铃薯	20 g	蒸馏水	100 mL
蔗糖	2.0 g	pH	自然
琼脂	2.0 g		

马铃薯制备:将马铃薯去皮,称取所需重量,切成小块,加水煮沸 0.5 h,纱布过滤,补足水量。

(3)高氏一号

可溶性淀粉	2.0 g	$FeSO_4 \cdot 7H_2O$	0.001 g
K_2HPO_4	0.05 g	琼脂	2.0 g
$MgSO_4 \cdot 7H_2O$	0.05 g	蒸馏水	100 mL
KNO_3	0.1 g	pH	7.6～7.8
NaCl	0.05 g		

配制时,先用少量蒸馏水将可溶性淀粉调成糊状,再沸水浴中搅拌,煮融,再加入其他成分,补足水分。

3.培养基制作时注意事项

(1)搅拌　加热溶化过程中,要不断搅拌,以免琼脂或者其他固体物质粘在烧杯底上烧焦,以致烧杯破裂,加热过程蒸发的水分应该补足。

(2)pH　pH 必须按照各种不同的培养基准确测定。

(3)器皿　所用器皿要洁净,不要使用铜制或铁制容器。

(4)分装　分装过程中,注意不要使培养基在瓶口或者管壁上端沾染,以免引起杂菌污染。

(5)无菌性检验　培养基灭菌后,在 37℃培养箱中培育 24 h,无菌生长方可使用。

(五)操作内容

按照指定的小组,每一个小组配制一种培养基 300 mL,其中 200 mL 分装于 2～3 个锥形瓶中,另外 100 mL 分装入试管,每管 5～7 mL,灭菌后制成斜面。

(六)实践思考题

(1)微生物培养基按培养基状态可分为几种? 各有何特点?

(2)培养微生物能否使用同一种培养基?

(3)微生物是否需要调节 pH?

(4)培养基配制后,为什么必须立即灭菌? 如何判断培养基是否灭菌彻底?

(5)在配制培养基的操作过程中应注意哪些问题? 为什么?

第二节 消毒与灭菌

在自然状态下的物品、土壤、空气和水中都含有各种微生物,为了保证微生物生长的纯度,对所用的物品、培养基和空气等都要进行严格的处理,消除有害微生物的干扰。消毒是指用较温和的物理或化学方法杀死物体上绝大多数微生物(主要是病原微生物和有害微生物的营养细胞),如巴氏消毒处理牛奶。灭菌是指采用强烈的理化因素使任何物体内外所有的微生物永远丧失其生长繁殖能力的措施。

一、概述

(一)物理方法

1. 干热灭菌

一些小的玻璃或金属器皿,如接种工具、试管口,可直接在酒精灯上用火焰灼烧灭菌。

玻璃器皿(如移液管、培养皿等)、金属用具等凡不适于用其他方法灭菌而又能耐高温的物品都可用干热灭菌法进行灭菌。使用的仪器为电热鼓风干燥箱(图6-2)。

灭菌温度为160~170℃,恒温1~2 h。温度不宜过高,防止包装纸烧焦或自燃。

2. 湿热灭菌

湿热灭菌的效果比干热灭菌好。常采用的湿热灭菌法有高压蒸汽灭菌、巴氏消毒法、间歇灭菌法。

高压蒸汽灭菌法是微生物学研究中应用最广、效果最好的灭菌方法。一般培养基、玻璃器皿、无菌水、金属用具和无菌室的实验服等都可采用此法灭菌。培养基灭菌时用121℃灭菌20 min;对于沾菌的物品(尤其是含芽孢的细菌和霉菌)或容积大的物品灭菌时,应适当延长灭菌时间。常用的仪器为高压蒸汽灭菌器。

图6-2 电热鼓风干燥箱
(引自:赵斌. 微生物学实验.
北京:科学出版社,2002)

巴氏消毒法适用于不能进行高温灭菌的液体,如酒类、牛奶、果汁等。巴氏消毒分为低温维持法(63℃,保持30 min)和高温快速法(85℃,保持5 min)两种。采用巴氏消毒法对食品进行消毒,可减少高温对营养成分的破坏作用。

间歇灭菌法适用于不耐热的培养基,如血清培养基、糖类培养基等。间歇灭菌也称分段灭菌法,在100℃下对物品首次灭菌30~60 min,杀死微生物的营养体,室温或20~30℃培养过夜,促使芽孢萌发。第二天再用同样的方法处理,重复3次,即可达到灭菌效果。注意:每次加热后应迅速降温,防止未杀死的杂菌大量滋生。

3. 辐射消毒

用于灭菌的辐射主要有非电离辐射和电离辐射。在实验室中最常采用的是紫外线照射消毒。紫外线的杀菌能力强,可以被蛋白质和核酸吸收,使分子变性失活。但紫外线的穿透能力很弱,虽然能够穿透石英,但一薄层普通玻璃或水均能滤除大量的紫外线。因此,紫外线只适用于表面灭菌和空气灭菌。在微生物接种室、菌种培养室、接种箱等环境中,均安装紫外灯进行灭菌。注意:紫外线对人的皮肤、眼黏膜、视神经有损伤作用,所以应避免在紫外灯下工作。

4.过滤除菌

过滤除菌适于对空气或不宜加热的液体除菌,如血清。但过滤除菌不能滤除病毒、支原体等。使用仪器为滤菌器,滤菌时可采用抽滤式和注射式两种(图6-3)。

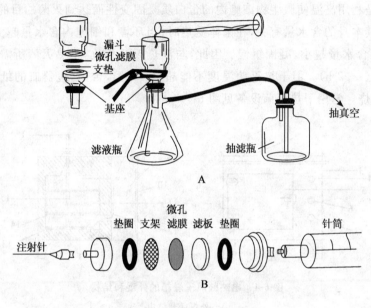

图 6-3　薄膜细菌过滤器

A—抽滤式;B—注射式

(引自:赵斌.微生物学实验.北京:科学出版社,2002)

(二)化学方法

对微生物有杀灭或抑制作用的化学药品称为消毒剂,按作用性质可分为杀菌剂和抑菌剂。此方法可用于器皿表面消毒杀菌,也可用于食品、饮料、药品的防腐(抑菌剂)。

针对于微生物的种类、环境、处理的目的不同,操作时应选用适宜的化学药剂。实验室中常用的有升汞(0.1%)、高锰酸钾、乙醇、漂白粉、甲醛、过氧化氢、新洁尔灭等。

(三)保持无菌状态

无菌室要定期进行消毒灭菌,以保证无菌状态。无菌室灭菌时可采用熏蒸法、紫外灯照射或石炭酸溶液喷雾。实验室熏蒸前应先将室内打扫干净,按 2~6 mL/m³ 计算福尔马林(37%~40%的甲醛溶液)用量。将福尔马林直接加热或加入高锰酸钾,完毕,人迅速离开,关门,使室内呈密封环境。熏蒸后应保持密闭 12 h 以上。紫外灯照射主要是在操作前,打开紫外灯照射30 min 后,关闭紫外灯再进入室内操作。石炭酸溶液(5%)在操作前喷于室内,进行灭菌。

接种工具在不使用时应浸泡于 75% 的酒精中,以保持其无菌状态。

二、干热灭菌技术

(一)实验目的

(1)了解干热灭菌的原理和应用范围。

(2)学习并掌握干热灭菌的操作技术。

(二)实验原理

干热灭菌是利用高温使微生物细胞内的蛋白质凝固变性而达到灭菌的目的。细胞内的蛋白质凝固性与其本身的含水量有关,在菌体受热时,当环境和细胞内含水量越大,则蛋白质凝固就越快,反之含水量越小,凝固缓慢。因此,与湿热灭菌相比,干热灭菌所需温度高(160~170℃),时间长(1~2 h)。但干热灭菌温度不能超过 180℃,否则,包器皿的纸或棉塞就会烤焦,甚至引起燃烧。常用干热灭菌设备见图 6-4。

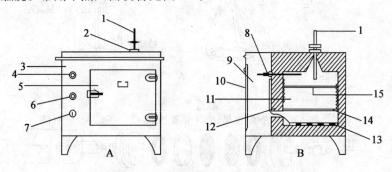

图 6-4 电热鼓风干燥箱的外观和结构

A—外观;B—结构

1—温度计;2—排气阀;3—箱体;4—控温器旋钮;5—箱门;6—指示灯;7—加热开关;

8—温度控制阀;9—控制室;10—侧门;11—工作室;12—保温层;13—电热器;

14—散热板;15—搁板

(引自:赵斌. 微生物学实验. 北京:科学出版社,2002)

(三)所用仪器及试剂

包扎好的培养皿、试管、吸管、电热鼓风干燥箱等。

(四)操作方法

(1)装入待灭菌物品 将包好的待灭菌物品(培养皿、试管、吸管等)放入电烘箱内,物品不要摆得太挤,以免妨碍热空气流通。同时,灭菌物品也不要与电烘箱内壁的铁板接触,以防包装纸烤焦起火。

(2)升温 接通电源,打开开关,打开电烘箱排气孔,旋动恒温调节器至绿灯亮,让温度逐渐上升。当温度升至 100℃时,关闭排气孔。在升温过程中,如果红灯熄灭,绿灯亮,表示箱内停止升温,此时如果还未达到所需温度,则需转动调节器使红灯再亮,如此反复调节,直至达到所需温度。

(3)恒温 当温度升到 160~170℃时,借恒温调节器的自动控制,保持此温度 2 h。在干热灭菌过程中,严防恒温调节的自动控制失灵而造成安全事故。

(4)降温　恒温 2 h 后,切断电源,自然降温。

(5)开箱取物　待电热鼓风干燥箱内温度降到 70℃以下后,打开箱门,取出灭菌物品。注意电烘箱内温度未降到 70℃以前,切勿自行打开箱门,以防骤然降温导致玻璃器皿的炸裂。

三、湿热灭菌技术

高压蒸汽灭菌适合于所有物品的灭菌,且灭菌效果较好。高压蒸汽消毒器有手提式、直立式和横卧式几种,其构造和灭菌原理是一样的。实验室常用的有手提式压力蒸汽消毒器和立式自动蒸汽消毒器两种。

(一)实验目的

(1)了解高压蒸汽灭菌的基本原理及应用范围。

(2)学习并掌握高压蒸汽灭菌的操作方法。

(二)实验原理

高压蒸汽灭菌是湿热灭菌中应用最广泛的一种灭菌方法。其原理是将待灭菌的物品放在一个密闭的加压灭菌锅内,通过加热,使灭菌锅隔套间的水沸腾而产生蒸汽。待水蒸气急剧地将锅内的冷空气从排气阀中排尽,然后关闭排气阀,继续加热,此时由于蒸汽不能溢出,从而增加了灭菌器内的压力,使沸点增高,当压力为 0.1 MPa 时,温度达到 121℃,维持 20 min,即可杀死一切微生物。

如需灭菌的物品为大容量培养基或含微生物和芽孢较多的培养基时,可适当延长灭菌时间至 30 min。

进行灭菌时可采用高压蒸汽灭菌锅,主要有手提式、立式和卧式等几种。实验室中最常用的为手提式高压蒸汽灭菌锅(适用于少量物品的灭菌)和立式自动蒸汽灭菌锅(适用于大量物品的灭菌)两种。两种灭菌锅的外形及结构如图 6-5 和图 6-6 所示。

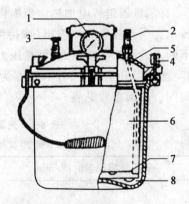

图 6-5　手提式高压蒸汽灭菌锅结构

1—压力表;2—放气阀;3—安全阀;4—紧固螺栓

5—放气软管;6—灭菌桶;7—筛架;8—水

(引自:赵斌.微生物学实验.北京:科学出版社,2002)

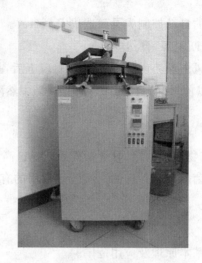

图 6-6　立式自动蒸汽消毒器外形

(引自:赵斌.微生物学实验.北京:科学出版社,2002)

(三)所用仪器及试剂

手提式高压蒸汽灭菌锅(或立式自动高压蒸汽灭菌锅),配制分装好的牛肉膏蛋白胨培养基。

(四)操作方法

1.手提式高压蒸汽灭菌锅的操作

(1)加水　使用前将内锅取出,向外层锅内加入清水至电热管之上(或于三角搁架相平为宜)。若连续使用,必须于每次灭菌后,补足上述水量。不用时应将锅内水全部倒出。

(2)装锅　将内锅放回,把需要灭菌的物品均匀、有序、相互之间留有间隙地放入内锅,不要装得过满,以免影响灭菌效果。将盖上的软管插入消毒桶内凸管内对正盖与主体的螺栓槽,放好锅盖,按对角方向用力均匀将螺栓拧紧,达到密封要求,打开排气阀。

(3)加热排气　将消毒器进行电加热。当锅内沸腾时,会有大量蒸汽从排气阀冒出,将消毒器内的冷空气排出。当有较急蒸汽喷出(或持续排气 5 min)时,应立即将放气阀关闭。随着消毒器内热量不断上升而产生的压力,可在压力表上显示出来。

(4)保压灭菌　当压力升至 0.1 MPa,温度为 121℃时开始计时。维持恒压,按不同物品控制不同的灭菌时间。灭菌参数见表 6-1。

表 6-1　灭菌参数

(引自:蔡凤.微生物学.北京:科学出版社,2004)

消毒物品	灭菌所需保温时间/min	蒸汽压力(表压)/MPa	温度/℃
橡胶类	15	0.105~0.11	121
敷料类	30~45	0.105~0.14	121~126
器皿类	15	0.105~0.14	121~126
器械类	10	0.105~0.14	121~126
瓶装溶液类	20~40	0.105~0.14	121~126

(5)降压与排气 灭菌结束后,停止加热,使消毒器自然冷却至压力表指针回复零位,再打开排气阀,将余气排净。切勿过早打开排气阀,使锅内压力骤然降低,培养基因剧烈沸腾而造成不必要的污染和损失。

(6)出锅 余气排净后,松开螺栓,打开盖子,取出内容物。

2. 立式自动高压蒸汽灭菌锅的操作

(1)加水 打开进水阀和放气阀,向消毒器内加水(约 15 L),水位至"0"位线上 2～3 cm即可停止加水。

(2)装锅 松开 8 个元宝螺母,逆时针旋转升降螺杆,当盖上升 3～5 cm 后,再向后旋转消毒器盖。向消毒器内放置要灭菌的物品。灭菌物品在放置时,应使其之间留有一定间隙,不可堆积过紧,以免妨碍蒸汽穿透。放好后将盖转回原来的位置,再顺时针旋转升降螺杆,当消毒器盖与消毒器接触后且升降螺杆处于不用力的状态。对好螺栓,拧紧即可。

(3)加热 接通电源,按下电源开关,电源指示灯亮,将功率切换开关全部接通,这时功率为 6 kW。加热开始后,放气阀打开,以便将消毒器内的冷气排出,待放气阀冒出一定量蒸汽时(5～10 min),即可关闭放气阀。

(4)条件设定 将温控仪设置到所需温度,设置好灭菌时间(普通敷料,一般时间为30 min;金属器械为 25 min)。

(5)灭菌 当消毒器内压力和温度达到灭菌所需压力时,为灭菌开始时间;这时可将电子定时器上侧开关按起,定时器开始计时,消毒器进入自动控制状态。可以根据环境温度关闭一只功率切换开关,既保证灭菌又节约能源。消毒器进入自动工作状态,注意当缺水报警时,应立即关电,排汽,按要求加足水后,方能继续工作。

(6)降压与排汽 灭菌结束后,停止加热,使消毒器自然冷却至压力表指针回复零位,再打开排气阀,将余气排净。

(7)出锅 余气排净后,松开螺栓,打开盖子,取出内容物。

(8)灭菌完毕 关闭电源,打开排水阀将水排净。

(五)注意事项

灭菌后的培养基可用于进行微生物的接种及分离。灭菌后的培养基如不马上使用,冷却后应放置在冷暗处保存,放置时间不宜超过 1 周,平板培养基不宜超过 3 d,以免降低其营养价值或发生化学变化。

(六)实践思考题

(1)高压蒸汽灭菌的原理是什么?

(2)对微生物实验进行灭菌可采用哪些方法?

(3)干热灭菌完毕后,在什么情况下才能开箱取物? 为什么?

(4)高压蒸汽灭菌开始之前,为什么要尽量能把锅内冷空气排尽? 灭菌完毕后,为什么要待压力降到 0 时才能打开排气阀开盖取物?

(5)在使用高压蒸汽灭菌锅灭菌时,怎样杜绝一切不安全的因素?

(6)干热灭菌与湿热灭菌相比,为什么干热灭菌比湿热灭菌所需要的温度要高,时间长? 请设计干热灭菌和湿热灭菌效果比较实验方案。

(7)如何使用手提式压力蒸汽消毒器对培养基进行灭菌?

第三节 接种与无菌操作技术

一、实验目的

熟练使用接种工具进行菌种的接种,掌握无菌操作技术。

二、实验原理

接种是为了将纯种微生物在无菌条件下移接到适宜的灭菌培养基中进行培养。为了保证微生物的纯种培养,在操作过程中要严格按照无菌操作规程进行。操作时应在无菌室内的超净工作台中的火焰旁进行。

根据实验目的,培养基种类及实验器皿的不同,可采用不同的接种方法(如斜面接种、液体接种和穿刺接种)进行微生物的纯培养。

三、所用器材及试剂

超净工作台、接种工具、酒精灯、酒精棉球、火柴、菌种、斜面培养基、液体培养基、半固体培养基。

四、实验准备

(1)无菌室的准备。

(2)接种工具的准备。

(3)接种材料的准备。

在待接管上贴上标签。标签纸上注明菌种名称、接种日期、传代次数、接种者姓名。标签贴在接种斜面背面,距管口 2～3 cm 处。

五、操作方法

(一)斜面接种技术

(1)将菌种管和待接管握在左手中,可采用两种方式握试管,如图 6-7 所示。斜面面向操作者。

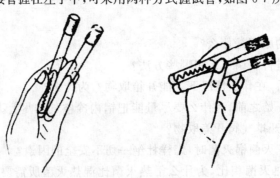

图 6-7 斜面接种时试管的两种拿法

(引自:钱存柔.微生物学实验教程.北京:北京大学出版社,2008)

（2）右手拿接种环,将环端在酒精灯外焰处灼烧,待前端变红后,将其余部分在火焰上来回通过2～3次。

（3）用右手无名指和小指取下菌种管和待接种管的管帽或棉塞,灼烧两试管口。管帽或棉塞在进行接种时应勿放桌上,以免污染杂菌。

（4）将灼烧后的接种环在空气中冷却,或将接种环伸入菌种管中未长菌的培养基上冷却。

（5）待冷却后,用接种环刮取少量菌种,在火焰旁迅速伸入待接管中划线。注意:接种环不要碰到管壁。接种球从斜面培养基的底部(勿接触试管底)按"Z"形划密集线,或由底部向上在斜面中央划一直线。

（6）取出接种环,略烧管口和棉塞,在火焰旁将管塞旋上。

（7）将接种环灼烧灭菌。

(二)液体接种技术

（1）斜面菌种接种液体培养基。如接种量较小,可用接种环蘸取少量菌体移入待接培养基中,将接种环在液体表面振荡或在器壁上摩擦,把菌苔散开,抽出接种环,塞上棉塞,摇动液体,使菌体在培养基中均匀分布。如接种量较大,可先在菌种管中注入无菌水,再用接种环将菌苔轻轻刮下,将菌悬液倒入培养基中。

（2）液体菌种接种液体培养基。可用灭菌后滴管或移液管吸取菌液接种或直接将液体培养物移入液体培养基中接种。

以上操作均应在火焰旁进行。

(三)穿刺接种

只适宜细菌和酵母的接种培养。

（1）左手持试管,右手旋松管塞。

（2）右手拿接种针,在火焰上灼烧,方法同接种环。

（3）用右手无名指和小指拔出管塞。待接种环冷却(方法同接种环)后,在菌种管蘸取少量菌种,移出菌种管。

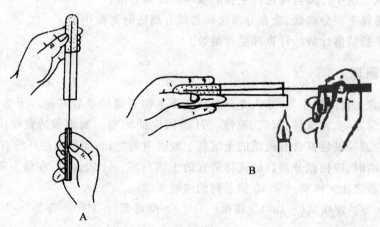

图 6-8 穿刺接种法

A—垂直法;B—水平法

(引自:张曙光.微生物学.北京:中国农业出版社,2006)

(4)接种。接种有两种手持操作法(图6-8)。一种是垂直法,另一种是水平法。接种时,接种针从培养基中心垂直刺入培养基中(勿刺到试管底)。穿刺时要做到手稳、动作轻、巧、快。抽出接种针。在火焰旁塞上管塞,灼烧接种针。

接种过的器皿放入恒温培养箱中,37℃培养,24 h后观察结果。

六、注意事项

(1)进行斜面接种时,接种环伸入或伸出试管时不要碰壁,以免使菌种沾在管壁上。划线时动作要轻,切忌划破培养基。

(2)试管盖管帽或塞棉塞时,不要用试管去迎管塞,以免试管在移动时纳入不洁空气。

(3)使用移液管吸取菌液时切勿用嘴吸取。

(4)采用斜面接种法接种后的试管应斜面向下培养,采用穿刺法接种后的试管应管口向上直立培养。

七、实践思考题

(1)一个好氧的具周生鞭毛的菌株在半固体和液体培养基中的培养特征是怎样的?

(2)接种环(针)前后灼烧的目的是什么?为什么在接种前一定要将其冷却?

(3)怎样进行微生物菌种的接种?

第四节　土壤中三大微生物的分离与平板菌落计数技术

一、实验目的

(1)了解从土壤中分离与纯化微生物的基本原理和方法。

(2)掌握稀释平板分离法、涂布分离法和划线分离法分离微生物。

(3)会用平板菌落计数法计算样品含菌数。

二、实验原理

土壤中富含大量的微生物,是人类开发利用微生物资源的重要基地。土壤微生物的数量和分布主要受营养物、含水量、氧气、温度、pH等因素的影响。如细菌适宜在中性、潮湿的土壤中生长;中性或偏碱性富含有机质的土壤利于放线菌的生长;而偏酸性环境有利于真菌的生长。在进行分离时,应根据分离目的选择适宜的土壤材料。一般来说,在每克耕作层土壤中,各种微生物含量之比大体有一个10倍系列的递减规律:

细菌($\sim10^8$)＞放线菌($\sim10^7$)＞霉菌($\sim10^6$)＞酵母菌($\sim10^5$)＞藻类($\sim10^4$)＞原生动物($\sim10^3$)。

由此可见,土壤中尤以细菌数量最多,其次为放线菌和酵母菌,故可从中分离到许多有用的菌株。

纯种分离应在严格的无菌条件下进行。常用的分离方法有稀释平板分离法、涂布分离法和划线分离法。应根据不同的材料及最终目的采用不同的方法。

平板菌落计数法是根据微生物在固体培养基上所形成的一个菌落是由一个单细胞繁殖而成的现象进行的,也就是说一个菌落即代表一个单细胞。计数时,先将待测样品作一系列稀释,再取一定量的稀释菌液接种到培养皿中,使其均匀分布于平皿中的培养基内,经培养后,由单个细胞生长繁殖形成菌落,统计菌落数目,即可换算出样品中的含菌数。

这种计数法的优点是能测出样品中的活菌数。此法常用于某些成品检定(如杀虫菌剂)、生物制品检定以及食品、水源的污染程度的检定等。但平板菌落计数法的手续较繁,而且测定值常受各种因素的影响。

三、所用器材及试剂

1. 器材

接种环、酒精灯、天平、试管架、试管、移液管、玻璃刮铲、锥形瓶、培养皿等。

2. 材料和试剂

新鲜土壤、灭菌的牛肉膏蛋白胨琼脂培养基(培养细菌用)、高氏 1 号培养基(培养放线菌用)、察氏培养基(培养霉菌用)、无菌水。

四、实验准备

(1)无菌室的准备。

(2)培养基的配制。配制适量的牛肉膏蛋白胨琼脂培养基,置于锥形瓶内,灭菌备用。

(3)土壤样品的采集。取地下 8~10 cm 处的土壤数克。

(4)无菌水的准备。90 mL 无菌水(内置玻璃球数个)一瓶,装有 8 mL 蒸馏水的试管 5 支。

(5)无菌平皿、移液管的准备。

五、操作方法

(一)稀释平板分离法

1. 稀释液的制备

准确称取 10 g 土壤样品,溶于 90 mL 蒸馏水中,振荡均匀(10 min 左右),静置 30 s 后,即制成 10^{-1} 稀释液。用 1 mL 无菌移液管吸取 10^{-1} 稀释液 1 mL,移入装有 8 mL 无菌水的试管中,吹吸(可用灭过菌的吸耳球)3 次,使菌液混合均匀,即成 10^{-2} 稀释液。用一根新的无菌移液管吸取 10^{-2} 稀释液 1 mL,移入装有 8 mL 无菌水的试管中,吹吸(可用灭过菌的吸耳球)3 次,使菌液混合均匀,即成 10^{-3} 稀释液。以此类推,即可制成 10^{-4}、10^{-5}、10^{-6} 的稀释液(图 6-9)。

2. 制混合平板

取用最后 3 个稀释度的菌液。用无菌移液管吸取该稀释度菌悬液 1 mL,放入无菌平皿中,每个稀释度做 3 个平皿。然后向平皿中倒入 45℃ 左右灭菌的牛肉膏蛋白胨琼脂培养基 15 mL 左右(3~5 mm 厚),轻轻振荡,使菌液与培养基混合均匀。高氏 1 号培养基、察氏培养基制混合平板的方法与牛肉膏蛋白胨琼脂培养基相同。倒平板时可采用皿架法和手持法(图 6-10)。

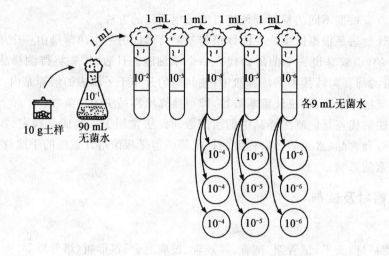

图 6-9　样品的稀释和稀释液的取样培养

（引自：张曙光.微生物学.北京：中国农业出版社，2006）

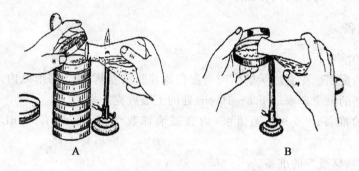

图 6-10　倒平板

A—皿架法；B—手持法

（引自：赵斌.微生物学实验.北京：科学出版社，2002）

待培养基凝固后，将高氏 1 号琼脂培养基平板和察氏培养基平板倒置于 28℃温室中培养 3～5 d，牛肉膏蛋白胨琼脂培养基倒置于 37℃温室中培养 2～3 d。

(二)涂布分离法

1.菌悬液的制备（同上）

取 10^{-4}、10^{-5}、10^{-6} 3 个稀释度。

2.涂布分离

将冷却至 45℃左右的 3 种培养基倒平皿（培养基 3～5 mm 厚），待培养基凝固后，用无菌移液管吸取 0.1 mL 稀释液加入培养基上，每个稀释度做 3 个平行。用无菌刮铲在平板上将菌液涂抹均匀（图 6-11）。静置 20 min 后，平皿倒置培养。

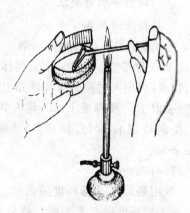

图 6-11　涂布操作过程示意图

（引自：钱存柔.微生物学实验教程.北京：北京大学出版社，2008）

(三)划线分离法

1.倒平板

将冷却至45℃左右的培养基倒入无菌培养皿中,每个培养皿中的装量约为15 mL,凝固后即为平板培养基。

2.划线

划线时左手持平皿,右手持接种环,用接种环蘸取10^{-1}稀释液,从掀起的皿盖缝中伸进划线。画线时可采用分区划线法和连续划线法(图6-12)。

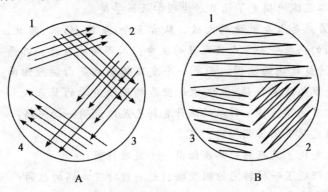

图6-12　划线分离法

A—分区划线法　B—连续划线法

1—第一次划线区;2—第二次划线区;3—第三次划线区;4—第四次划线区

(引自:钱存柔.微生物学实验教程.北京:北京大学出版社,2008)

(四)平板菌落计数

(1)取最后3个稀释度的稀释菌液制混合平板(方法同稀释分离法)。待培养基凝固后,将平皿倒置于37℃恒温生化培养箱中培养。

(2)计数。培养24 h后,取出培养皿,算出同一稀释度3个平皿上的菌落平均数,并按下列公式进行计算:

$$每毫升中总活菌数=同一稀释度3次重复的菌落平均数×稀释倍数×5$$

一般选择每个平板上长有30~300个菌落的稀释度计算每毫升的菌数最为合适。同一稀释度的3个重复的菌数不能相差很悬殊。由10^{-4}、10^{-5}、10^{-6} 3个稀释度计算出的每毫升菌液中总活菌数也不能相差悬殊,如相差较大,表示试验不精确。

平板菌落计数法,所选择倒平板的稀释度是很重要的,一般以3个稀释度中的第二稀释度倒平板所出现的平均菌落数在50个左右为最好。

六、注意事项

(1)操作在无菌环境下进行,无菌室、超净工作台应在使用前消毒。严格按照无菌操作规程进行操作。

(2)为避免误差,在制备稀释液时,最好每一个稀释度换一根移液管。

(3)涂布和划线时,动作要轻,避免将培养基划破。

（4）采用分区划线法进行划线时，第一次划完平行线后，可将培养皿盖严后转动70°，以刚才划线的菌体为菌源作第二次划线。每换一次角度，都把接种环上的余菌烧死，用冷却的接种环划线。

§阅读材料

罗伯特·科赫

1905年，伟大的德国医学家、大名鼎鼎的罗伯特·科赫以举世瞩目的开拓性成绩，问心无愧地摘走了诺贝尔生理学及医学奖。

众所周知，传染病是人类健康的大敌。从古至今，鼠疫、伤寒、霍乱、肺结核等许多可怕的病魔夺去了人类无数的生命。人类要战胜这些凶恶的疾病，首先要弄清楚致病的原因。而第一个发现传染病是由病原细菌感染造成的人就是罗伯特·科赫，他堪称是世界病原细菌学的奠基人和开拓者。以下一组有关罗伯特·科赫的统计资料已足以说明一切问题：

世界上第一次发明了细菌照相法；

世界上第一次发现了炭疽热的病原细菌——炭疽杆菌；

世界上第一次证明了一种特定的微生物引起一种特定疾病的原因；

世界上第一次分离出伤寒杆菌；

世界上第一次发明了蒸汽杀菌法；

世界上第一次分离出结核病细菌；

世界上第一次发明了预防炭疽病的接种方法；

世界上第一次发现了霍乱弧菌；

世界上第一次提出了霍乱预防法；

世界上第一次发现了鼠蚤传播鼠疫的秘密；

制定科赫法则：科赫为研究病原微生物制订了严格准则，被称为科赫法则，包括：一种病原微生物必然存在于患病动物体内，但不应出现在健康动物内；此病原微生物可从患病动物分离得到纯培养物；将分离出的纯培养物人工接种敏感动物时，必定出现该疾病所特有的症状；从人工接种的动物可以再次分离出性状与原有病原微生物相同的纯培养物。

创立了固体培养基划线分离纯种法。

以上这些，足以向世人展示罗伯特·科赫对医学事业所作出的开拓性贡献，也使科赫成为在世界医学领域中令德国人骄傲无比的泰斗巨匠。

复习思考题

1.如何制备平板培养基？

2.为什么融化后的培养基要冷却至45℃左右才能倒平板？

3.要使平板菌落计数准确，需要掌握哪几个关键？为什么？

4.同一种菌液用血球计数板和平板菌落计数法同时计数，所得结果是否一样？为什么？

5.试比较平板菌落计数法和显微镜下直接计数法的优缺点。

第七章　微生物遗传、变异与育种

【知识目标】
- 理解微生物遗传变异的物质基础。
- 理解遗传物质转移和重组的方式及其各自的特点。
- 掌握微生物育种和菌种保藏技术。

【技能目标】
- 能够熟练操作微生物紫外诱变育种和化学物质诱变育种。
- 能够熟练操作微生物菌种保藏的常用方法。
- 能够利用基因工程手段来改造微生物。

> 在本章中学习微生物的遗传、变异与育种。主要介绍微生物遗传变异的物质基础、遗传物质转移和重组的方式及其各自的特点和微生物育种和菌种保藏技术。通过本章的学习,要掌握熟练操作微生物紫外诱变育种和化学物质诱变育种、熟练操作微生物菌种保藏的常用方法,能够利用基因工程手段来改造微生物。

第一节　微生物的变异现象

在细菌的生长繁殖过程中观察到为数众多的变异现象。在形态变异方面,细菌的大小可发生变异;有时细菌可失去荚膜、芽孢或鞭毛;有的细菌出现了细胞壁缺陷的 L 型细菌。细菌的毒力变异可表现为毒力增强或减弱。卡介二氏(Calmette-Guerin)将有毒力的结核杆菌在含有胆汁的甘油马铃薯培养基上连续传代,经 13 年 230 代获得了减毒但保持疫原性的菌株,目前称为卡介苗,用于人工接种以预防结核病。肠道杆菌中如沙门氏菌属、志贺氏菌属中常发生鞭毛抗原以及菌体抗原的变异。变异后,细菌的抗原性消失或发生改变,从而不能被特异的抗体所凝集。有些细菌的酶活性发生变异,以致出现异常的生化反应,例如大肠杆菌原可以发酵乳糖,但发生酶变异后可失去发酵糖的能力,从而与一些不发酵的肠道致病菌难以区别。有些细菌的变异表现为菌落的变异如 S(光滑型)与 R(粗糙型)变异。菌落由光滑、潮湿、边缘整齐,变异为表面粗糙、干皱、边缘曲折。

细菌的变异现象可能属遗传变异,也可能属表型变异。判断究竟是何种型别的变异必须通过对遗传物质的分析以及传代后才能区别。

第二节　遗传变异的物质基础

　　生物的遗传变异有无物质基础以及何种物质可行使遗传变异功能,是生命科学中的一个重大的基础理论问题。20世纪50年代以前,许多学者认为蛋白质对遗传变异起着决定性的作用,而通过对高等动物和植物进行染色体的化学分析,发现染色体由核酸和蛋白质,并且主要由脱氧核糖核酸(DNA)组成。直到1944年,Avery等利用微生物为研究对象,有力地证实了核酸是遗传变异的物质基础。

一、证明核酸是遗传物质的实验

(一)转化实验

　　1928年英国Frederick Griffith的转化实验导致了遗传物质的发现。他所用的肺炎双球菌(*Streptococcus pneumoniae*)是一种球形细菌,常成双或成链排列,可使人患肺炎,也可使小鼠患败血症而死亡。它有许多不同的菌株,有荚膜者是致病性的,它的菌落表面光滑,所以称S型(光滑型);有的不形成荚膜,无致病性,菌落外观粗糙,故称R型(粗糙型)。S型双球菌在其细胞壁的外面有一个多糖的荚膜,感染小鼠会导致小鼠患败血症而死亡,但加热杀死S型双球菌后再感染小鼠不会引起患病。R型肺炎双球菌的外面没有荚膜,感染小鼠不会引起小鼠的死亡,但如果将R型菌和加热杀"死"的S型菌混合后感染小鼠能引起小鼠死亡(图7-1),并

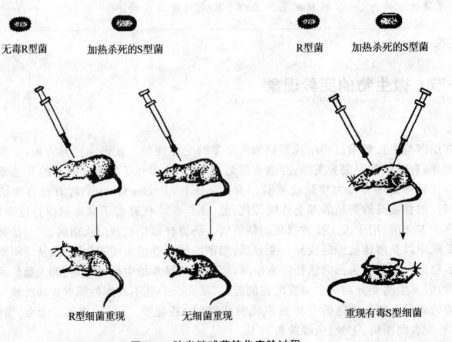

无毒R型菌　　加热杀死的S型菌　　　　　　　R型菌　　加热杀死的S型菌

R型细菌重现　　　无细菌重现　　　　　　　重现有毒S型细菌

图7-1　肺炎链球菌转化实验过程

(引自:陈玮,董秀芹.微生物学及实验实训技术.北京:化学工业出版社,2007)

在其心血中检出有活的 S 型细菌。Griffith 认为实验的结果是由于那些加热杀死的 S 细菌的存在导致那些活的 R 细菌发生转化作用(transformation),从而使 R 型恢复了生成荚膜的能力。3 年后发现只需在有加热杀死的 S 细菌的存在,也可导致 R 型双球菌在体外发生转化。又过了 2 年,进一步证明只需对 S 细菌的提取液加到生长着的 R 型细菌培养物中,同样也能发生转化。那么提取物中究竟是什么物质使 S 细菌发生转化呢? Griffith 最初认为"接种物中的死细菌可能提供了某些特异的蛋白质为食料,使 R 型细胞能制造荚膜,还有人提出:病毒说和感染性诱变因素等假设。

1944 年,Oswald Avery、C. M. Macleod 和 M. Mccarty 在前人工作的基础上,经过了 10 年的努力,终于完成了体外转化实验,弄清了这种转化因子的化学本质是 DNA,而不是蛋白质或其他的大分子。他们将 SⅢ 加热杀死后,分离提取多糖、脂类、RNA、蛋白质、DNA 等分别加入 R 菌中,培养后,仅加入 S Ⅲ DNA 的 RⅡ 发生转化,产生了 R 和 S。同时他们还用不同酶来处理提取物,观察对实验的影响,结果仅在 DNA 中加入一种使 DNA 降解的酶时就不能发生转化了。酶的加入不仅是一种反证,同时也说明即使在 DNA 不纯的情况下,比如带有少量的蛋白等,也能雄辩地证明使 RⅡ 发生转化,产生 SⅢ 的因素唯有 DNA,而不是任何别的物质。具体见图 7-2。

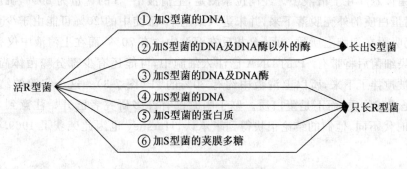

图 7-2 Avery 的体外转化实验过程

(引自:陈玮,董秀芹. 微生物学及实验实训技术. 北京:化学工业出版社,2007)

但当时人们仍不相信这一结论,这是由于:①虽然 R. Feulgen (1924 年)已证明了 DNA 是染色体的主要组分之一,但人们仍然认为遗传和染色体上的蛋白质有关。因为蛋白分子量大,结构复杂,其中 20 种氨基酸不同的排列组合将是个天文数字,可以作为一种遗传信息,且在不同生物体中的同源蛋白之间在结构的特异性上存在着极大的差异。而 DNA 分子质量小,只含 4 种不同的碱基,人们一度认为不同种的有机体的核酸只有微小的差异,因而形成一种观念,基因和染色体的活性成分是蛋白质。②认为转化实验中 DNA 并未能提得很纯,还附有其他物质,可能正是这些少量的特殊蛋白在起转化作用。当时人们难以忘记 20 年前著名的生化学家 Willstatter 由于不能将酶提纯而错误宣称酶不是蛋白的沉痛教训,担心重蹈覆辙的心理增加了人们对 Avery 等实验结果的怀疑。③也有人认为即使转化因子确实是 DNA,但也可能 DNA 只是对荚膜形成起着直接的化学效应,而不是充当遗传信息的载体。由于以上原因 Avery 的重大发现却未能引起人们的重视,即使到 1949 Hotchkiss 证实了和荚膜无关的细菌性状也能转化,用实验证明了 DNA 已提得很纯,其中蛋白质的污染已降到 0.02%,这种纯的 DNA 仍可转化,且纯度越高转化效率也越高,但仍未能改变人们的观点,直到 1952 年

Hershey-Chased 实验发表才使人们信服。

(二)噬菌体实验

Avery 及其同事的体外转化实验是十分精确和严密的,但很多的科学家仍不相信 DNA 是遗传物质,所幸的是在 Avery 去世(1955)前,终于在 1952 年由于 Hershey-Chase 的实验使 DNA 是遗传物质的结论得到了进一步的证实。这一突破性的实验是受到 T. F. Anderson 两项发现的启发,第一项是 1949 年 Anderson 发现将 T-偶数噬菌体悬液骤然用蒸馏水稀释,使其受到渗震作用时,噬菌体释放出 DNA 留下头部中空的噬菌体的空壳;第二项是噬菌体用尾部吸附到细菌表面上,形成动力学不稳定的联结,用组织搅碎器剧烈搅拌就可以阻碍侵染作用。Herriott (1951)发现这种释放了 DNA 的噬菌体空壳仍可吸附到细菌上。这些发现为噬菌体感染实验打下了基础。当时已知 T_2 噬菌体是由蛋白质外壳和内部的 DNA 组成。蛋白质中含有硫而不含磷,DNA 中含磷而不含硫,所以 Hershey 等分别用同位素 ^{35}S 和 ^{32}P,来标记 T_2 的蛋白外壳和 DNA。他们首先将 T_2 噬菌体分别感染在含有 ^{32}P 和 ^{35}S 培养基中的两组 *E. coli*,细胞裂解后分别收集菌液,经标记后再分别感染 *E. coli*,感染后培养 10 min,用 Waring 氏搅拌器剧烈搅拌使吸附在细胞表面上的噬菌体脱落下来,再离心分离,细菌在沉淀中,而游离的噬菌体悬浮在上清液中。经同位素测定,上清液中 ^{35}S 的含量为 80%,沉淀中含量为 20%,这表明蛋白质的外壳脱落下来,并未进入细胞中,沉淀中的 20% 可能由于少量的噬菌体经搅拌后,仍吸附在细胞上所致。而 ^{32}P 相反在沉淀中含有 70%,而在上清液中仅有 30%。表明噬菌体感染细菌后将带有 ^{32}P 的 DNA 已注入细胞中,可能还有少部分噬菌体尚未将 DNA 注入宿主就被搅拌了下来,所以上清液中约有 30% 的 ^{32}P(图 7-3)。这个实验的结果,进一步证实 DNA 是遗传物质,而不是蛋白质。鉴于当时已有许多研究者已开始注意到 DNA,因此和 Avery 的时代不同,他们的结论很快得到了承认,Hershey 也因此荣获了 1969 年诺贝尔医学生理奖。

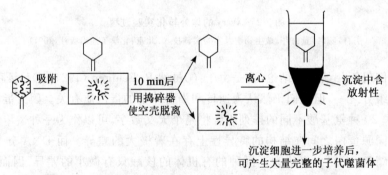

图 7-3　*E. coli* 噬菌体感染实验

(引自:张青,葛菁萍. 微生物学. 北京:科学出版社,2004)

(三)植物病毒重建实验

为了证明核酸是遗传物质,H. Fraenkel-Conrat(1956)进一步用含 RNA 的烟草花叶病毒(TMV)进行了著名的植物病毒重建实验,证明了 RNA 也是遗传物质。他将 TMV 放在一定浓度的苯酚溶液中振荡,就能将它的蛋白质外壳与 RNA 核心相分离。分离后的 RNA 在没有蛋白质包裹的情况下,也能感染烟草并使其患典型症状,而且在病斑中还能分离出正常病毒粒子。当然,由于 RNA 是裸露的,所以感染频率较低。他还选用了另一株与 TMV 近缘的霍氏车前花叶病毒(HRV)进行了进一步的实验,实验过程和结果见图 7-4。

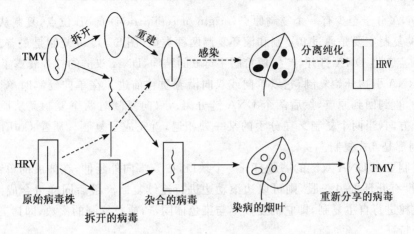

图 7-4　TMV 重建实验过程

(引自:李莉.应用微生物学.武汉:武汉理工大学出版社,2006)

图 7-4 说明,当用 TMV-RNA 与 HRV-衣壳重建后的杂合病毒去感染烟草时,烟叶上出现的是典型的 TMV 病斑。再从中分离出来的新病毒也是未带任何 HRV 痕迹的典型的 TMV 病毒。反之,用 HRV-RNA 与 TMV-衣壳进行重建时,也可获相同的结论。这就充分证明,在 RNA 病毒中,遗传物质基础也是核酸,只不过是 RNA。

通过上述这 3 个具有历史意义的经典实验,得到了一个确信无疑的共同结论:只有核酸才是负载遗传信息的真正物质基础。

二、微生物的遗传物质

从核酸的种类而言,绝大多数微生物的遗传物质均为 DNA,只有部分病毒(其中多数属植物病毒、少数为噬菌体)的遗传物质是 RNA。

染色体是所有真核微生物和原核微生物遗传物质 DNA 的主要存在形式,微生物染色体采取的也是半保留方式复制。但不同生物的 DNA 分子质量、碱基对数、长度等很不相同。总的趋势是越低等的生物,其 DNA 分子质量、碱基对数和长度越小,相反则越长,即染色体 DNA 的含量,真核生物高于原核生物,高等动植物高于真核微生物。

除染色体之外,细胞器 DNA 是真核微生物中除染色体外遗传物质存在的另一种重要形式。真核微生物具有的细胞器如叶绿体、线粒体等都有自己独立于染色体外的 DNA。细胞器 DNA 与其他物质一起构成具有特定形态的细胞器结构,并且携带有编码相应酶的基因,如线粒体 DNA 携带有编码呼吸酶的基因,叶绿体 DNA 携带有编码光合作用酶系的基因。

三、质粒

质粒是游离于微生物染色体外、具有独立复制能力的 DNA 片段,目前仅发现于原核微生物和真核微生物里面的酵母菌。质粒可以自发或用人工诱变的方法消除;能够自我复制,也可整合到染色体上稳定的遗传;缺乏质粒的细菌不能自发产生质粒,但可通过转化、转导或接合作用的转移获得质粒;可以携带供体细胞的 DNA 转移,因而可作为基因转移载体。

（一）质粒的复制

质粒 DNA 分子至少有一个复制原点(origin of replication)或 ori 位点,复制从这里开始。DNA 质粒的复制主要是通过 θ 复制和滚环复制两种类型(图 6-5)。θ 复制是最普通的复制方式,首先 ori 点双链 DNA 打开,产生像希腊字母 θ 的结构,DNA 双链的打开暴露了新 DNA 合成的模板,RNA 引物开始复制,它以单向或双向沿着质粒前进。在单向复制时单个复制叉沿着分子移动,直到回到原点,然后两个 DNA 链分离。双向复制时两个复制叉从原点区分开,一条链一个方向,当两个复制叉在分手的某一处相遇,就完成了复制。质粒 ColEl、pSCl01 和 R6K 的复制都是 θ 式复制。

滚环复制要在 DNA 双链的一股打开一个缺口,按 5′ 端向外延伸,在伸展的单链上进行不连续复制,没有开环的另一股,则可以边滚动边进行连续复制。最后同样可合成两个环状子链。由于质粒进行自主复制,即它的复制不与染色体同步,质粒复制的次数,即拷贝数,是群体质粒的一个特征。

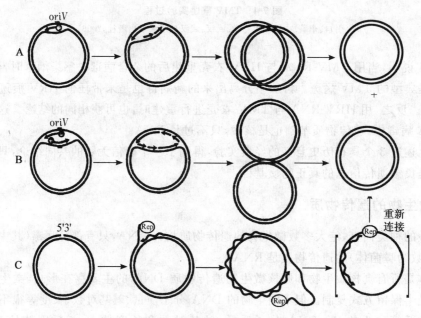

图 7-5　质粒的复制方式

A—θ型单项复制;B—θ型双向复制;C—滚环复制

(引自:李莉.应用微生物学.武汉:武汉理工大学出版社,2006)

（二）质粒的基本特性

细菌质粒和真核生物细胞器 DNA 的相同点是:①都可自主复制;②一旦消失,后代细胞中不再出现;③质粒 DNA 只占细胞全部 DNA 的一小部分。

与之不同点主要是:①成分和结构简单,一般都是较小的环状 DNA 分子,并不和其他物质一起构成一些复杂结构。②功能比自体复制的细胞器更为多样化,但一般并非必需。一旦消失并不影响宿主细菌的生存。③许多细菌质粒能通过细胞接触而自动地从一个细菌转移到另一个细菌,使两个细菌都成为带有此种质粒的细菌。

(三)医学上重要的质粒

1.F 质粒(致育质粒)

编码细菌性菌毛,有 F 质粒的为雄性菌或 F^+ 细菌,具有传递质粒的能力,无 F 质粒的为雌性菌或 F^- 细菌。F^+ 细菌可以通过接合作用将 F 因子转移给 F^- 细菌。

2.R 质粒(抗药质粒)

带有耐药基因使细菌对某种物质具有耐受性。根据抗质粒能否借接合而转移,分为接合型和非接合型抗药质粒,接合型抗药质粒由两部分组成:抗药决定因子(resistant determinant,r-det)和抗药转移因子(resistant transfer factor,RTF)。两者均可自行复制,前者主要决定耐药性,后者决定耐药性是否可以转移。两者共同存在才能将耐药性转移。非接合型抗药质粒,也可简称为 r 质粒。它们在结构上没有 RTF,只有 r-det。因此,含有这种抗药质粒的细菌只具有耐药性,不能进行接合转移。如金黄色葡萄球菌所含有的青霉素酶质粒,可通过转导方式在细菌间转移。一个抗药决定因子可携带多重抗药基因。由于质粒的自主复制,耐药性可遗传给后代;又由于它们的致育性,能从抗药菌传递给敏感菌,在同种、种间甚至属间传播,导致耐药性迅速广泛地蔓延,给人类带来极大危害,已引起普遍重视。

R 质粒编码细菌的耐药性主要有以下 3 种机制:

(1)产生顿挫酶 属于耐药性基因的控制,使细菌产生能破坏抗菌药物的酶或多肽物质,如 β-内酰胺酶,能够使 β-内酰胺类抗生素的内酰胺环水解,使之形成没有抗菌活性的青霉噻唑酸;又如氯霉素乙酰转移酶,它以乙酰辅酶 A 为辅基使氯霉素羟基乙酰化,形成 1,3-二乙酰氧基氯霉素,使药物失活;还有磷酸转移酶、腺苷转移酶等,这些酶可作用于氨基糖苷类抗生素,使其结构发生改变而失去抗菌活性。

(2)改变细胞膜通透性 抗药基因可以控制某些细菌的细胞膜,使其渗透性发生改变,干扰药物进入细菌。如某些细菌产生对四环素的耐药性,就是通过 R 质粒控制细胞膜发生改变,从而阻止药物进入细菌体内发挥作用。

(3)改变药物的原始作用点 如链霉素本是通过与细胞核蛋白体上 30S 亚单位结合,从而影响细菌蛋白质的生物合成过程而发挥其抗菌作用,而 R 质粒能控制细菌 30S 亚单位发生改变,使链霉素不能与该部位结合,因而不再能发挥其抗菌作用。

3.Col 质粒

存在于大肠杆菌和某些其他细菌中,是编码大肠菌素的质粒。它所产生的大肠菌素是蛋白质类的抗菌物质,能杀死或溶解同种属或近缘细菌的不同型菌株。

4.V 质粒

编码肠道细菌毒力的质粒。

四、基因与转座子

(一)基因

基因(gene)是 DNA 中实现一定遗传效应的核苷酸序列。从微生物基因对蛋白质合成的编码功能来看,有些基因能作为模板,通过转录和翻译合成蛋白质,因而称为结构基因;有些基因只有转录而无翻译,如 tRNA 或 rRNA 基因;另外,有些基因既不转录,也无翻译产物,而只对蛋白质的合成起开关作用,称为操纵基因。

基因的符号常以该基因功能的前三个小写英文字母代表。该基因功能的存在或缺陷以"＋"或"－"表示,对药物的抗性或敏感性以"r"或"s"来表示。"＋"或"－"与"r"或"s"均置于该基因符号的右上方。如半乳糖(galactose)基因写作 gal,有功能或无功能分别写作 gal$^+$ 或 gal$^-$;链霉素(streptomycin)基因写作 str,对链霉素有抗性或敏感性分别写作 str$^+$ 或 str$^-$。

(二)转座因子

转座因子(transposable element,TEL)又称为跳跃基因(jumping gene),是一类能够在细胞基因组位置发生转移的遗传因子。转座因子可以在同一染色体上转移位置,也可以在染色体和质粒间或质粒和质粒间转移位置。转座因子的转座行为,使 DNA 分子发生各种遗传学上的分子重排,在生物变异和进化上具有重大意义。现在已经证明,几乎所有生物包括细菌、放线菌、酵母、丝状真菌、植物、果蝇、哺乳动物、人等都有转座因子存在。此外还证明大肠杆菌 Mu 噬菌体与脊椎动物的反转录病毒(retrovirus)的原病毒 DNA 也是转座因子。

1. 转座因子分类

原核微生物中的转座因子,按其结构与遗传性质可以分为 3 类。

(1)插入序列(insertionsequence,IS)　IS 是一段除含转座功能外,不含其他已知基因的 DNA 序列。它的两端有短小的核苷酸重复序列(3~12 bp)。整个 IS 的大小 0.7~2.5 kb。IS 可独立存在于 DNA 中,也可成为转座子的一部分。插入序列表示法一般是按发现顺序先后用阿拉伯数字表示,如 ISl、IS2、IS3 等。

(2)转座子(transposon,Tn)　简写为 Tn1、Tn2 等。Tn 是一段有转座功能及其他已知基因,并具有特征性结构的 DNA 序列。已知它含有抗生素抗药基因、产细菌毒素基因或某些糖类合成所需的基因等。

(3)转座噬菌体　大肠杆菌的温和噬菌体 Mu 具有转座行为,能通过转座插入宿主菌染色体的任一位置,导致宿主菌变异。因此,Mu 噬菌体已成为研究细菌变异的工具之一,用作生物诱变剂。

2. 转座机制及遗传学效应

(1)转座机制　转座因子不同于噬菌体和质粒,它们不能单独游离存在和自主复制,因为它们不是复制子,它们只能在与其宿主基因组共价结合中单独复制。这些缺乏自主状态的转座因子的转座是如何进行的呢? 目前认为转座有两条途径:保守性转座(conservative transposition)和复制性转座(replicative transposition)。

①保守性转座。使受体获得了转座子,并在转座子与受体 DNA 的连接处形成若干碱基对的重复,即靶序列重复,而供体分子则失去了转座子。

②复制性转座。这种转座方式是通过形成共整合体,使受体和供体都有一个拷贝的转座子。

(2)遗传学效应　转座因子不仅能在两个没有任何同源性的基因组之间转座,而且还能引起一系列异常重组,带来相应的遗传学变化。

①引起插入突变。转座因子插入在宿主染色体的某一结构基因内,就造成该基因功能的丧失。如果插入的位置是一个操纵子(operon)的前端基因,就有可能发生一极性突变,即不仅被插入的基因灭活而且使得插入位置下游所有基因均不表达或表达大为降低。

②为宿主染色体插入位置上带来新的基因,如抗药基因等。

③造成受体 DNA 分子插入位置上少数核苷酸对的重复——靶序列重复。

④促使发生染色体畸变,包括缺失和倒位等。

⑤转座因子可以从插入位置上消失,这一过程称为切离(excision),准确切离可导致回复突变,不准确切离则导致各种畸变。

由于转座现象的普遍性和转座引起的遗传学效应明显,转座因子除了它本身在遗传学中的意义外,在许多场合是遗传学研究中的一个有用的工具。利用转座子得到的各种突变株可进行基因转移和定位分析,还可以用于基因工程,构建一些不同质粒融合或复制子融合的特殊菌株,这不仅对分子遗传学的基础研究,而且对基因工程菌的构建都有潜在的用途。

第三节　基因突变

一、基因突变的概念

在微生物中,突变是经常发生的,学习和掌握突变的规律,不但有助于对基因定位和基因功能等基本理论问题的了解,而且还为微生物选种、育种提供必要的理论基础。

基因突变简称突变,是变异的一类,泛指细胞内(或病毒颗粒内)遗传物质的分子结构或数量突然发生的可遗传的变化,可自发或诱导产生。狭义的突变专指基因突变,而广义的突变则包括染色体畸变和基因突变(又称点突变)。突变的概率一般很低($10^{-9} \sim 10^{-6}$)。基因突变是指染色体上基因本身的变化。基因突变是发生在基因水平的突变,是由于 DNA 链上的一对或少数几对碱基发生改变而引起的,它涉及基因的一个或多个序列的改变,包括一对或多对碱基对的替换、增加或缺失。

二、基因突变的分子基础

凡能提高突变率的任何理化因子,都可称为诱变剂(mutagen)。诱变剂种类很多,作用方式多种多样。即使是同一种诱变剂,也常有几种作用方式。从遗传物质结构变化的特点可将突变分为:碱基置换、移码突变、缺失或插入突变等。

(一)碱基置换

碱基置换包括转换(嘌呤之间或嘧啶之间的互变)和颠换(嘌呤和嘧啶之间的置换);按诱变剂作用引起置换的机制不同可以分为以下几种。

(1)碱基类似物在 DNA 复制时的渗入　引起这类变异的诱变剂是一些碱基类似物,所引起的替代都是转换而不是颠换,5-溴尿嘧啶(5-BU)是一种常用的突变剂。在通常情况下,它以酮式结构存在,成为胸腺嘧啶的类似物,能与 A 配对,但它有时以烯醇式结构存在,就不再与 A 配对,而是与 G 配对。5-BU 中由于 Br 是电负性很强的原子,因而其烯醇式结构的发生率较高,产生 A·T→G·C 的转换;也可以代替 C 渗入 DNA,产生 G·C→A·T 的转换,不过后一能力没有前一能力高。不管哪种情况,5-BU 渗入 DNA 后必须经过两轮复制才能产生稳定的可遗传的突变(图 7-6 和图 7-7)。

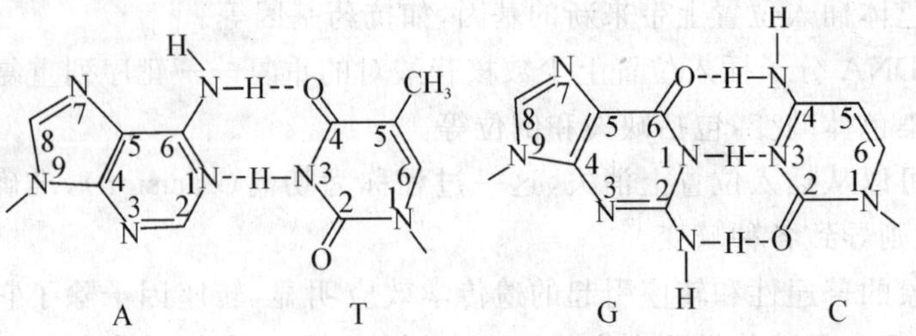

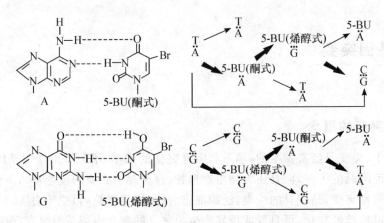

图 7-6　DNA 的正常碱基配对

(引自:蔡凤.微生物学.北京:科学出版社,2004)

图 7-7　碱基类似物(5-BU)引起碱基转换图解

(引自:蔡凤.微生物学.北京:科学出版社,2004)

(2)DNA 分子上碱基的化学修饰　许多化学物质都能以不同的方式修饰 DNA 的碱基,然后改变其配对性质而引起突变。最常见的化学突变剂如亚硝酸,能脱去碱基(A、G、C)中的氨基,产生氧化脱氨反应,使氨基变为酮基,然后改变配对性质,造成碱基转换突变。在亚硝酸作用下,胞嘧啶可以变为尿嘧啶,复制后可引起 G·C→A·T 转换;腺嘌呤可以变为次黄嘌呤(hypoxanthine),复制后可引起 A·T→G·C 的转换,鸟嘌呤可以变为黄嘌呤(xanthine),它仍旧与 C 配对,因此不引起突变(图 7-8)。

(二)嵌合剂和移码突变

吖啶橙(acridine)、核黄素(proflavine)、吖黄素(acriflavine)等吖啶类染料分子均含有吖啶环。这种三环分子的大小与 DNA 的碱基对大小差不多,可以嵌合到 DNA 的碱基之间,于是原来相邻的两个碱基对分开一定的距离,含有这种染料分子的 DNA 在复制时,由于某种目前尚不知晓的原因,可以插入一个碱基,偶尔也有两个。这样就出现一个或几个碱基对的插入突变。有时也有很低频率的单碱基缺失突变。这些突变都引起阅读框的改变。移码突变(frameshift mutation)使三联体密码发生错读,插入或缺失位点后所有的氨基酸错翻译,导致该基因产物完全失活(图 7-9)。当插入或缺失的核苷酸数目为 3 的整数倍时,则该位点后的阅读框可以恢复,氨基酸顺序又恢复正常。当移码突变(+1 或−1)的邻近位置再一次地移码突变(−1 或+1)时,并且两突变位点之间的氨基酸序列对肽链功能影响不大时,则突变表型可以回复。

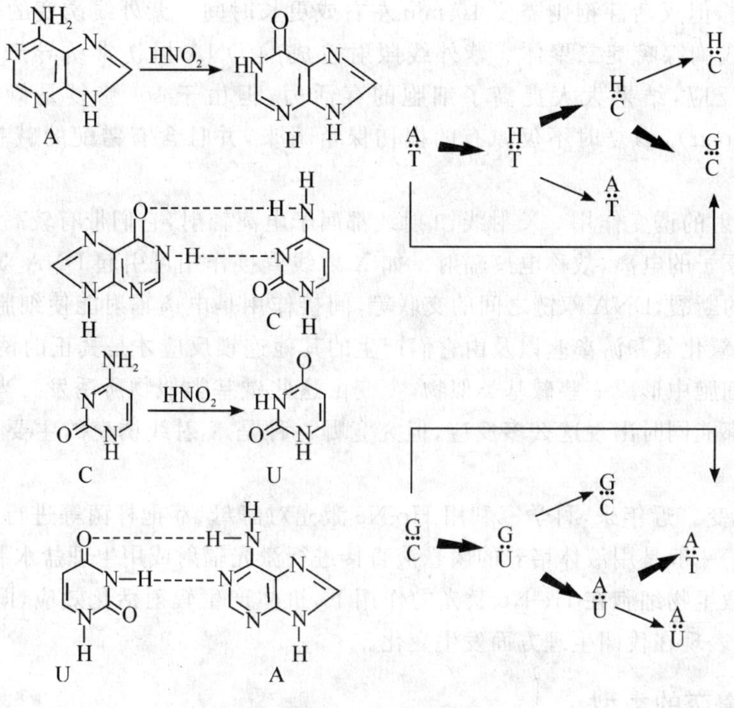

图 7-8 由 HNO₂ 引起的碱基转换图

（引自：蔡凤. 微生物学. 北京：科学出版社，2004）

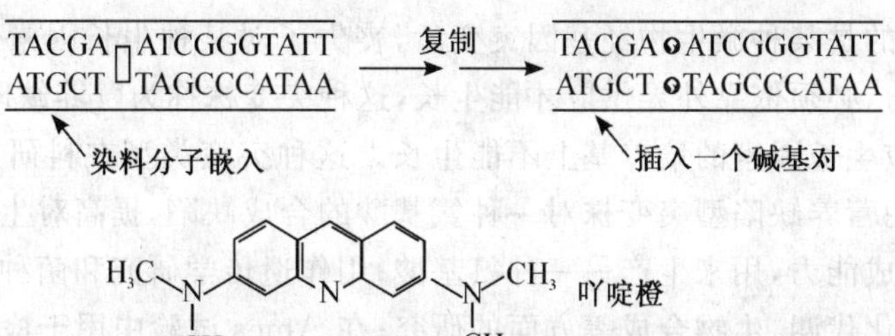

图 7-9 嵌合剂结构和诱变机制

（引自：蔡凤. 微生物学. 北京：科学出版社，2004）

（三）辐射诱变

X 射线、紫外线、激光、离子束等都能引起基因突变。辐射的诱变作用一般认为有直接和间接两个方面。直接作用是使 DNA 发生断裂、缺失等。间接作用是辐射使细胞中染色体以外的物质发生变化，然后这些物质作用于染色体而引起突变。

（1）紫外线（UV）的诱变机制　波长为 254 nm 的紫外线最易被嘌呤和嘧啶碱基所吸收，因而诱变效果最强。实验常采用波长集中在 254 nm 的 15 W 紫外灯管，距离选择在 28～30 cm。照射时间因生物种类而异。一般地说，多数微生物细胞在紫外线下暴露 3～

5 min 即可死亡,但灭活芽孢则需要 10 min 左右或更长时间。紫外线诱变的作用机制,最主要的效应是形成胸腺嘧啶二聚体。紫外线照射造成的 DNA 损伤常诱导产生一种应急修复(sos repair)反应,结果大大提高了细胞的存活力;但由于 sos 修复是倾向差错的修复(error-prone repair),修复时不仅原有的损伤保留下来,并且含有错配的碱基对,所以突变率增加。

(2)电离辐射的诱变作用　X 射线、β 射线都属于电离辐射,它们带有较高的能量,能引起被照射物质中原子的电离,故称电离辐射。如 X 射线直接作用可引起 DNA 双螺旋氢键的断裂,DNA 单链的断裂,DNA 双链之间的交联等,间接作用是电离辐射能使细胞产生过氧化氢和自由基,而过氧化氢和游离基以及由它们产生的其他连锁反应才是真正的诱变剂。此外,X 射线还可能使细胞中形成一些碱基类似物,突变由这些碱基类似物所诱发。当然不是被照射的生物有机体都能同时出现这么多反应,但究竟哪一种是 X 射线诱变的主要机制,还有待于进一步研究。

(3)激光诱变　近年来,科学家利用 He-Ne 激光对酵母、芽孢杆菌等进行诱变育种,获得了较好的效果。一般是用液体培养的菌悬液直接进行激光辐射或用生理盐水制成的菌悬液进行直接辐射。微生物细胞在 He-Ne 激光的作用下,机体产生辐射活化效应,既表现为形态结构上的改变,又表现在代谢生理方面发生变化。

三、基因突变的类型

基因突变的类型很多,如按突变体表型特征的不同,可分以下几种类型。

1. 营养缺陷型

营养缺陷型指的是某种微生物经基因突变后,丧失了对某种生长因素(维生素、氨基酸或核苷酸)的合成能力,必须依靠外界供应才能生长,这种突变株称为营养缺陷型(auxotroph)菌株,它们在没有相应生长因素的培养基上不能生长。这种突变类型在科研和生产实践中均具有重要意义,如利用营养缺陷型突变株对一种氨基酸的合成缺陷,提高对生物合成途径接近的另一种氨基酸的合成能力,用来生产另一种氨基酸;用作遗传学研究和菌种选育时出发菌株的标记,进行遗传、生化代谢、生物合成等方面的研究;在 Ames 试验中用于检测某种新药是否具有诱变和致癌作用等。

2. 条件致死突变型

该型是指在某一条件下呈现致死效应而在另一条件下却不表现致死效应的突变型。温度敏感突变型(Ts mutant)是条件致死突变型的典型例子,它们在亲代能生长的温度范围内不能生长,而只能在较低的温度下生长。如某些肠道菌对高温(42℃)敏感,不能生长,而在低温(30℃)下却可生长。这些突变株在限制条件下不能生长是由于其主要基因产物(DNA 聚合酶、tRNA 等)在限制条件下无功能或不能合成。在实际应用上 Ts 突变株常被用作遗传学研究的选择标记。

3. 抗原突变型

这是指细胞成分尤其是细胞表面成分(如细胞壁、鞭毛、荚膜等)的细微变异而引起抗原性变化的突变型。

4. 其他突变型

除上述突变型外,还有如毒力、糖发酵能力、代谢产物的种类和产量以及对某种药物依赖性或抗性的突变型等。尤其是高产量突变型在提高工厂的经济效益方面具有重要意义。

按突变所引起的遗传信息的改变,可把突变分为:

(1)错义突变(missensemutation) 突变造成一个不同氨基酸的置换。

(2)同义突变(samesensemutation) 碱基突变后编码的氨基酸与野生型的氨基酸相同。

(3)无义突变(nonsensemutation) 当碱基突变后形成终止密码子,使蛋白质合成提前终止。

第四节 遗传物质的转移和重组

凡把两个不同性状个体内的遗传基因转移在一起重新组合,形成新的遗传个体方式,称之为基因重组。这种基因重组在自然界的微生物细胞之间、微生物与其他高等动植物之间都有发生,也就是说微生物除了由亲代向子代进行垂直方向的基因传递外,还具有多种途径进行水平方向的基因转移。微生物细胞或作为基因供体向其他微生物细胞提供基因,或作为基因受体接受其他微生物细胞提供的基因。整合到受体细胞的染色体或质粒上并表达,使受体细胞获得新的性状。这种基因的转移、交换、重组是生物得以自然进化的动力。

一、转化

转化(transformation)是指受体菌直接从周围环境中吸收供体菌游离的 DNA 片段,并整合入受体菌基因组中,从而获得了供体菌部分遗传性状的过程。经转化后,稳定地表达供体菌部分遗传性状的重组子叫做转化子(transformant)。如果提取病毒或噬菌体的 DNA 来转化感受态的受体菌(或原生质体、圆球体),并产生正常的子代病毒或噬菌体,这种特殊的"转化"称为转染(transfection)。转化现象最早发现于肺炎球菌,以后在多种细菌中发现,为菌种选育提供了一条新的途径,同时亦是基因工程的重要步骤。

(一)转化的前提条件

1.感受态细胞

所谓感受态(competence)是指受体菌能够从周围环境中吸收外源 DNA 分子并进行转化的生理状态。感受态是由受体细胞的遗传性所决定,同时亦受细胞的生理状态、菌龄和培养条件等的影响。受体细胞必须处于感受态,这是发生转化的第一步。制备感受态细胞的方法很多,如改变某些生长条件,如把枯草杆菌受体菌由丰富培养基转移到贫瘠培养基时约 15% 细胞进入感受态;选择适宜的培养时间,如肺炎链球菌的感受态出现在对数期后的 40 min;引入某些因子,如 $CaCl_2$、cAMP 等,cAMP 可使感受态水平提高 10 000 倍等。

2.转化因子

转化成功与否还与供体 DNA 片段大小、性质有关。试验表明,同源的、未变性的双链 DNA 分子是有效的转化因子,用于转化的 DNA 片段分子质量在 $10^6 \sim 10^8$ u 时转化率最高。转化因子的获得可通过以下两个途径:①供体菌溶解后释放;②人工提取 DNA。

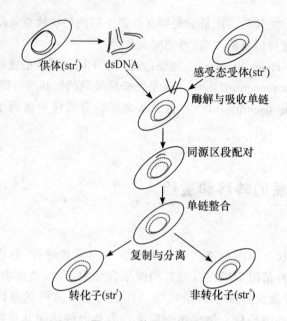

图7-10 转化示意图

(引自:张青,葛菁萍.微生物学.北京:科学出版社,2004)

(二)自然转化的过程和机制

以研究最多的肺炎链球菌的自然转化为例来说明转化的过程及机制。自然转化的过程是从感受态的受体菌结合并吸收外源DNA开始,单链供体DNA片段进入受体菌的基因组,通过同源DNA区段的交换重组整合入受体菌的基因组,再通过DNA复制、细菌分裂出现稳定的转化子。

1. 转化因子的结合与吸收

在肺炎链球菌的研究中发现,有如下两个过程:

(1)细胞表面的结合 转化因子双链DNA分子,首先与感受态细胞表面的DNA结合受体相发生不可逆结合,这种结合对于双链DNA是特异性的,因为DNA-RNA杂交分子或RNA、单链DNA都不能与该受体结合。

(2)转化因子的吸收 当双链DNA与受体菌细胞表面发生特异性结合后,核酸内切酶(可能位于细胞壁上)首先将其切成约均一的片段,然后再由核酸外切酶(可能位于细胞膜上)将一条链降解,降解中产生的能量协助把另一条链推进受体细胞(流感嗜血杆菌是双链DNA被吸收)。

2. 转化因子的整合

吸收进入受体菌的单链DNA,以某种被保护的形式(如与特异DNA结合蛋白成复合物或包裹在小囊泡内)被转运到受体菌染色体同源区段。在细胞RecA蛋白以及核酸酶、聚合酶、连接酶等参与下,未被降解的单链供体DNA部分或整个地插入受体细胞基因组中,与受体菌染色体同源区段发生置换性重组,从而供体DNA和受体菌同源区段形成杂合双链分子,同时未被整合的供体DNA剩余片段,以及被置换下来的受体菌单链DNA均被降解。

3. 转化子的产生

单链转化DNA完成整合形成双链分子后,可通过两条途径产生转化子。一条途径是通过错配修复,将不配对的受体菌碱基切除再经修复合成后形成转化子。若切除的是不配对的供体碱基则不产生转化子。另一条途径是杂合双链分子不经错配修复,而直接发生染色体复制,再经细胞分裂在部分子代细胞中出现转化子(图 7-10)。若转化因子是质粒 DNA,由于质粒本身是个复制子,它可以独立存在自主复制,从而可以不发生 DNA 的整合,转化子也表达质粒编码的表型。

二、接合

接合作用是一种较为低级的有性生殖方式。供体菌("雄")通过其性菌毛与受体菌("雌")相接触,前者传递不同长度的单链 DNA 给后者,并在后者细胞中进行双链化或进一步与核染色体发生交换、整合,从而使后者获得供体菌的遗传性状的现象,称为接合。通过接合而获得新性状的受体细胞就是接合子。在细菌中,接合现象研究得最清楚的是大肠杆菌,并发现大肠杆菌有性别之分,决定其性别的因子称为 F 因子。F 因子具有自主与染色体进行同步复制的能力,并可转移到其他细胞中去。

(一)大肠杆菌杂交实验

Lederberg 和 Tatum 于 1946 年设计了一个有名的实验,证明了原核生物的接合现象。他们筛选出两种不同营养缺陷型的大肠杆菌 K12 突变株,其中 A 菌株是 met⁻、bio⁻,B 菌株是 thr⁻、leu⁻、thi⁻,将它们在完全培养基上混合培养后,再涂布于基本培养基上。结果发现,在基本培养基上出现了 met⁺、bio⁺、thr⁺、leu⁺ 的原养型菌落。而分别涂布的两种亲本菌株对照组都不出现任何菌落。进一步的实验证实,上述遗传重组的形成,是两个亲本细胞接合以后发生基因重组的结果。1952 年 Hayes 惊奇地发现,大肠杆菌遗传重组过程是单向过程,基因转移具有极性。Hayes 根据致育性将大肠杆菌分成两群:F⁺(雄性菌)为供体菌和 F⁻(雌性菌)为受体菌,前者含有质粒 F 因子,后者没有 F 因子。后来 Hayes 等又从 A 菌中筛选到另一重组菌称为 Hfr 菌株(高频重组菌株)。

(二)接合菌株与 F 因子

1. F 因子

又称为性因子或 F 质粒,它控制着大肠杆菌性丝的形成,是小分子 DNA,长约 6×10^4 bp,约为大肠杆菌染色体的 2%。F 因子基因组主要由 3 个主要区段组成,第一段是控制自主复制区段;第二段是控制细胞间传递的基因群区段,在此区段排列着形成性丝的基因,已知至少有 7 个基因与性丝的形成及把遗传物质从供体传向受体有关;第三段是控制重组区段。在大肠杆菌中 F 因子以两种形式存在:游离态或整合态(图 7-11)。

2. F⁺ 菌株

细胞表面着生 1 条或多条性菌毛的雄性菌株。F 因子以游离状态存在于大肠杆菌细胞质中,可独立于染色体进行自主复制。

3. F⁻ 菌株

细胞中没有 F 因子、细胞表面也无性菌毛的菌株。但它可通过与 F⁺ 菌株或 F′ 菌株的接合而接受供体菌的 F 因子或 F′ 因子,从而使自己转变成 F⁺ 菌株,也可接受来自 Hfr 菌株的一部分或全部遗传信息。

4. Hfr 菌株

F 因子已从游离状态转变成在核染色体组特定位点上的整合状态,而且发现此种菌株与

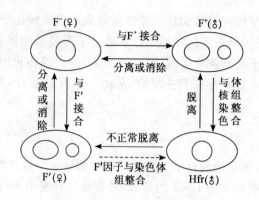

图 7-11　F 因子的存在形式和转移方式

（引自：黄秀梨.微生物学.2 版.北京：高等教育出版社，2003）

F⁻ 菌株接合后发生重组的频率要比 F⁺ 与 F⁻ 接合后的重组频率高出数百倍，故此得名。Hfr 菌株仍然保持着 F⁺ 细胞的特征，具有 F 性菌毛，并能与 F⁻ 细胞进行接合。

5. F′ 菌株和 F′ 因子

当 Hfr 菌株内的 F 因子因不正常切离而脱离核染色体组时，可重新形成游离但携带一小段染色体基因的特殊 F 因子，称 F′ 因子。具有 F′ 因子的大肠杆菌称为 F′ 菌株。

（三）几种接合结果

试验表面，几种不同菌株间的杂交获得了不同的结果，并可以进行各种遗传分析，以下作简要介绍。

1. F⁺ 与 F⁻ 接合

通过 F⁺ 菌株产生的性丝把两者连接在一起，并在细胞之间形成胞质桥（或称接合管），F 因子通过胞质桥进入受体细胞，使重组体从 F⁻ 变成了 F⁺ 菌株。其主要过程是：当 F⁺ 菌株与 F⁻ 菌株接触的时候，F⁺ 菌株中 F 因子的一条 DNA 单链在特定位点上断裂、解链，并通过性菌毛的沟通和收缩，单向转移进入受体细胞，在以此为模板的基础上形成新的 F 因子；另外一条在供体细胞内的 DNA 链也成为模板并以滚环模型方式复制 F 因子；最终供体及受体菌均成为 F⁺ 菌株。这个过程完全不涉及到供体染色体 DNA 的转移（图 7-12）。

2. Hfr 与 F⁻ 接合

当 Hfr 与 F⁻ 菌株发生接合时，Hfr 的染色体双链中的一条单链在 F 因子处发生断裂，由环状变成线状，F 因子则位于线状单链 DNA 之末端。整段线状染色体（单链）也以 5′-末端引导，等速地转移至 F⁻ 细胞。而实际上在转移过程中，这么长的线状单链 DNA 常常很容易发生断裂。所以位于线状 DNA 末端的 F 因子进入 F⁻ 细胞的机会很小。因此，Hfr 与 F⁻ 接合的结果其重组频率虽最高，但转性频率却最低，Hfr 与 F⁻ 杂交后的受体细胞仍然是 F⁻。

3. F′ 与 F⁻ 接合

F′ 是携带有宿主基因的 F 因子，F′ 与 F⁻ 杂交与 F⁺ 与 F⁻ 杂交不同的是部分宿主染色体基因随 F′ 一起进入受体细胞，并且不需要整合就可以表达，实际上是形成一种部分二倍体，此时的受体细胞也就变成了 F′。

近年研究表明，细菌接合不仅广泛存在于 G⁻ 菌，亦普遍存在于 G⁺ 菌中，但其接合转移系统更为复杂。接合亦已广泛应用于遗传性分析。

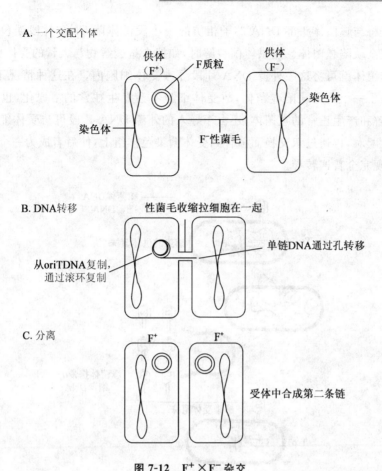

图 7-12 F$^+$×F$^-$ 杂交

（引自：黄秀梨. 微生物学. 2 版. 北京：高等教育出版社，2003）

三、转导

转导现象是由 J. Lederberg 等（1952 年）在鼠伤寒沙门氏菌中发现的，以后在许多原核生物中都陆续发现。通过缺陷噬菌体的媒介，把供体细胞的小片段 DNA 携带到受体细胞中，通过交换与整合，使后者获得前者部分新遗传性状的现象称为转导。获得新遗传性状的受体细胞，就称转导子。携带供体部分遗传物质的噬菌体称为转导噬菌体或转导颗粒。在噬菌体内仅含有供体 DNA 的称为完全缺陷噬菌体，在噬菌体内同时含有供体 DNA 和噬菌体 DNA 的称为部分缺陷噬菌体。转导现象在自然界中较为普遍，在低等生物进化过程中很可能是一种产生新基因组合的重要方式。根据噬菌体和转导 DNA 产生途径的不同，可将转导分为普遍转导和局限性转导。普遍转导又可以分为完全普遍转导和流产普遍转导，局限性转导分为高频转导和低频转导。其中，完全普遍转导在实际的制药工业上应用最广泛，以此为例来讲述转导的基本过程。

完全普遍转导简称完全转导（图 7-13）。在鼠伤寒沙门氏菌的完全普遍转导实验中，曾以其野生型菌株作为供体菌，营养缺陷型突变株作为受体菌，P22 噬菌体作为转导媒介。当 P22 在供体菌内增殖时，宿主的核染色体组断裂，待噬菌体成熟与包装之际，极少数（$10^{-8} \sim 10^{-6}$）

噬菌体的衣壳将与噬菌体头部 DNA 芯子相仿的一小段供体菌 DNA 片段误包入其中,因此,形成了一个完全缺陷噬菌体。当供体菌裂解时,如把少量裂解物与大量的受体菌群体相混,这种完全缺陷噬菌体就可将这一外源 DNA 片段导入受体细胞内。在这种情况下,由于一个受体细胞只感染了一个完全缺陷噬菌体,故受体细胞不会发生往常的溶原化,也不显示其免疫性,更不会裂解和产生正常的噬菌体;还由于导入的外源 DNA 片段可与受体细胞核染色体组上的同源区段配对,再通过双交换而整合到受体菌染色体组上,使后者成为一个遗传性状稳定的转导子,实现完全普遍转导。

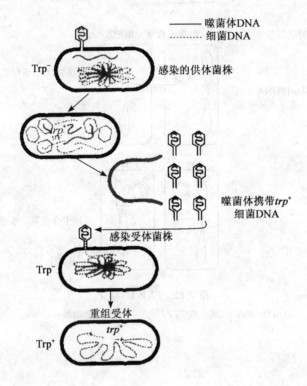

图 7-13　完全普遍转导示意图

(引自:黄秀梨. 微生物学.2 版. 北京:高等教育出版社,2003)

四、细胞融合

细胞融合技术最初是在高等动植物细胞中进行,现已引进到微生物学领域中。细胞融合(cell fusion)是由两个遗传性状不同的细胞,分别通过酶解作用进行溶解,并在高渗溶液中除去细胞壁形成原生质体,然后将两个原生质体放在高渗条件下用融合剂(如聚乙二醇)使两者融合,融合后的细胞通过基因物质的交换、重组,形成了具有新的遗传性状的重组细胞,并能在选择培养基上形成集落,在此集落中再选出具有理想性状的重组细胞(图 7-14)。细胞融合技术具有广泛的应用前景,如在抗生素、酶制剂和氨基酸制备中采用的生产菌种,已应用细胞融合技术进行诱变或定向育种,以期得到高产量的优良菌种。

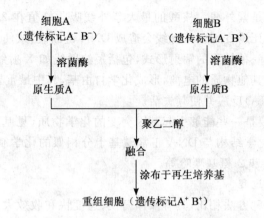

图7-14　细胞融合技术的一般过程

(引自：蔡凤.微生物学.北京：科学出版社，2004)

第五节　微生物遗传学的应用

一、微生物的菌种选育

微生物的菌种选育是指应用微生物遗传变异的理论，采用一定的手段，在已经变异的群体中选出符合人们需要的优良品种。常用的菌种选育途径有自然选育和诱变育种等。

(一)自然选育

也称为自然分离，是指微生物细胞群体不经过人工处理，而是利用其自发突变进行菌种筛选的育种方法。其主要任务是对菌种加以纯化，以获得遗传背景较为均一的细胞群体。自然界能引起微生物发生突变的因素多种多样，自发突变实际上就是由众多因素低剂量和长期综合诱变的结果。宇宙间到处存在着各种各样的短波辐射以及一些低浓度的诱变物质，部分自发突变可能就是由于偶然接触自然界中的诱变物质所致。

除环境因素外，微生物自身所产生的诱变物质也是引起其发生突变的因素之一。如在一些微生物中也曾发现具有诱变作用的物质如咖啡碱、过氧化氢等。自发突变的发生是偶然的，即在任何时间，任何一个基因都可能发生突变，因而是无法预测的，但并不意味着无规律可循和无法控制。随着研究工作的深入，对于突变的控制将愈加有效。

(二)诱变育种

诱变育种是指用人工的方法处理均匀而分散的微生物细胞群，在促进其突变率显著提高的基础上，采用简便、快速和高效的筛选方法，从中挑选出少数符合目的的突变株，以供科学实验或生产实践使用。在诱变育种过程中，诱变和筛选是两个主要环节，由于诱变是随机的，而筛选则是定向的，故相比之下，筛选更为重要。

1. 诱变因素

(1)物理诱变　物理诱变剂主要是用于 DNA 诱变的各种辐射，包括非电离辐射和电离辐射。常见的非离子辐射是紫外线。核酸的最大紫外线吸收峰值在 260 nm 波长处，该波长的紫外线辐射为有效的致死诱变剂。紫外线会造成 DNA 链断裂，或使 DNA 分子内或分子间发生交联。电离辐射则是一种较强的辐射形式，包括短波射线如 X 射线、宇宙射线以及 γ 射线。电离辐射能够引起水及其他物质的电离，形成化学自由基，其中最重要的为羟基。自由基可与细胞中的大分子(如 DNA)反应并使其失活。

(2)化学诱变　主要是一些能够引起基因突变的化学物质(见基因突变)，如烷化剂、亚硝酸和羟胺等，以及一类化学结构与 DNA 正常碱基十分相似的化学制剂，主要有 5-溴尿嘧啶、5-氟尿嘧啶、8-氮鸟嘌呤和 2-氨基嘌呤等。

2.诱变育种的基本过程

诱变育种与其他育种方法相比，具有操作简便、速度快和收效大的优点，至今仍是一种重要的、广泛应用的微生物育种方法。当前很多发酵所用的高产菌株几乎都是通过诱变育种来提高其生产性能的。

(1)出发菌株的选择　出发菌株就是用于育种的原始菌株。出发菌株适合，育种工作效率就高。适合的出发菌株应具有特定生产性状的能力或潜能。出发菌株可以是从自然界的土样或水样中分离出来的野生型菌种，也可以是生产中正在使用的菌种，还可以从菌株保藏机构中购买。选择时可依据以下几点进行：①以单倍体纯种为出发菌株，可排除异核体和异质体的影响。②采用具有优良性状的菌株，如生长速度快、营养要求低以及产孢子早而多的菌株。③选择对诱变剂敏感的菌株。由于有些菌株在发生某一变异后，会提高对其他诱变因素的敏感性，故可考虑选择已发生其他变异的菌株为出发菌株。④许多高产突变株往往要经过逐步积累的过程，才变得明显，所以有必要多挑选一些已经过诱变的菌株为出发菌株，进行多步育种，确保高产菌株的获得。

(2)制备单孢子(或单细胞)悬液　诱变育种要求所处理的细胞必须是处于对数生长期且达到同步生长的细胞(用选择法或诱导法使微生物同步生长)。

单细胞悬液制备时首先要求具有合适的细胞生理状态，它对诱变处理会产生很大的影响，如细菌在对数期诱变处理效果较好；霉菌或放线菌的分生孢子一般都选择处于休眠状态的孢子，所以培养时间的长短对孢子影响不大，但稍加萌发后的孢子则可提高诱变效率。其次是所处理的细胞必须是均匀而分散的单细胞悬液。分散状态的细胞既可均匀地接触诱变剂，又可避免长出不纯菌落。由于在许多微生物的细胞内同时含有几个核，所以即使用单细胞悬浮液处理，还是容易出现不纯的菌落。一般用于诱变育种的细胞应尽量选用单核细胞，如霉菌或放线菌的孢子或细菌的芽孢。

(3)诱变处理　在诱变过程中应选择简便有效、最适剂量的诱变剂。凡在高诱变率的基础上既能扩大变异幅度，又能促使变异移向正变范围的剂量，就是合适的剂量。要确定一个合适的剂量，通常要进行多次试验。在实际工作中，突变率往往随剂量的增高而提高，但达到一定程度后，再提高剂量反而会使突变率下降。因此，在诱变育种工作中，目前比较倾向于采用较低的剂量。诱变育种中还常常采取诱变剂复合处理，使它们产生协同效应。复合处理方式可以灵活多变，可以是两种或多种诱变剂的先后使用，或是同一种诱变剂的重复使用，或是两种或多种诱变剂的同时使用等，会取得更好的诱变效果。

(4)筛选突变株　要从大量变异株中将少数优良突变株筛选出来，获得预定的效应表型，需要科学的筛选方案和筛选方法。在实际工作中，一般认为应采用把筛选过程分为初筛与复筛两个阶段的筛选方案为好。前者以量(保留菌株的数量)为主,后者以质(测定数据的精确度)为主。

初筛一般通过平板稀释法获得单个菌落,然后对各个菌落进行有关性状的初步测定,从中选出具有优良性状的菌落。利用鉴别性培养基的原理或其他方法就可有效地把原来肉眼所观察不到的生理性状或产量性状转化为可见的"形态"性状。例如在琼脂平板上,通过蛋白酶水解圈的大小、淀粉酶变色圈(用碘液使淀粉显色)的大小、氨基酸显色圈的大小、柠檬酸变色圈的大小、抗生素抑制圈的大小、生长因子周围某菌生长圈的大小以及外毒素的沉淀反应圈的大小等,都可用于初筛工作中估计某菌产生相应代谢产物能力的"形态"指标。此法快速、简便,结果直观性强。缺点是培养皿的培养条件与锥形瓶、发酵罐的培养条件相差大,二者结果常不一致。

复筛指对初筛出的菌株的有关性状做精确的定量测定,是对突变株的生产性能作比较精确的定量测定工作。一般是将微生物接种在摇瓶或台式发酵罐中进行培养,经过对培养液精细的分析测定,得出准确的数据。突变体经过筛选后,还必须经过小型或中型的投产试验,才能用于生产。在摇瓶培养条件下,微生物在培养液内分布均匀,既能满足丰富的营养,又能获得充足的氧气(仅对好氧性微生物),还能充分排出代谢废物,因此与发酵罐的条件比较接近,所以测得的数据就更具有实际意义。此法的缺点是需要较多的劳力、设备和时间,故工作量难以大量增加。

二、基因工程

基因工程是现代生物工程技术的重要组成部分。基因工程的核心技术是 DNA 重组技术。重组即利用供体生物的遗传物质或人工合成的基因,经过体外或离体的限制酶切割后与适当的载体连接形成重组 DNA 分子,然后再将重组 DNA 分子导入受体细胞或受体生物构建转基因生物。该种生物可以按照人类事先设计好的蓝图表现出另外一种生物的某种性状。

基因工程技术作为微生物学研究的重要手段,有力促进了微生物学基础理论研究的发展。分子克隆和构建工程菌对了解微生物的结构与功能、微生物生理与代谢调节以及微生物生态等基本过程,提供了最好的方式。通过分子克隆、限制内切酶图谱以及 DNA 测序等技术,使遗传学家能够快速绘制并研究微生物的基因组。利用克隆基因进行定位诱变、基因分裂(gene disruption)或敲除突变(knockout mutations),并使这些突变基因导入到微生物染色体中,有助于对突变微生物进行的研究。

第六节　菌种的衰退、复壮和保藏

菌种是微生物学工作的重要研究对象和材料,也是制药工业生产的宝贵资源。因此应采取相应的措施保持菌种存活率与优良遗传性状、防止菌种退化与污染或使已经退化的菌种恢复原有的性状。菌种保藏的目的就是为了防止优良遗传性状的丧失和菌种的死亡。

一、菌种的衰退

微生物菌种遗传性状的稳定性是相对的,变异是绝对和不可避免的。当变异导致生产菌种典型性状改变,如生长缓慢、生产能力下降或不良环境条件抵抗力下降或对营养需求改变等称为菌种的衰退。

菌株的衰退是发生在细胞群体中的一个由量变到质变的逐步演变过程。开始时,在一个大群体中仅个别细胞发生负变,这时如不及时发现并采取有效措施,而一味地移种传代,则群体中这个负变个体的比例逐步增大,最后让它们占了优势,从而使整个群体表现出产量下降及其相关的一些特性发生变化,表型上便出现严重的衰退。据分析导致菌株衰退发生的主要原因是多次传代和环境的改变。

基因突变的结果是导致菌种 DNA 的损伤,从而造成其遗传性状的改变。若是负变则直接导致菌种退化;正变则可能获得高产量突变菌株,而一旦发生回复突变或新的负变则会失去高产能力并导致菌种的退化。菌种传代的次数越多,变异的频率越高。通常退化性的变异是大量的,而进化性的变异是个别的。当群体中负变个体的比例逐步增高并占据优势时,整个群体便会表现为退化。环境条件通常是指培养基成分、温度、湿度、pH 和通气条件等,它们对菌种的生长和代谢能力影响较大。环境条件所诱发的生理变化随着逐代积累也可成为可遗传的,此即培养条件下自然选择的结果。除了这两点之外,基因突变也是引起菌种衰退的原因之一。

二、菌种的复壮

用一定的方法和手段使已退化菌种恢复原有性状与生产能力的过程称为菌种的复壮。经常进行菌种的复壮工作是防止菌种衰退的有效措施。

1. 菌种退化的判断

(1)斜面菌落形态退化的判断 观察斜面培养的菌落形态并与原高产菌落对照,比较菌落形态是否改变,如菌落是否饱满、边缘是否应有皱折、中间是否应有突起、产孢子或色素情况等。应注意当菌落形态发生变异时,首先应检查培养基及环境条件等是否改变以排除表型变异;其次应检查是否有杂菌污染。若排除两方面因素后再做以下判断。

(2)菌种培养特性退化的判断 当菌种进行液体培养(如发酵培养)时,经代谢会表现出特有的生理生化特征。通过对培养特性的检测,可以作为菌种退化判断的依据。

①菌体形态观察。将菌体或菌丝体制片镜检,正常菌体或菌丝体应该粗壮、染色均匀且较深。若菌种退化则菌体或菌丝体支端膨大,染色浅且不均匀,有时还能在显微镜下观察到菌体或菌丝体断裂或破裂自溶的现象,此时用滤纸过滤菌液会发现滤过速度变慢。

②pH 测定。取培养液用 pH 计测定其酸碱度,如果菌种退化则 pH 降低或升高(偏离正常水平),有酸臭味。

③测量体积。取培养液用刻度离心管离心,测量菌体体积(菌浓),如果菌种退化则生长缓慢,菌浓度增长慢,同时糖、氮等中间体代谢不正常。

(3)比较次级代谢产物 比较培养物的次级代谢产物(如抗生素单位),如果菌种退化则连续几批增长缓慢,无对数增长期或不增长。

(4)注意事项 以上现象也有可能是由于杂菌或噬菌体污染造成,因此接种或转种时要严格无菌操作和进行噬菌体检查，经常清洁消毒环境，以排除因污染而导致培养物生长不良。

2.菌种复壮技术

（1）菌悬液的制备　用无菌生理盐水或缓冲液将斜面菌体或孢子洗下制成菌悬液，经一定浓度稀释后在平板上进行菌落计数。

（2）平板分离　根据计数结果，定量稀释后制成菌浓度为50～200个/mL的菌悬液，取0.1 mL注入平皿，再倒入适量培养基，摇匀，制成混菌平板，培养后长出分离的单个菌落。

（3）纯培养　选取分离培养后长出的各型单个菌落，接种斜面后培养。

（4）初筛　将成熟的斜面菌种对应接入发酵瓶，摇床发酵一段时间后测定各菌落生产性能（如抗生素发酵单位）。

（5）复筛　挑选初筛中高单位菌株的5％～20％进行摇瓶复试。最好使用母瓶与发酵瓶二级发酵，重复3～5次后分析确定产量水平。初、复筛都需同时以正常生产菌种作对照，复筛出的菌株产量应比对照菌株提高5％以上，并经糖、氮代谢检验，合格后在生产罐上试验。

（6）菌种保藏　将复筛后得到的高单位菌株制成沙土管、冷冻管或用其他方法保藏。

整个流程如图7-15所示。

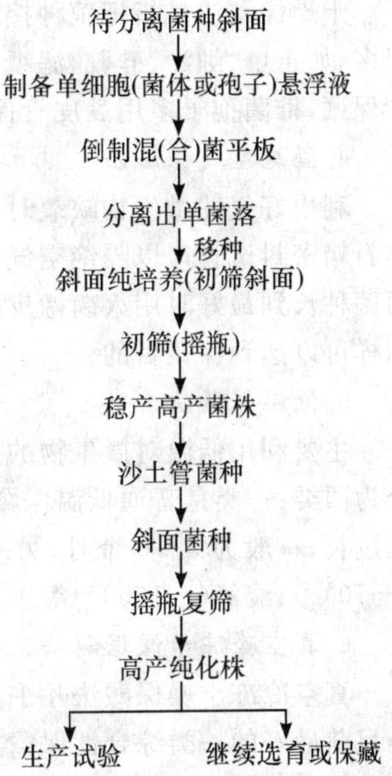

待分离菌种斜面
↓
制备单细胞(菌体或孢子)悬浮液
↓
倒制混(合)菌平板
↓
分离出单菌落
↓移种
斜面纯培养(初筛斜面)
↓
初筛(摇瓶)
↓
稳产高产菌株
↓
沙土管菌种
↓
斜面菌种
↓
摇瓶复筛
↓
高产纯化株
↓
生产试验　继续选育或保藏

图7-15　菌种复壮流程示意图

（引自：黄秀梨.微生物学.2版.
北京:高等教育出版社,2003）

三、菌种保藏

菌种保藏的原理是根据不同菌种的生理和生化特点，创造条件使菌体的代谢活动处于休眠状态，因而首先应挑选优良纯种，最好是选取其休眠体（孢子、芽孢等），其次再人为地创造有利于菌种休眠的环境（如低温、干燥、缺氧缺营养等），以便降低菌种代谢活动的速度和延长其保藏期。

菌种保藏的方法很多。但任何一种方法都要求既能长期地保藏原有菌种的存活率、优良性状和纯度，同时又经济简便。一般每种菌株至少应采用两种不同的保藏方法，其中之一应为真空冷冻干燥保藏或液氮保藏（减少遗传变异的最好方法）。在实际工作中要根据菌种本身的特性与具体条件而定。

1.斜面保藏法

将各类微生物菌种接种在不同成分的斜面培养基上，待菌种生长丰满后置4℃左右冰箱中保藏，每隔一定时间进行移植新鲜斜面后继续保藏，如此连续不断。此法保藏简单，存菌率高，具有一定的保藏效果，所以许多生产单位和研究机构对经常使用的微生物多采用此法保藏。

2.半固体琼脂柱保藏法

此法与斜面基本相同，仅将斜面改为直立柱，培养基中琼脂量减少，接种方法由斜面划线改为接种针穿刺。待菌在穿刺线上生长后加无菌液体石蜡（150～170℃烘箱灭菌1 h）覆盖，最后用无菌橡皮塞换下棉花塞，则保存效果很好。

3.干燥保藏法

干燥保藏法是指把菌种接种到适当载体上后于干燥条件下进行保藏。能够作载体的材料很多,如土壤、细沙、硅胶、滤纸片、麸皮等,主要适合于细菌芽孢和霉菌孢子。细菌芽孢用沙土管保藏,霉菌孢子多用麸皮管保藏法。

4.隔绝空气保藏法

利用好气性微生物缺氧时不能生长繁殖的原理,取灭菌液体石蜡注入菌种斜面后,再用固体石蜡密封试管口以隔绝空气,最后放入低温冰箱中保藏,保藏效果好。如不用石蜡,可在斜面菌种长到最好时用灭菌橡皮塞代替原有的棉塞,塞紧试管口,放入冰箱或室温下暗处保藏,同样可以达到保藏目的。

5.低温保藏法

主要利用低温对微生物的生命活动具有抑制作用的原理进行保藏。根据所用温度的高低分为两类:一类是普通低温保藏法,即将斜面菌种直接放入 $0\sim4℃$ 冰箱中保藏,但保存时间不宜过长,一般为 $3\sim6$ 个月;另一类是利用超低温保藏法,用 $-20℃$ 以下的超低温冰箱或干冰 $(-70℃)$、液氮 $(-195℃)$ 等进行冻结保藏,保藏效果好。

6.真空冷冻干燥保藏法

真空冷冻干燥保藏法几乎利用了一切有利于菌种保藏的因素,如低温、缺氧、干燥等,因此是目前最好的一类综合性保藏方法。其保藏时间长,但操作过程复杂,需要一定的设备条件。其基本过程为:菌种培养→加菌种保护剂→分装、预冻→真空冻干→真空封口。真空冻干菌种可在常温下长期保藏,也可在低温下保藏。

第七节　育种及菌种的保藏试验

微生物育种和菌种保藏是微生物学学科中和制药工业上的一项重要技术。

随着微生物遗传学及其在生产实践中的不断发展,迫切地需要建立更多的新菌种为科学研究和生产所用,其中包括对原有微生物菌种性能的改造和选育,即育种技术。

在生产实践和科学研究中所获得的优良菌种都是国家和社会的重要资源,为了能长期地保持原种的特性,防止菌种的衰退和死亡,人们创造了许多菌种保藏的方法,建立了系统的管理制度。

一、紫外线诱变育种试验

紫外线有理想的诱变效果,简便易行,操作方便,是一种不容忽视的微生物诱变育种技术。紫外线是一种常用的物理诱变因素,它的主要作用是使 DNA 链中的两个相邻的嘧啶核苷酸形成二聚体,并阻碍双链的解开和复制,从而引起基因突变,最终导致表型的变化。本实验要求了解紫外线诱变原理,掌握紫外线诱变育种方法。

(一)所用仪器及试剂

(1)培养皿,三角瓶,离心管,移液管,三角玻棒,电动搅拌器,玻璃管小搅拌棒,试管,紫外灯。

(2)生理盐水。

(3)菌种:北京棒杆菌 AS1.563(高丝氨酸缺陷型)。

(4)培养基。

①完全培养基。牛肉膏 5 g,蛋白胨 10 g,NaCl 15 g,琼脂 20 g,蒸馏水 1 000 mL,调 pH 为 7.5,121℃灭菌 20 min。需要 600 mL,其中 20 mL 是不加琼脂的培养液。

②AEC 培养基。S-(2-氨基乙基)-L-半胱氨酸(即 AEC)5 g,葡萄糖 20 g,硫酸铵 10 g,尿素 2.5 g,KH_2PO_4 1 g,$MgSO_4 \cdot 7H_2O$ 0.04 g,$FeSO_4 \cdot 7H_2O$ 2 mg,$MnSO_4 \cdot 4\sim6H_2O$ 2 mg,生物素 50 μg,硫胺素 100 μg,甲硫氨酸 20 mg,苏氨酸 20 mg,琼脂 20 g,蒸馏水 1 000 mL,调 pH 为 7.5,0.08 MPa 灭菌 20 min,需要 400 mL。

(二)操作方法

1. 紫外线诱变处理

将 AS1.563 菌种接种斜面,在 30℃培养过夜后挑一环接入 20 mL 完全培养液中(用 250 mL 三角瓶),30℃摇床培养 16~18 h 后离心(3 000 r/min,10 min),用生理盐水离心洗涤 2 次,加生理盐水至总体积为 20 mL,各取 5 mL 菌液加入 3 个直径 6 cm 的培养皿内,分别置磁力搅拌器上,紫外灯预热 20 min 后开动搅拌器,打开皿盖,分别照射 10 s、30 s 和 60 s,灯距 28 cm。

2. 测定紫外线的杀菌率

照射后的菌液各取 0.5 mL 入 4.5 mL 生理盐水中,分别稀释,照射 10 s 的处理稀释至 10^{-3} 和 10^{-4},照射 30 s 的处理稀释至 10^{-2} 和 10^{-3},照射 60 s 的处理稀释至 10^{-1} 和 10^{-2},对照稀释至 10^{-5} 和 10^{-6}。分别取 0.1 mL 到无菌的空培养皿中,倾注 50℃的完全培养基(先融化),重复 3 次。30℃恒温培养 1~2 d,记录活菌数,并计算存活率。

3. 抗 AEC 突变株的筛选

照射后的菌液(不稀释)和对照菌液各取 0.1 mL,在 AEC 选择性培养基上涂皿,每种剂量的菌液和对照各涂 5 皿以上,放入纸盒内,置 30℃避光培养 4~5 h,能生长的菌落是抗 AEC 突变菌株。本实验的 AEC 浓度是 5 mg/mL,但不同出发菌株所需的 AEC 浓度不尽相同,故可在 2~15 mg/mL 的范围内测试,选出对照菌不生长而抗性突变株能生长的适宜浓度作为筛选浓度。

4. 抗 AEC 突变株赖氨酸产量的测定

将抗性菌落挑入完全培养基斜面,30℃培养 48 h 后挑入摇瓶发酵培养基,按有关方法测定赖氨酸产量,选出高产菌株。

(三)注意事项

(1)紫外线诱变后的稀释分离应在暗室内红灯下操作,涂皿后应放在盒内或用黑纸包好,置 30℃避光培养。

(2)北京棒状杆菌 AS1.563 最适宜生长温度是 30℃,不宜放在 37℃培养。

(3)初筛时可多挑选几株抗性菌株进行摇瓶培养,待测定效价后,再挑选高单位效价菌株在 AEC 平板上作划线纯化。

(四)结果记录

(1)紫外线处理后的存活率记录于表 7-1 中。

（2）抗 AEC 突变菌株的筛选结果记录于表 7-2 中。

表 7-1　紫外线对北京棒状杆菌存活率的影响

剂量	稀释度	存活数/（个/0.1 mL）			平均值/（个/mL）	存活率/％
		①	②	③		
对照	10^{-5} 10^{-6}					
U. V. 10 s						
U. V. 30 s						
U. V. 60 s						

表 7-2　抗 AEC 突变率

剂量	抗 AEC 突变型/（个/0.1 mL）					平均值/（个/mL）	存活率/％
	①	②	③	④	⑤		
对照							
U. V. 10 s							
U. V. 30 s							
U. V. 60 s							

（五）实践思考题

（1）紫外线引起的诱变作用的机理是什么？为保证诱变效果，在照射中及照射后的操作应注意哪些问题？

（2）在制备供照射用的菌液时，应控制哪些影响诱变效果的因素？

二、化学诱变育种试验

常用的化学诱变剂有硫酸二乙酯、盐酸氮芥、亚硝酸钠、乙酸亚胺、氯化锂和 NTG 等。采用化学诱变剂进行诱变育种也是常用的育种技术。化学诱变剂作用于微生物基因突变的分子基础在于 DNA 链上引起碱基排列的改变或是结构的改变。由于碱基序列或结构的变化，导致了编码氨基酸的变化，因而影响了某些蛋白质的合成或酶的活性，生物体随之发生的便是某一性状的改变。这种改变可以稳定地遗传给后代，建立起具有新的遗传性状的菌株，这就是突变型筛选和诱变育种的遗传学基础。本实验以栖土曲霉为出发菌株，以硫酸二乙酯为诱变剂，变异的指标是白色孢子和蛋白酶活性。

（一）实验目的

要求了解化学诱变的机理，掌握化学诱变的方法。

（二）所用仪器及试剂

（1）试剂　pH 7.2 的 0.1 mol/L 磷酸盐缓冲液，Folin phenol，0.55 mol/L Na_2CO_3，10％三氯乙酸，2％酪蛋白溶液，酪氨酸溶液（100 μg/mL）。

(2)仪器 无菌三角瓶,培养皿,试管,吸管,血球计数器,无菌脱脂棉,恒温水浴。

(3)培养基 察氏培养基,酪蛋白培养基,固体曲培养基。

(4)出发菌株 栖土曲霉。

(三)操作方法

(1)从长好的栖土曲霉斜面上取 1 环接种于大试管察氏培养基斜面上,33～34℃培养 4 d。

(2)制备孢子液 在实际工作中,要得到均匀分散的细胞悬液,通常可用无菌的玻璃珠来打散成团的细胞,然后再用脱脂棉或滤纸过滤。菌悬液的细胞浓度一般控制为:真菌孢子或酵母细胞 10^6～10^7 个/mL,放线菌或细菌 10^8 个/mL。菌悬液一般用生理盐水(0.85% NaCl)配制。有时,也需用 0.1 mol/L 磷酸盐缓冲液稀释,因为当采用某些化学诱变剂进行诱变处理时,常会改变反应液的 pH。

①用 25 mL pH 为 7.2 的磷酸盐缓冲液把斜面上的孢子分两次洗下,倾入盛有玻璃珠的无菌三角瓶里。

②振荡 10 min,无菌脱脂棉过滤,滤液用血球计数板计数,调整孢子浓度至×10^6/mL。

(3)硫酸二乙酯处理

①稀释制备好孢子液 10^3/mL,取 0.1 mL 涂培养皿作为对照,33℃培养 72 h,计菌落数。

②另取 10 mL 孢子液加入大试管中,加入硫酸二乙酯稀释液(原液 1 mL,95% 乙醇 4 mL)0.5 mL,32℃水浴中处理 3 min 或 60 s,不断振荡试管。处理后,立即稀释到 10^{-2}、10^{-3}(稀释中止反应)。各取 0.1 mL 或 0.2 mL 涂布平板,33℃培养 3 d。观察白色菌落并计算,其他菌落也可计数。

(4)酶活力测定

①初筛。以平板法测定蛋白酶活力:取 10 只培养皿先倾入察氏培养基,凝固后加入 5 mL 酪蛋白培养基,待凝固后,用玻璃打孔器将对照菌和诱变处理后的各种菌落(菌落应编号)各自接到培养基表面,每皿放 3～5 个菌落,其中一个必须是对照。33℃培养 48～72 h,根据透明圈的大小,就可推测蛋白酶活力的大小。

②复筛。固体曲和液体曲法:由初筛选出的蛋白酶活力较高的菌株,挑选若干株,接种于斜面上,33℃培养成熟,一支保存,另一支制成孢子悬液,取 0.5 mL 接入装有固体麸皮等成分的培养料中,充分搅匀,28～30℃培养,24 h 搅拌一次,以防结块,再继续培养 12 h,即为固体曲(液体振荡培养为液体曲),然后进行酶液浸提。定量称取固体曲,105℃烘干至恒重,计算含水量。另外再定量称固体曲,以 2～4 倍的 40℃温水浸泡,在 40℃恒温下,不断搅匀,浸泡 1～2 h,挤压或过滤收集浸出液,即为酶液。

③Folin-phenol 测定酶液蛋白酶活力。

(四)注意事项

(1)硫酸二乙酯易分解产生硫酸,因此用硫酸二乙酯作诱变剂时,需要在一定温度下的缓冲液中进行。

(2)要精确地制备孢子悬液。

(3)测定蛋白酶活力要在 40℃恒温下进行。

(五)结果记录

(1)初筛结果记录。

(2)复筛结果记录。

(六)实践思考题

(1)化学诱变剂的诱变机理是什么？为保证诱变效果应注意哪些问题？

(2)硫酸二乙酯作诱变剂应掌握哪些环节？

三、微生物菌种常规保藏方法试验

微生物菌种保藏是微生物学工作中的重要一环，保藏工作失败，分离、培养工作前功尽弃。微生物菌种保藏的目的要求达到以下 3 点：①不变。保持原种性状，防止或延缓退化。②不死。保持活力而不死。③不杂。保证纯培养，防止污染。微生物菌种保藏的基本原理，是使微生物的生命活动处于半永久性的休眠状态，也就是使微生物的新陈代谢作用限制在最低范围内。干燥、低温、缺氧、避光和缺少营养是保证获得这种状态的主要措施。

(一)实验

本实验要求了解菌种保藏的基本原理，掌握菌种保藏的几种常规方法。

(二)所用仪器及试剂

(1)待藏的细菌，酵母菌，放线菌和霉菌。

(2)牛肉膏蛋白胨斜面和半固体直立柱(培养细菌)，麦芽汁琼脂斜面和半固体直立柱(培养酵母菌)，高氏 1 号琼脂斜面(培养放线菌)，马铃薯蔗糖斜面(培养霉菌)。

(3)接种环，接种针，无菌滴管，试管，干燥器，移液管，无菌培养皿(内放一张圆形滤纸片)等。

(4)医用液体石蜡(相对密度 0.83～0.89)，10％HCl，筛子，五氧化二磷，石蜡，白色硅胶等。

(三)操作方法

1.斜面传代保藏法

(1)贴标签　将注有菌株名称和接种日期的标签贴在试管斜面的正上方。

(2)接种　将待保藏的菌种用斜面接种法移接至注明菌名的试管斜面上。

(3)培养　细菌置 37℃恒温培养 15～24 h，酵母菌置 28～30℃恒温培养 36～60 h，放线菌和丝状真菌置 28℃恒温培养 4～7 d。

(4)收藏　为防止棉塞受潮长杂菌，管口棉花应用牛皮纸包扎，或用熔化的固体石蜡熔封棉塞后置 4℃冰箱中保存。保存温度不宜过低，否则斜面培养基因结冰脱水而加速菌种的死亡。

2.半固体穿刺保藏(适用于细菌和酵母菌)

(1)贴标签　将注有菌株名称和接种日期的标签贴在半固体直立柱试管上。

(2)穿刺接种　用穿刺接种法将菌种直刺入直立柱中央。

(3)培养　细菌置 37℃恒温培养 15～24 h，酵母菌置 28～30℃恒温培养 36～60 h，放线菌和丝状真菌置 28℃恒温培养 4～7 d。

(4)收藏　待菌种生长好后，用浸有石蜡的无菌软木塞或橡皮塞代替棉花塞并塞紧，置4℃冰箱中保藏，一般可保藏半年至 1 年。

3.液体石蜡封藏法

(1)液体石蜡灭菌 将医用液体石蜡装入三角瓶中,装量不超过三角瓶体积的1/3,塞上棉塞,外包牛皮纸,121℃灭菌30 min,连续灭菌2次。在40℃温箱中放置2周(或置105～110℃烘箱中烘2 h),以除去液体石蜡中的水分,使液体石蜡变为透明状,备用。

(2)培养 用斜面接种法或穿刺接种法把待保藏的菌种接入合适的培养基中,培养后,取生长良好的菌株作为保藏菌种。

(3)加液体石蜡 无菌吸取液体石蜡于菌种管中,加入量以高出斜面顶端或直立柱培养基表面约1 cm为宜。如加入量太少,在保藏过程中会因培养基稍露出油面而逐渐变干。

(4)收藏 棉塞外包牛皮纸,把试管直立放置于4℃冰箱中保藏。放线菌、霉菌及产芽孢的细菌一般可保藏2年,酵母菌及不产芽孢的细菌可保藏1年左右。

(5)恢复培养 使用时,用接种环从液体石蜡下挑起少量菌种,在试管壁上轻轻碰几下,尽量使油滴净,再接种于新鲜培养基上。由于菌体外粘有液体石蜡,生长较慢且有黏性,所以一般需要再移植1次才能得到良好的菌种。

4.沙土管保藏法

(1)处理沙土 取河沙经60目筛子过筛,除去大的颗粒,用10％HCl浸泡(用量以浸没沙面为度)2～4 h(或煮沸30 min),除去有机质,然后倒去盐酸,用流水冲洗至中性,烘干或晒干,备用。另取非耕作层瘦黄土(不含有机质),风干、粉碎,用100～120目的筛子过筛,备用。

(2)装沙土管 将沙与土按2∶1或4∶1(W/W)比例混合均匀,装入试管中,装置约1 cm高。加棉塞,121℃灭菌30 min。灭菌后取少许置于牛肉膏蛋白胨或麦芽汁培养液中,在合适的温度下培养一段时间确证无菌生长,才能使用。

(3)制备菌液 吸3 mL无菌水至斜面菌种管内,用接种环轻轻搅动,洗下孢子,制成孢子悬液。

(4)加孢子液 吸取上述孢子液0.1～0.5 mL于每一沙土管中,加入量以湿润沙土达2/3高度为宜。

(5)干燥 把含菌的沙土管放入干燥器中,干燥器内用培养皿盛五氧化二磷(或变色硅胶)做干燥剂,再用真空泵抽气2～4 h,以加速干燥。

(6)收藏 沙土管可选择以下方法之一:①保藏于干燥器中;②将沙土管取出,管口用火焰熔封后保藏;③将沙土管装入CaCl₂等干燥剂的大试管内,塞上橡皮塞并用蜡封管口,置4℃冰箱中保藏。

(7)恢复培养 使用时挑少量混有孢子的沙土接种于斜面培养基上即可。原沙土管仍可原法继续保藏。

5.明胶片保藏法(适用于保藏细菌)

该法是用含有明胶的培养基作为悬浮剂,把欲保藏的菌种制成浓悬浮液,滴于载体上使其扩散成一薄片,干燥后保藏。

(1)制备悬浮液 A液:蛋白胨1％,牛肉膏0.4％,NaCl 0.5％,明胶20％,调pH为7.6,分装2 mL于小试管中,121℃灭菌15 min,备用。B液:0.5％维生素C水溶液(用时配制,过滤除菌)。使用前熔化试管中的A液明胶培养基,待冷却至50℃左右,加0.2 mL B液,混匀,置40℃水浴中保温。

(2)制备菌液 待保藏菌种在斜面培养基上生长良好后,用牛肉膏蛋白胨培养液制成浓的菌悬液,把菌液加到上述 A、B 液的悬浮剂试管中,使细胞浓度达到 $5×10^9$/mL 以上。

(3)制备蜡纸 将硬石蜡放搪瓷盆内熔化,用镊子取直径 8 cm 滤纸片浸入石蜡液中 2 min,取出,置无菌培养皿中冷却,备用。

(4)加菌液 用无菌毛细管吸上述菌液,滴在石蜡滤纸上,让每小点菌液自行扩散,形成小薄片状。每张滤纸上大约可滴 30 点的菌液(依滴管大小而定)。

(5)干燥 将培养皿放入装有五氧化二磷(变色硅胶也可)的干燥器内,用真空泵抽气,使其干燥。

(6)收藏 干燥后将含有菌液的明胶片从石蜡滤纸上剥下,装入带有软木塞并注明菌名和保藏日期的无菌试管中,再将石蜡密封管口,置 4℃冰箱保藏。

(7)恢复培养 用无菌镊子取一片保藏有菌种的明胶片投入液体培养基中,置适宜温度下培养即可。

6.硅胶保藏法(适用于保藏菌丝状真菌)

(1)制备硅胶 将白色硅胶(不含指示剂的硅胶),经 6～22 目筛子过筛,取均匀一致、大小中等的颗粒装入带螺旋帽的小试管中,装量以 2 cm 高为宜,然后在 160℃下干热灭菌 2 h。

(2)制备菌液 用 5%的无菌脱脂牛奶把斜面上的孢子洗下,制成浓的孢子悬液。

(3)加菌液 在加菌液时硅胶因吸水而发热,将会影响孢子的成活,所以在加菌液前,盛硅胶的试管应放在冰浴中冷却 30 min,同时将试管倾斜,使硅胶在试管内铺开,然后从试管底部开始逐渐往上部缓慢地滴加菌液,加入菌液量以使硅胶湿润为度。加完菌液,立即将试管放回冰浴中冷却 15 min 左右。

(4)干燥 旋松试管螺帽,放入干燥器内,在室温下干燥,待试管内硅胶颗粒易于分散时,表明已达到干燥目的。

(5)收藏 取出试管拧紧螺帽,其四周用石蜡密封,置 4℃冰箱中保藏。

(6)恢复培养 使用时,从硅胶管中取出数粒硅胶在培养液中培养即可。

7.麸皮保藏法(适用于保藏产孢子的丝状真菌)

(1)制麸皮培养基 称取一定量的麸皮,加水拌匀[麸皮∶水＝1∶(0.8～1.5)],分装试管,装入量约 1.5 cm 高(不要紧压),加棉塞,管口用牛皮纸包扎,121℃灭菌 30 min。

(2)培养菌种 将待保藏菌种接入麸皮试管中,在适宜温度下培养,待培养基上长满孢子后,取出干燥。

(3)干燥 将麸皮菌种管放入装有无水 $CaCl_2$ 的干燥器内,在室温下干燥,在干燥过程中应更换几次无水 $CaCl_2$,加速干燥。

(4)收藏 将装有麸皮菌种管的干燥器置于低温下保藏,或将麸皮菌种管取出,换上无菌橡皮塞,用蜡封管口,置低温下保藏。

(5)恢复培养 使用时,用接种环挑起少量带孢子的麸皮在合适的斜面培养基上,置适宜温度下培养即可。

8.冷冻真空干燥保藏法

在低温下(-15℃以下)快速将微生物细胞悬液冻结,然后在真空中使水分升华,最后将安瓿熔封。为了防止冻结和抽干时对细胞的损伤,在制备细胞悬液时需加入适当保护剂。冷冻干燥为菌种提供了干燥、低温和缺氧三项保藏条件,使菌种的生长与代谢处于极低水平,因而不易发生变异和死亡,可以较长时间保藏。

(1)冷冻干燥设备　冷冻干燥设备有各种不同类型,但起码应具备以下几个部分。

①干燥箱。干燥箱应能抽真空和保持真空,箱内温度可以调节并控制在$-45\sim-35℃$范围内。

②真空泵。真空泵用于排出干燥箱和冷凝器内的空气,工作时要求在短时间内真空度达到13 Pa以下。通常选用油封式或机械真空泵。

③蒸汽捕集器。实际为冷凝器。用来吸附因升华而产生的水蒸气,使干燥箱内的水蒸气凝结在冷凝器上,防止其混入真空泵。因为真空度为13 Pa时,1 mL水化为蒸汽的量约为9 500 L,所以为了保护真空泵,需在真空泵和干燥箱之间安装冷凝器。冷凝器有两种形式,其中一种用化学干燥剂来吸附水分,如硅胶、$CaCl_2$和P_2O_5等;另一种用物理方法去除水分,如用干冰或液氮作为制冷剂冷却冷凝器,捕集水蒸气。

④冷冻系统。选用非氟氯烷作为制冷剂的冷冻机,其作用是使干燥箱和冷凝器降温。

(2)冷冻干燥的操作

①安瓿管的准备。选择管底为球形的中性玻璃,以便抽真空时受压均匀,不易破裂。选用2%的盐酸浸泡$8\sim10$ h,然后先用自来水冲洗,再用蒸馏水浸泡至pH中性。烘干安瓿管,塞上棉塞灭菌备用。

②保护剂的配制。保护剂的作用是稳定细胞膜,通常选择对细胞和水有很强亲和力的物质作保护剂,以防止因冷冻和水分不断升华而对细胞造成的损伤,减少保藏过程中及复壮培养时引起的死亡。常用的保护剂有脱脂牛奶和血清。配制保护剂时应注意浓度、pH与灭菌方法。血清可用滤过灭菌,脱脂牛奶一般在100℃间歇煮沸$2\sim3$次,每次灭菌$10\sim30$ min。脱脂牛奶可用新鲜牛奶制备,如将新奶放置过夜,除去表层脂肪膜后3 000 r/min离心20 min即得脱脂牛奶。

③菌种的制备。取生长良好、无杂菌污染和处于静止期的细胞或成熟孢子斜面,将一定量保护剂注入此斜面,用接种针刮下菌苔或孢子后混合均匀制成菌悬液,用无菌长滴管将菌悬液分装入备好的安瓿管底部,装量为$0.1\sim0.2$ mL(大约为半个球部)。菌悬液需在$1\sim2$ h内分装并预冻,防止室温放置时间过长使细胞重新发育或发芽,也可防止细胞或孢子沉积而形成不均匀状态。

④预冻。预冻温度控制在$-45\sim-35℃$,时间20 min至2 h。经过预冻使水分在真空干燥时直接由冰晶升华为水蒸气。

⑤干燥。将已预冻的安瓿管放入干燥箱内,箱内温度控制在$-30℃$以下,真空减压至67 Pa以下进行干燥。当安瓿管内冻干物呈酥块状或松散片状时即可终止干燥,或选择一安瓿管装入1%~2%氯化钴,当管内物体真空干燥变深蓝色时可视为干燥完结。

⑥熔封。干燥完毕后,将安瓿管放入干燥器内,熔封前将安瓿管拉成细颈后再抽真空,在真空状态下用火焰熔封。

⑦保藏。安瓿管放置在恒定温度下低温保藏,如4℃冰箱或更低温($-70\sim-20℃$)保藏,后者对于菌种的长期稳定更好。保藏时要避光,因光照会使冷干菌的DNA发生变化甚至有致命的影响。

⑧恢复培养。因安瓿管内为负压,开启时应小心,防止内部菌体逸散。操作时可先将安瓿管顶部烧热,再用无菌棉签蘸取无菌冷水,在顶部擦拭一圈使出现裂纹,然后轻磕一下即可。取无菌水或培养液溶解菌块,用无菌吸管移入新鲜培养基上培养。

⑨质量检查。经接种培养检查菌种的存活率、形态变异、杂菌污染和生产能力等。

(3)注意事项

①用该法保藏的菌悬液浓度应不低于 $10^8 \sim 10^{10}$ 个/mL。

②此法不适应于霉菌的菌丝型,如菇类等的保藏。

③微生物类别和菌龄不同,保存效果不同,如野生型菌种比突变株易保存;细菌与酵母菌应取静止期菌、放线菌宜用成熟孢子保藏。

④进行真空干燥过程中,安瓿管内的样品应保持冻结状态,以保证抽真空时样品不会因产生泡沫而外溢。

⑤熔封安瓿管时,火焰要适中,封口处灼烧要均匀。若火焰过旺,封口处易弯斜,冷却后易出现裂缝,从而造成漏气。

(四)注意事项

(1)用于保藏的菌种应选用健壮的细胞或成熟的孢子,因此掌握培养时间(菌龄)很重要,不宜用幼嫩或衰老的细胞作为保藏菌种。

(2)从石蜡油封藏的菌种管中挑菌后,接种环常有油和菌,因此接种环在火焰上灭菌时要先烤干再灼烧,以防止菌液飞溅,引起污染。

(3)在硅胶法保藏菌种时,为防止硅胶管内温度升得太高,因此在加菌液的整个过程中应尽量在冰浴中进行。

(4)灭过菌的沙土管应按 10% 的比例抽样调查,如果灭菌不彻底,应重新灭菌。

(五)结果记录

将菌种保藏方法及结果记录于表 7-3 中。

表 7-3　菌种保藏结果记录

接种日期	菌种名称		培养条件		保藏法	备注
	中文名	学名	培养基	培养温度/℃		

(六)实践思考题

(1)为防止菌种管棉塞受潮和长杂菌,可采取哪些措施?

(2)为了防止水分进入到液体石蜡中,可否用干热灭菌法代替湿热灭菌法?为什么?

(3)斜面传代保藏菌种有何优缺点?

(4)冷冻真空干燥法保藏菌种的原理是什么?有哪些优点?

(5)若菌种管干燥的时间拖得过长,会有何影响?

§阅读材料

空间诱变技术

近年来,人们利用宇宙系列生物卫星、科学返回卫星、空间站及航天飞机等空间飞行器,进行搭载微生物材料的空间诱变育种。通过外层空间特殊的物理化学环境,引起菌种的 DNA 分子的变异和重组,从而得到生物效价更高的高产菌种。1987 年以来,中国科学院微生物研究所等单位,先后利用卫星搭载了真菌、酵母、放线菌、细菌等 30 多种微生物菌种,经培植后观察发现,处理后菌种的性状均产生了一些变异,从中选择培育出了一些能提高抗生素和酶产量的新菌种,现已投产应用。

空间环境导致作物遗传变异的原因尚不完全清楚,一般认为空间诱变的主要因素有以下几点。

(1)微重力假说　在卫星近地面空间条件下,环境重力明显不同于地面,不及地面重力 1/10 的微重力是影响飞行生物生长发育的重要因素之一,研究表明,微重力可能干扰 DNA 损伤修复系统的正常运行,即阻碍或抑制 DNA 断链的修复。

(2)空间辐射假说　卫星飞行空间存在着各种质子、电子、离子、粒子、高能重粒子(HZE)、X 射线、γ 射线及其他宇宙射线。这些射线和粒子能穿透宇宙飞行器外壁,作用于飞行器内的生物,产生很高的生物效应和有效的诱变作用。

(3)转座子假说　随着基因组研究的深入和发展,中国科学院遗传研究所的专家发现了新的诱变机制,即转座子假说。该假说认为,太空环境将潜伏的转座子激活,活化的转座子通过移位、插入和丢失,导致基因变异和染色体畸变。这一新的发现为航天诱变育种机理研究增加了新的内容,加速了航天诱变育种机理的研究进程。

复习思考题

1. 核酸是遗传变异的物质基础是通过哪些实验证实的?

2. 试述遗传物质在微生物细胞中的主要存在形式。

3. 质粒有哪些特性? 医学上有哪些重要的质粒?

4. 基因转移的方式主要有哪几种? 各有什么特点?

5. 请设计一个实验来决定在一种特定的细菌中发生的遗传转移过程是转化,转导还是接合? 说明每一种的预期结果。设想有下列条件和材料可以利用:①合适的突变株和选择培养基。②DNase(一种降解裸露 DNA 分子的酶)。③两种滤板:一种能够持留细菌和细菌病毒,但不能持留游离的 DNA 分子;另一种滤板只能持留细菌。④一种可以插入滤板使其分隔成两个空间的玻璃容器。

6. 试述诱变育种工作的基本方案和方法,详细叙述营养缺陷型菌株的筛选过程。

7. 基因工程的基本原理和操作步骤是什么? 试述微生物在基因工程中的重要作用。

8. 何谓菌种退化? 其原因如何? 防止菌种退化的措施有哪些?

9. 常见的菌种保藏方法有哪些?

第八章 微生物与药物

知识目标
- 了解制药工业微生物污染的来源及污染的检测方法。
- 熟悉药物的体外杀菌和体外抑菌技术。
- 熟悉制药工业中常用的消毒、灭菌法。
- 掌握药物的体外抗菌试验的琼脂扩散法和系列稀释法。

技能目标
- 能熟练掌握灭菌药物的细菌总数测定方法。
- 能够进行药品的霉菌总数的测定和大肠杆菌检查。

　　在本章中将学习药物的抗菌试验方法、微生物限度检查方法和制药工业中的微生物控制技术。主要介绍药物的体外杀菌和体外抑菌试验;细菌总数的测定;霉菌总数的测定;控制菌——大肠杆菌的检验。通过本章的学习,能够掌握药物的体外抗菌试验的琼脂扩散法和系列稀释法;熟悉灭菌药物的细菌总数测定方法和制药工业中常用的消毒、灭菌法;了解干热灭菌和湿热灭菌法的验证;会药品的大肠杆菌检查方法。

　　微生物与药物关系十分密切。用微生物发酵的方法制造药物;用微生物来检测抗生素的药效;微生物的抗药性;药物生产过程中如何防止微生物污染药物;微生物污染药物后对药物质量有何影响;药物制剂的微生物学检查等都是药物微生物学研究的范畴。本章主要介绍药物制剂的微生物学检查和药物制剂的微生物控制。

　　药物制剂的微生物学检查是控制和保证药物有效性和安全性的重要组成部分。主要包括药物的抗菌试验和灭菌试剂的无菌检查。

第一节　药物的抗菌试验

　　抗菌试验是为了检查药物的抗菌能力。该项试验方法已广泛应用于新药研究和指导临床用药。如抗菌药物的筛选,提取过程的生物追踪,抗菌谱、耐药谱的测定,药敏试验,药物血浓度测定等各个方面。

一、影响抗菌试验的因素

1. 试验菌

常选用细菌、霉菌和酵母菌，必要时也选用其他类群的微生物。一般应包括标准菌株和临床分离菌株。标准菌株来自专门机构，我国是中国医学细菌保藏管理中心。临床分离株须经形态、生化及血清学等方面鉴定。试验用菌株应注意菌株纯度，不得有杂菌污染。不宜用传代多次的菌种，最好从保藏的菌种中重新活化。试验菌必须生长旺盛，应控制适当的培养时间。试验菌接种量的多少应选用适当方法进行计数。

2. 培养基

应按各试验菌的营养需要进行配制，严格控制各种原料、成分的质量及培养基的配制过程。要注意当有些药物具有抗代谢作用时，培养基内应不能存在该代谢物，否则抑菌作用将被消除。培养基内含有血清等蛋白质时，可与某些抗菌药物结合，使抗菌药物失去作用，应避免含此类营养物。

3. 供试药物

药物的浓度和总量直接影响抗菌试验的结果，需要精确配制。供试药物用灭菌注射用水或磷酸盐缓冲液或适宜的溶剂溶解，并稀释至所需浓度。少数难溶的药物，可用适宜的助溶剂如有机溶剂或碱溶解，如氯霉素及红霉素需用少量乙醇溶解，再用稀释剂稀释到所需浓度。液体样品浓度若太稀，需先浓缩。中草药或有些生药原粉的样品，应先进行提取，再浓缩至所需浓度；中药样品往往含有鞣质，且具有特殊色泽，影响结果的判断。含菌样品需先除菌再试验，尽量采用薄膜过滤法除菌。进行杀菌效力测定时，取样移种前应终止抑菌效应，可采用稀释法或加中和剂法。

4. 对照试验

为准确判断结果，试验中必须有各种对照试验与抗菌试验同时进行。①试验菌对照。在无药情况下，应能在培养基内正常生长。②已知药物对照。已知抗菌药对标准的敏感菌株应出现预期的抗菌效应，对已知的抗药菌应不出现抗菌效应。③溶剂及稀释剂对照。抗菌药物配制时所用的溶剂及稀释剂应无抗菌作用。

二、药物的体外抗菌试验技术

体外抗菌试验通常在玻璃容器中进行，优点是方法简便、需时短、用药量少，不需要动物。但由于没有复杂的体内因素影响，体外和动物体内试验结果往往不平行，故须综合体内抗菌结果来判断。药物的体外抗菌试验常用的有稀释法和琼脂扩散法。

(一)稀释法

通常用二倍稀释法，药物系列稀释后加入菌液，观察细菌生长与否来判断结果。用于测定药物的最低抑菌浓度（minimal inhibitory concentration，MIC）和最低杀菌浓度（minimal bactericidal concentration，MBC）。

1. 液体稀释法（broth dilution method）

在系列试管中，用液体培养基稀释药物，使成系列递减浓度，如 $20 \rightarrow 10 \rightarrow 5 \rightarrow 2.5 \rightarrow 1.25 \rightarrow 0.625(\mu g/mL)$，然后每管中加入一定量的试验菌，经培养 $24 \sim 48$ h 后，肉眼观察试管内混浊情况，记录能抑制细菌生长的最低浓度（MIC），进一步将未长菌的培养液移种新鲜琼脂培养基上,如重新长出细菌表明该浓度只具抑菌作用,如无菌生长,则认为该浓度具有杀菌作用,记录最低杀菌浓度(图 8-1)。

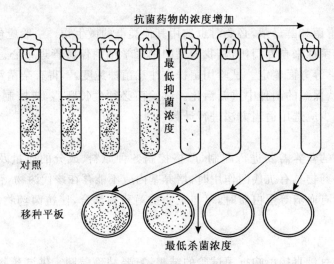

图 8-1 液体稀释法图解

(引自:钱海伦.微生物学.北京:中国医药科技出版社,2004)

本法适用于新药抗菌效力的定量测定。

2. 琼脂稀释法(agar dilution method)

(1)平板法 将系列浓度的药物混入琼脂平板,然后在平板上划线接种试验菌。可在一组平板上同时测定几种试验菌的 MIC,不受药物颜色及混浊度的影响,适于中药制剂或评定新药的药效学(体外抗菌活性)试验。

(2)斜面法 将不同浓度的药物混入培养基中制成斜面,在斜面上接种一定量试验菌,然后观察斜面是否有菌生长,判断 MIC 值。本法常用于霉菌或结核杆菌的抗菌活性试验。霉菌有孢子易飞散,污染环境。结核杆菌培养时间长(需 1 个月),易造成污染。因此均不适宜采用平板法。

(二)琼脂扩散法

琼脂扩散法是利用药物可以在琼脂培养基中扩散,并在一定浓度范围内抑制细菌生长的原理。基本方法是在含试验菌的琼脂平板上(倾注法或涂布法接种试验菌),加入药物,培养18～24 h 后,根据抑菌圈直径或抑菌范围大小来判断抗菌作用的强弱。

1. 滤纸片法

滤纸片法是最常用的方法,适于新药的初筛试验(初步判断药物是否有抗菌作用)及临床的药敏试验(细菌药物敏感性试验,以便选择用药)。取滤纸片(直径 0.6 cm,120℃灭菌 2 h)蘸取一定浓度的抗菌药物放置于含菌平板表面,培养后观察结果,若试验菌生长被抑制,则纸片周围出现透明的抑菌圈。本法用于在同一平板上多种药物对同一试验菌的抗菌试验。国际标准采用 K-B 法(Ktrby-Bauer 法),K-B 法基本原理仍是滤纸片法,需用统一的培养基、菌液浓度、纸片质量、纸片含药量以及其他试验条件。结果判断以卡尺精确量取,根据抑菌圈的直径大小判断该菌对该药物是抗药、中等敏感或敏感。

滤纸片分湿、干两种,可以在试验时用无菌纸片蘸取药物溶液放置在含菌的平板表面,也可预先做成一定的干燥纸片。后者更为实用和准确,已有商品出售。干燥纸片的制备方法:选取吸水力强而质地均匀的滤纸,用打洞机制成 6 mm 直径的圆纸片,120℃干热灭菌 2 h。配制各种适宜浓度的抗生素溶液,每 100 张纸片加入 0.5 mL,使均匀浸润,放置无菌平皿中,37℃使干燥,分装小瓶,封口,4℃保存。如果是 β-内酰胺类抗生素则置于－20℃保存。

一般药敏试验采用滤纸片法——可根据抑菌圈大小,报告测定菌对药物敏感、中度敏感或耐药。世界卫生组织(1981 年)规定了抗菌药物的 K-B 法敏感性评定标准,在标准实验条件下可参见抑菌圈大小的解释表(表 8-1)。

表 8-1 不同药物抑菌圈大小

(引自:马绪荣.药品微生物学检验手册.北京:科学出版社,2000)

抗生素或化疗药物	纸片效价/μg	抑菌圈直径/mm 耐药[a]	中敏	敏感[b]
丁胺卡那霉素	10	≤11	12~13	≥14
氨苄青霉素检查革兰氏阴性				
肠道球菌和肠球菌	10	≤11	12~13	≥14
葡萄球菌和青霉素 G				
敏感的细菌	10	≤20	21~28	
嗜血杆菌	10	≤19		≥29
杆菌肽	10(U),100	≤8	9~12	≥20
羧苄青霉素检查变形杆菌和	100	≤17	18~22	≥13
大肠杆菌、绿脓杆菌	30	≤13	14~16	≥23
头孢羟唑	30	≤16	15~17	≥17
头孢甲氧霉素	30	≤16	15~17	≥18
头孢菌素	30	≤14	15~17	≥18
氯霉素	2		13~17	≥18
氯林可霉素	10	≤12	15~16	≥18
黏菌素	15	≤14	9~10	≥17
红霉素	10	≤8	14~17	≥11
庆大霉素	30	≤13	13~14	≥18
卡那霉素	5	≤12	113~17	≥15
甲氧苄青霉素	30	≤13	10~13	≥18
萘啶酸	30	≤9	14~18	≥14
新霉素	300	≤13	13~16	≥19
呋喃妥因	10(U)	≤14	15~16	≥17
青霉素 G 检查葡萄球菌和	110(U)	≤12	21~28	≥17
其他细菌	300(U)	≤20	12~21	≥29
多黏菌素 B	10	≤11	9~11	≥22
链霉素	300	≤8	12~14	≥12
磺胺	30	≤11	13~16	≥15
四环素	1.25	≤12	15~18	≥17
甲氧苄氨嘧啶-磺胺	23.75	≤14	11~15	≥19
甲基异噁唑	10	≤10	12~13	≥16
妥布霉素	30	≤11	10~11	≥14
万古霉素		≤9		≥12

注:a.耐药的抑菌圈直径或更小些;b.敏感的抑菌圈直径或更大些。

2. 挖沟法

常用于测试一种药物对几种细菌的抗菌作用,方法是在无菌平板上挖沟,沟内加入药液,然后在沟两旁接种几种试验菌,经培养后观察细菌的生长情况,根据沟和细菌间抑菌距离的长短,来判断该药物对这些细菌的抗菌能力(图 8-2)。

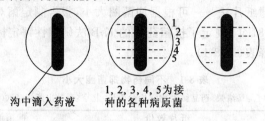

沟中滴入药液   1, 2, 3, 4, 5 为接种的各种病原菌

图 8-2 挖沟法

(引自:蔡凤. 微生物学. 北京:科学出版社,2004)

此外,还有管碟法、打孔法和直接滴加法。

第二节 杀菌试验技术

药物的体外杀菌试验用以评价药物对微生物的致死活性。

一、最小致死浓度的测定

按液体培养基稀释法的操作方法测出药物的 MIC,将未长菌的各管培养液分别移种到无菌平板上,培养后凡平板上无菌生长的药物最低浓度为最小致死浓度(MLC),如果是细菌可称为最小杀菌浓度(MBC)。

二、活菌计数法

将定量的试验菌加入到一定浓度的药物中,作用一定时间后,取样进行活菌计数,从存活的微生物数计算出药物对试验菌的致死率,以评价药物的杀菌能力。活菌计数一般是将定量的药物与试验菌作用后的混合液稀释后,混入琼脂培养基,制成平板,培养后计数平板上形成的菌落数,由于一个菌落是由一个细菌繁殖而来的,所以可用菌落数或菌落形成单位(colony forming unit,CFU)乘以稀释倍数,计算出混合液中存活的细菌数。或用微孔滤膜过滤药物与试验菌的混合液,冲洗滤膜,将滤膜放在平板上培养后计数。

三、化学消毒剂效力的测定

消毒剂效力的测定常用酚系数法,是以酚为标准,将待测的化学消毒剂与酚的杀菌效力相比较,得到杀菌效力的比值。由于各种化学消毒剂杀菌原理各不相同,因而本法仅适用于酚类消毒剂杀菌效力的测定。

具体的测定方法就是先将酚稀释成 1∶95,1∶100,1∶105…;被测化学消毒剂稀释成

1：400,1：500,1：600…分别取上述稀释液各 5 mL 加入试管中,再加入经 24 h 培养后的菌悬液各 0.5 mL,混匀后放入 20℃的水浴中,在第 2.5、5、7.5、10 min 时分别从各管中取一接种环混合液移种到另一支 5 mL 的肉汤培养基中,37℃培养 24 h 记录生长情况(表 8-2)。其中"＋"为细菌生长,"－"为无细菌生长。

表 8-2　某药石炭酸系数测定结果

(引自:马绪荣.药品微生物学检验手册.北京:科学出版社,2000)

时间/min	被试药物					酚				
	1：400	1：500	1：600	1：700	1：800	1：95	1：100	1：105	1：110	1：115
2.5	－	－	＋	＋	＋	＋	＋	＋	＋	＋
5	－	－	－	＋	＋	－	－	＋	＋	＋
7.5	－	－	－	＋	＋	－	－	＋	＋	＋
10	－	－	－	－	＋	－	－	－	－	＋

注:＋表示有菌生长;－表示无菌生长。

　　以 5 min 不能杀菌,7.5 min 能杀菌的最大稀释度为标准来计算酚系数。从表 8-2 中得酚为 1：100,待检消毒剂为 1：700。则待检消毒剂的酚系数为 700/100＝7,表明在相同条件下,被检消毒剂的杀菌效力是酚的 7 倍。酚系数愈高,被检消毒剂的杀菌效力愈高。

　　因有机物能保护细菌或与消毒剂发生化学反应而影响消毒剂的杀菌效力,因此在实际应用中测定酚系数时,常将干酵母或血清等加入菌悬液中进行试验,以测定在含有有机物时的杀菌效力,并严格控制试验所用的菌种、药物浓度、温度等。

第三节　联合抗菌技术

　　在药学工作中,常需检查两种或两种以上抗菌药物在联合应用时的相互作用以及抗菌药物与不同 pH 或不同离子溶液的相互影响。例如,在制药工业中,为了得到抗菌增效的配方,常进行两种或两种以上的抗菌药物复方制剂的筛选;中成药配方中常有多种抗菌药材。联合用药更重要是在临床应用,如用于尚未确定是由何种细菌引起的急、重症感染的经验治疗及多种细菌引起的混合感染等。

　　抗菌药物联合应用的效果可分为 4 种,如加强药物抗菌作用的为协同(synergism);减弱药物抗菌作用的为拮抗(antagnism);作用为两者之和的为累加(addition);相互无影响的为无关(indifference)。联合抗菌试验的常用方法有以下几种。

一、纸条试验

　　在含菌平板上垂直放置两条浸有不同药液的滤纸条,培养后观察两药形成的抑菌区的图形来判断两药联合应用时是无关、协同或拮抗作用(图 8-3)。

二、梯度平板纸条试验

将琼脂培养基倒入平皿,平皿斜放凝固后制成斜面培养基。将平皿放平加入含抗菌药物的琼脂培养基,这样在制成的双层琼脂平板中含有梯度浓度的抗菌药物。要求其最小抑菌浓度的位置约处于平板的一半。然后将试验菌液沿药物浓度递减的方向置于平板表面,培养后观察形成的抑菌区的图形以判断两种药物之间的相互作用(图8-4)。

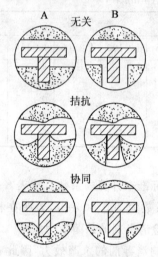

图 8-3　联合抗菌试验纸条法

A—只有横条纸片含抗菌药;B—两条纸片含不同抗菌药
(引自:蔡凤.微生物学.北京:科学出版社,2004)

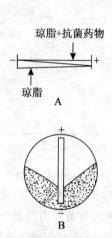

图 8-4　纸条梯度平板试验

A—梯度平板制备;B—加强作用
(引自:蔡凤.微生物学.北京:科学出版社,2004)

三、棋盘格法

由于在试验时含两种不同浓度药物的试管或平板排列呈棋盘状而得名,具体操作同前的系列稀释法,也可分为液体稀释法和固体稀释法。首先分别测定联合药物(如 A 药和 B 药)各自对被检菌的 MIC,以确定药物联合测定的药物稀释度。一般选择 6~8 个稀释度,每种药物最高浓度为其 MIC 的 2 倍,然后分别依次倍比稀释到其 MIC 的 1/32~1/8。根据图 8-5 分别进行联合。

A 药沿横轴稀释,B 药沿纵轴稀释。"+"为菌生长对照,"—"为空白对照,若药液稀释到 1/16MIC,那么共有 49 支试验管。加菌、培养、确定 A 药和 B 药联用时的 MIC 即 MIC_A 及 MIC_B,可根据 FIC 指数(FIC index)来评价两抗菌药物联合作用时所产生的效果,FIC 即部分抑菌浓度(fractional inhibitory concentration),指某药在联合前后所测得的 MIC 比值。

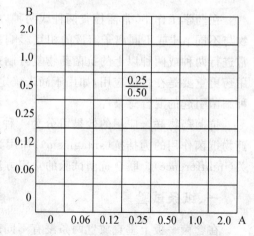

图 8-5　液体棋盘稀释法的药物浓度编排

A、B 两药浓度以 MIC 的倍数表示
(引自:蔡凤.微生物学.北京:科学出版社,2004)

$$FIC(A) = \frac{A \text{ 药与 B 药联合试验时 A 药的 MIC}}{A \text{ 药单独试验时的 MIC}}$$

$$FIC(B) = \frac{B \text{ 药与 A 药联合试验时 B 药的 MIC}}{B \text{ 药单独试验时的 MIC}}$$

$$FIC \text{ 指数} = FIC(A) + FIC(B)$$

如 FIC 指数<1,则两药联合较每一药单独试验的抑菌作用强,FIC 指数越小,则联合抗菌作用强。

FIC 指数<0.5 协同作用

0.5~1 相加作用

1~2 无关作用

>2 拮抗作用

第四节 微生物生长影响因素试验技术

一、实验目的

(1)了解不同因素对微生物生长影响的原理。

(2)会测定某种因素对微生物生长影响。

二、实验原理

影响微生物生长的外界因素很多,如营养物质、物理、化学因素和生物因素。当环境条件的改变,在一定限度内,可引起微生物生长繁殖、新陈代谢过程等的改变;当环境条件的变化超过一定极限时,则导致微生物的死亡。研究环境条件与微生物之间的相互关系,有助于了解微生物在自然界的分布与作用,也可指导人们在生产实际中有效地利用微生物。

紫外线对微生物有明显的致死作用。紫外线主要作用于细胞内的 DNA,诱导胸腺嘧啶二聚体的生成,阻碍碱基的正常配对,从而抑制 DNA 的复制,轻则诱使细胞发生变异,重则导致死亡。但紫外线的穿透能力弱,即使一薄层玻璃或水层就能将大部分紫外线滤除,因此紫外线适用于表面灭菌和空气灭菌。

很多化学试剂有抑制或杀死微生物的作用(抑菌剂、消毒剂),不同的微生物对不同的化学消毒剂或抑菌剂的反应不同。此外,浓度、作用时间、环境条件不同,效果也不相同。有些消毒剂在浓度极低的条件下,反而有刺激微生物的作用,所以杀菌剂的浓度及作用时间的确定是重要的,应试验确定。

抗生素是某些微生物在生命活动过程中产生的分泌物,这种分泌物对另外一些微生物有抑制或致死作用,这种关系称为拮抗作用。不同的抗生素作用的微生物不同,测定某一抗生素的抗菌范围,称抗菌谱试验,本试验是检验产黄青霉菌产生的青霉素和灰色链霉菌产生的链霉素对不同微生物的作用。

三、所用仪器及试剂

(1)菌种　大肠杆菌、枯草芽孢杆菌、金黄色葡萄球菌、产黄青霉、灰色链霉菌等斜面菌种。

(2)实验用培养基　灭菌的牛肉膏蛋白胨琼脂培养基、灭菌的豆芽汁葡萄糖琼脂培养基。

(3)仪器　40 W 紫外灯、三角形黑色图案纸、无菌培养皿、无菌操作台、无菌吸管等。

(4)试剂　土霉素(8 mg/mL)、新洁尔灭(0.1%)、红汞(2%)、碘酒溶液(2.5%)、酒精(40%、75%、95%)。

四、操作方法

(一)紫外线对微生物的影响

(1)制作培养皿平板。将融化的牛肉膏蛋白胨琼脂培养基按无菌操作法倒入平皿中,冷凝制成平板。

(2)用大肠杆菌、枯草芽孢杆菌和金黄色葡萄球菌各涂皿 4 个平板,分别标记 1、2、3、4,1′、2′、3′、4′,①、②、③、④,以无菌操作换上预先准备好的中央贴上三角形的无菌黑色纸皿盖。

(3)紫外灯(40 W)预热 10～15 min 后关灯,将盖有黑纸的平板置于紫外灯下,平皿离紫外灯距离为 25～30 cm。打开皿盖,1、1′和①照射 10 min,2、2′和②照射 20 min,3、3′和③照射 30 min,照射完毕后关灯,取下黑纸,盖上皿盖。4、4′和④不照射作对照。

(4)上述所有平皿于 37℃下培养 48 h 后观察结果,比较平板中没被黑纸遮住部分三种菌的菌落数,判断三种菌种对紫外线的抵抗能力(图 8-6)。

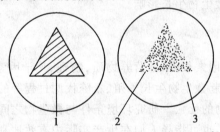

图 8-6　紫外线照射对微生物生长的影响

1—黑纸;2—贴黑纸处有细菌生长;3—紫外线照射处有少量菌生长

(引自:蔡凤.微生物学.北京:科学出版社,2004)

(二)药物的抑菌作用

(1)将灭菌的牛肉膏蛋白胨琼脂培养基融化并冷却至 45～50℃,倒入灭菌平皿中,制成平板。

(2)制备菌悬液。取无菌水 3 支,用接种环分别取大肠杆菌、枯草杆菌和金黄色葡萄球菌各适量接入无菌水中,充分混匀,制成菌悬液。

(3)接种。用无菌吸管取 0.2 mL 菌悬液接种于平板上,用三角涂棒涂匀。

(4)加药剂。在表 8-3 所列的试剂中各置一张灭菌的滤纸片进行浸泡。然后用无菌镊子夹取浸药的滤纸片(注意把药液滤干)平铺在同一含菌平板上。在培养皿背面标明药剂名称。

表 8-3 不同浓度的消毒剂的抑菌圈直径

消毒剂浓度	8 mg/mL 土霉素	0.1% 新洁尔灭	2% 红汞	2.5% 碘酒溶液	40% 酒精	75% 酒精	95% 酒精
大肠杆菌							
枯草杆菌							
金黄色葡萄球菌							

(5)培养。将平皿置于 28℃下培养 48 h 后观察抑菌圈的大小(图 8-7)。

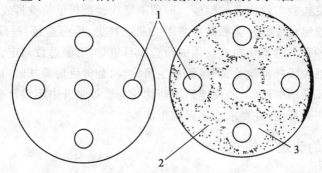

图 8-7 圆滤纸片法测药物杀菌作用

1—滤纸片;2—细菌生长区;3—抑菌区

(引自:蔡凤.微生物学.北京:科学出版社,2004)

(三)抗生素对微生物的影响

(1)取无菌培养皿 2 个,倾入豆芽汁葡萄糖琼脂培养基,制成平板。

(2)用接种环取产黄青霉的孢子,置少量(约 1 mL)无菌水中,制成孢子悬液,取孢子悬液一环在平板一侧划一直线,置 28℃培养 3~4 d,使形成菌苔及产生青霉素。

(3)用接种环分别取培养 18~24 h 的大肠杆菌、枯草芽孢杆菌和金黄色葡萄球菌,从产黄青霉菌苔边缘(注意不要接触菌苔)向外划一直线接种,使呈三条平行线(图 8-8)。

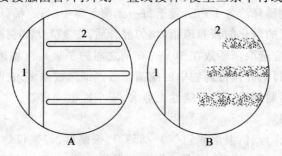

图 8-8 抗生素抗菌谱实验示意图

A—接种实验菌;B—培养后的结果

(引自:蔡凤.微生物学.北京:科学出版社,2004)

(4)用马铃薯葡萄糖琼脂培养基倒 2 个平板,同上述方法接种灰色链霉菌适温培养 5~6 d,然后接种大肠杆菌、枯草芽孢杆菌及金黄色葡萄球菌。

(5)将平板置 37℃培养 24 h 后观察结果并测量抑菌区的长度。

第五节　微生物限度检查

微生物限度检查法(microbial limit tests)系指非规定灭菌制剂及其原、辅料受到微生物污染程度的一种检测方法,包括染菌量及控制菌的检查。目前口服及外用药物的微生物学检验主要是微生物限度检验与致病菌的检验。所谓限度检验是指单位重量或体积内微生物的种类和数量需在药典规定允许的种类和数量之下。药品种类、给药途径、医疗目的不同,药典规定的药品染菌数量和种类也不相同。具体的检验项目包括:细菌总数测定、酵母和霉菌总数测定、控制菌检验(包括大肠杆菌检验、铜绿假单胞菌检验、金黄色葡萄球菌检验、沙门菌检验、破伤风杆菌检验),以及活螨的检验,并规定口服药物每克或每毫升中不得含有铜绿假单胞菌、金黄色葡萄球菌和破伤风杆菌,并要求均不得检出活螨。

一、细菌总数的测定

细菌总数的测定是检查被检药物在单位重量或体积(g 或 mL)内所含有的活细菌总数。用以判断药物被细菌污染的程度。细菌总数测定是对药物卫生学总评价的一个依据。

细菌总数应在药典规定的限量以内。如中药浓缩丸细菌总数每克不得超过 1 000 个;中成药片剂或西药片剂细菌总数每克不得超过 1 000 个;中药蜜丸、小丸每克不得超过 10 000 个,否则应判定药物细菌总数测定不合格。

1. 实验目的

掌握药品细菌总数的检测方法,以判断药物被细菌污染的程度。

2. 实验原理

细菌总数的测定方法采用的是营养琼脂倾注平皿计数法。以无菌的 pH 7.2 的 1 mol/L 的磷酸盐缓冲液或无菌生理盐水稀释成不同比例的稀释液(1∶10,1∶100,1∶1 000⋯),然后分别吸取不同稀释度的稀释液各 1 mL,置于每一无菌平皿中(每一稀释级做 2～3 个平皿),再于每一平皿中倾注定量的融化的营养琼脂,均匀混合后,在 37℃培养 48 h,取出后计算培养基上生长的菌落数(一般应选取菌落数在 30～300 个之间的平板),再将菌落数的平均数乘以稀释倍数,即可得每克或每毫升被检药物中的细菌总数。细菌数愈多,表明药品受到致病微生物污染的可能性以及药品制剂的变质可能性也愈大,安全性也就愈差。

3. 所用器材及试剂

(1)设备　净化工作台、恒温培养箱(30～35℃)、振荡器、匀浆仪(4 000～10 000 r/min)、恒温水浴、电热干燥箱(250～300℃)、高压蒸汽灭菌器(使用时要进行灭菌效果检查并应定期请有关部门检定)。

(2)仪器、器皿　菌落计数器(JLQ-ST 或 JLQ-S2 型)、显微镜(1 500×)、电子天平或药物天平(感量 0.1 g)、pH 系列比色计。

锥形瓶(250～300 mL,或内装玻璃珠若干)、研钵(陶瓷制直径 10～12 cm)、培养皿(9 cm)、量筒(100 mL)、试管(18 mm×18 mm)及塞、吸管(1 mL 分度 0.01,10 mL 分度 0.1)、注射器(20 或 30 mL)、注射针头、载玻片、盖玻片、玻璃或搪瓷消毒缸(带盖)。

(3)用具 大、小橡皮乳头(置干净带盖的容器中并应定期用5%来苏儿溶液浸泡)。无菌衣、帽、口罩、手套(洗净后配套,用牛皮纸包严)灭菌,备用。也可用一次性物品代替。

接种环(白铱金或镍铬合金,环径3~4 mm,长度5~8 cm)、乙醇(酒精)灯、乙醇棉球或碘伏棉球、灭菌剪刀或灭菌手术刀和灭菌镊子、灭菌钢锥、灭菌称样纸、不锈钢药匙、试管架、火柴、记号笔、白瓷盘、洗手盆、陶瓦盖(12 cm)、实验记录纸。

4. 实验准备

(1)玻璃器皿用前应洗涤干净,无残留抗菌物质。吸管上端距0.5 cm处塞入2 cm左右的适当疏松棉花,装入吸管筒内或牛皮纸口袋中。锥形瓶、量筒、试管均加棉塞或硅氟塑料塞,若用振荡器制备混悬液时,尚需用玻璃纸包裹瓶塞(以免振荡时供试液污染瓶塞),再用牛皮纸包扎。玻璃器皿均于160℃干热灭菌2 h或高压蒸汽灭菌121℃ 20 min,烘干备用。

(2)将所有已灭菌的平皿、锥形瓶、匀浆杯、试管、吸管(1 mL、10 mL)、量筒、稀释剂及供试品等移至无菌室内。每次试验所用物品必须事先计划,准备足够用量,避免操作中出入无菌间。将全部外包装(牛皮纸)去掉,编号。

(3)开启无菌室紫外线杀菌灯和空气过滤装置并使其工作30 min。

(4)操作人员用肥皂洗手,关闭紫外线杀菌灯,进入缓冲间,换工作鞋。再用0.1%苯扎溴铵消毒液洗手或用乙醇棉球擦手,穿戴无菌衣、帽、口罩、手套。

(5)操作前先用乙醇棉球擦手,再用碘伏棉球或乙醇棉球擦拭供试品瓶、盒、袋等的开口处周围,待干后用灭菌的手术剪刀将供试品瓶、盒、袋启封。启封后先检查瓶盖内侧及瓶口周围有无生霉、长螨的迹象,对肉眼可见疑似者,用放大镜或显微镜观察,若经证实为生霉、长螨即可判定为不合格,无须继续检验。

5. 操作方法

(1)供试药品取样 按无菌操作方法取供试药品10 g或10 mL,取100 mL无菌生理盐水,在无菌乳钵中加入药品和少量pH7.0无菌氯化钠-蛋白胨缓冲液,将药品研碎,再将剩余的pH 7.0无菌氯化钠-蛋白胨缓冲液全部倒入并研匀,制成均匀供试液。

(2)供试液的稀释(10倍递增稀释法) 取2~3支灭菌试管,分别加入9 mL灭菌稀释剂。另取1支1 mL灭菌吸管吸取1:10均匀供试液1 mL,加入装有9 mL灭菌稀释剂的试管中,混匀即1:100供试液。依此类推,根据供试品污染程度,可稀释至1:10^3、或1:10^4,一般取1:10,1:10^2,1:10^3三级稀释液检验(图8-9)。

(3)注平皿 在进行10倍递增稀释的同时,以该稀释级吸管吸取每级稀释液各1 mL置每个灭菌平皿中,每稀释级注2~3个平皿。另取1支1 mL吸管吸取稀释剂各1 mL注入2个平皿中,作为阴性对照。

(4)倾注培养基 将预先配制好的培养基(营养琼脂)融化,冷至约45℃时,倾注上述各个平皿约15 mL,以顺时针或反时针方向快速转动平皿(勿使培养基溢出)使供试液与培养基混匀,放置,待凝。

(5)培养 将已凝固的平板倒置于30~35℃培养箱中,一般培养(48±2) h。

(6)菌落计数 将平板置菌落计数器上或从平板的背面直接以肉眼用标记笔点计,以透视光衬以暗色背景,仔细观察,计数。必要时借助于放大镜、菌落计数器和显微镜观察。

细菌菌落形态特征:常为白色、灰白色或灰色,亦有淡褐色、淡黄色(如培养基中加入0.1%TTC试剂,菌落为红色)。

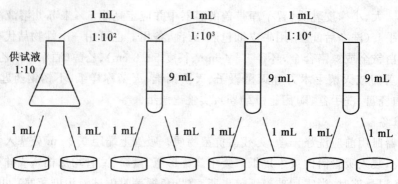

图 8-9　稀释、接种示意图

(引自:蔡凤.微生物学.北京:科学出版社,2004)

菌落边缘整齐或不整齐,有放射状、树枝状、锯齿状、卷发状。菌落表面有光滑、粗糙、皱折、突起或扁平。

菌落大小差别很大,同一平板上可出现针尖大小至大于 10 mm 菌落。外观多样,小而突起或大而扁平,或云雾状,不规则。

计算每个平板上生长的菌落数,应选择菌落数在 200～300 的平板计算,再将平均菌落数乘以稀释倍数,求得每克或每毫升供试品中所含的菌落总数。

6.注意事项

(1)培养基及其制备方法　培养基的成分及原材料的选择对细菌计数测定结果会造成很大误差,其中的胨、琼脂以及 pH 对实验影响较大,每次实验应特别注意。

制备培养基时应注意:

①培养基不应有沉淀,如发生沉淀,应趁热过滤。

②制备后的培养基应及时灭菌,不应放置,避免细菌繁殖。

③培养基分装量一般不得超过容器 1/3,最多不超过容器 2/3,以免灭菌时溢出。

④制备好的培养基应在冷暗处保存,放置时间不能过长。锥形瓶装的琼脂培养基保存时间最长不能超过 1 个月,以免水分散失及染菌。

⑤已融化的培养基一次用完,一般开启后不宜再用,更不要反复加热融化。

⑥勿用电炉直接融化琼脂培养基,以免营养成分过度受热而破坏。最好用微波炉融化琼脂培养基,其优点是受热均匀,方便,省时。

(2)操作技术

①供试品检验全过程必须符合无菌技术要求。使用灭菌用具时,不能接触可能污染的任何器物,灭菌吸管不能用口吹吸。

②如在无菌室操作,使用乙醇灯时,切勿在火焰正上方操作,以免将供试品内细菌杀死。

③在净化工作台上操作时,应避免双手来回出入工作台,而在无菌室操作时,应避免操作者来回出入无菌室。

④不溶于水的供试品必须助溶后再进行试验,以免造成实验误差。

⑤供试品稀释时,注意每一稀释度换 1 支吸管(原吸管不要吹洗)。

⑥使用灭菌吸管时,管尖不要接触可能污染的任何容器(瓶口、试管口等)或用具。

⑦在做 10 倍递增稀释时,吸管插入稀释液内不低于 2.5 cm,反复冲洗约 10 次,吸液高于

吸管上部刻度少许,然后提起吸管贴于容器内壁吸取 1 mL。靠近液面(但勿接触液面),缓慢地吹出全部供试液至第二个容器中(第一级稀释液所用吸管勿接触第二级稀释液)。将吸管放入消毒筒内。

⑧一般两级稀释与两个平板多不能如实反映染菌量,误差较大。宜采用三三制,即稀释三级。每级稀释液采用 3 个平皿。

⑨取供试液注平皿时,要取均匀的供试液。如取上清液或沉淀物对试验结果必然有影响。

⑩注皿时培养基应在(45±1)℃,高于 45℃时易造成细菌受损或致死,低于 45℃时易凝固,影响混匀,因此使用前可用水浴保温效果较好。

⑪倾注培养基于平皿中与样品摇匀时,切勿溅到皿盖边和皿盖上,以免影响实验结果。

⑫从供试品稀释、注平皿、倾注培养基,全部操作应在 1 h 内完成,避免由于时间过长,导致细菌细胞繁殖或死亡。

(3)结果判断

①在进行菌落计数时,应仔细观察。勿漏计细小的、琼脂内和平皿边缘生长的菌落,同时应注意细菌菌落与供试品中颗粒、沉淀物、气泡等的鉴别。必要时用放大镜或低倍显微镜直接观察或挑取可疑物涂片镜检。如仍难区别,可延长培养时间 5～7 d,细菌菌落常会生长增大而加以鉴别。

②供试品稀释液中常含有不溶性原料、辅料,培养基注皿后亦可能产生沉淀物,经过培养后有时形成数量很多且难与菌落相鉴别的有形物,为了有利于菌落计数,可在操作时将适宜稀释级的稀释液多增加注皿 1～2 个,计数,或用 0.001%TTC 营养琼脂注皿,经培养后可将细菌菌落与其他有形物区别开来。

③如果一稀释度 2 个平板菌落数超出 1 倍以上,不应计数,菌落蔓延成片也不应计数。

④如平板上生长的细菌菌落数在 15 个以下时,按菌落计数的 Poisson 分布均数的 95% 可信限计。2 个平板最大差值分别在 0～4,1～7,2～9,3～10,4～12,5～14,6～15,以上各数分别为菌落平均值 1.5、3.5、5、6.5、7.5、9、10 的上限及下限,超出以上限度,视为操作误差。

7.实践思考题

有没有可能所测药品中的菌落总数为零?为什么?

二、霉菌总数的测定

1.实验目的

(1)掌握常用无菌制剂的无菌检验方法及结果的判断与分析。

(2)掌握药品霉菌总数的检测方法。

2.实验原理

霉菌总数测定是检查被检药物在单位重量或体积(克或毫升)内所含的活霉菌总数。测定方法与细菌总数的测定方法基本相同。也采用固体培养基倾注平皿计数法。但培养基采用的是适合霉菌生长的虎红培养基,虎红即四氯四碘荧光素钠盐能抑制细菌的生长。在 25～28℃培养 72 h,计算平板内生长的霉菌菌落数,将菌落数的平均值乘以稀释倍数,即可得每克或每毫升被检药物中的霉菌总数。应在规定允许的限量以内,如中药蜜丸、水丸霉菌总数每克不得超过 500 个,中药浓缩丸每克不得超过 100 个,否则即认为被检药物不合格。

3. 所用器材及试剂

(1)设备 同细菌总数的测定。

(2)仪器、器皿 玻璃仪器包括 200～250 mL 的锥形瓶、试管、刻度吸管、9 cm 直径平皿、10 mL、100 mL 的量筒及开启包装用的剪刀、镊子等。上述用具均应经湿热(121℃,20 min)灭菌或干热(160℃,2 h)灭菌,使用前应保持无菌。

(3)培养基及稀释剂 虎红(玫瑰红钠)琼脂培养基,0.9%氯化钠溶液,pH 7.2 的磷酸盐缓冲液。

4. 实验准备

同细菌总数的测定。

5. 操作方法

(1)供试液的制备与稀释。按细菌数测定项下的方法进行。按规定取两个以上包装的供试药品,并视供试药品的污染程度制备 1:10、1:100、1:1 000 三级稀释度的供试液,合剂和滴眼剂应取原液作第一级供试液。取该稀释级的吸管吸取 1 mL 稀释液于灭菌平皿内,每个稀释级 2～3 个平皿。

(2)各稀释液注入平皿后,应及时将融化并冷至 45℃左右的虎红琼脂培养基(如供试品为含蜂蜜或王浆的合剂,加用 YPD 琼脂培养基测定酵母菌数)约 15 mL 倾注平皿内,摇匀待凝。

(3)凝固后,置 25～28℃培养箱内,一般培养(72±2)h,如有可疑,可标记后适当延长培养时间。对于菌落微小点计困难的平板可延续培养到 4～5 d 再行观察计数。

6. 计数、报告

(1)计数 一般情况下,玫瑰红钠平板计点霉菌数,如在该平板上生长的细菌菌落数多于营养琼脂平板上生长的菌落数时,则应同时点计细菌数,并将该菌数作为供试品的细菌数报告。固体供试药品在玫瑰红钠琼脂平板上点计霉菌菌落数,液体供试药品则需在玫瑰红钠琼脂平板上点计霉菌菌落数。

(2)报告 选择霉菌、酵母菌菌落数在 30～100 的稀释级的平板计数,以该稀释度的平均菌落数乘以稀释倍数报告。所有稀释级的菌落数均不足 30 个时,按最低稀释级的平均菌落数计数报告,若为取原液作供试液的则应报告为"零"。报告规则参照细菌数测定。

计数时如发现高低稀释级平板菌落数呈倒置现象,则应考虑供试药品的抑霉菌作用,在确定无人为污染的情况下,应取高稀释度的平板计数报告。

固体供试药品报告为 1 g 的污染霉菌数;液体供试药品报告为 1 mL 的污染霉菌数;膜剂为 1 cm 报告单位,其他样品按实测情况参照报告。

(3)不得按计数规则报告的情况

①空白对照平板有菌生长,表明培养基已被污染;

②各稀释级平板上生长的菌落数不符合 10 倍递增稀释规律,菌数显示混乱;

③同一稀释级的两个平板上生长的菌落数均在 15 个以上,但菌数相差 1 倍以上;

④菌落蔓延生长覆盖整个平板无法计数。出现以上情况,该次实验数据不得计数报告。

7. 复试

供试品检测,霉菌数不合格的,应重新倍量取样,平行复试两次,取 3 次测定数据的算术平均值报告,如初试时霉菌数已超过标准规定 3 倍以上者可不予复试,直接取初试数据报告。

8. 注意事项

(1) 霉菌菌落计数时, 平板不宜反复翻动, 以防止霉菌孢子在翻动时散落并长成新的菌落而影响计数。

(2) 注意霉菌丝与酵母菌形成的假菌丝的区别: 酵母菌的假菌丝实际上是酵母菌在行无性繁殖时产生的特性形态, 即芽孢子长到正常大小时不与母细胞分离而再继续发生出芽生殖所形成的。假菌丝中子细胞与母细胞之间仅以极狭窄面积相连, 两细胞之间呈现藕节一样的细腰, 而霉菌有隔菌丝的横隔处两细胞宽度是一致的。

(3) 注意识别玫瑰红钠平板上形成药物结晶体。有的药物在玫瑰红钠平板上能形成似霉菌菌落样的形体, 如双氯酚酸钠缓释片, 在玫瑰红钠平板上形成梅花状, 从背面观察似有放射状菌丝的"霉菌菌落"。在 1∶10 稀释级平板上大量出现, 而在 1∶100 稀释级以上的平板上则不产生, 此为药物浓度降低所致, 将该疑似菌落置低倍显微镜直接观察, 则不难鉴别。

9. 实践思考题

有没有可能所测药品中的大肠杆菌总数为零? 为什么?

三、控制菌——大肠杆菌的检验

大肠杆菌是人和动物肠道中寄生的正常菌群, 当机体抵抗力下降, 大肠杆菌侵入某些器官则成为条件致病菌引起感染。凡由供试品检出大肠杆菌者, 表明该药品已被粪便污染。患者服用后, 有被粪便中可能存在的其他肠道病原菌和寄生卵感染的危险。因此, 大肠杆菌被列为重要的卫生指标菌, 是口服药品的常规必检项目之一。根据规定, 口服药品每克或每毫升不得检出大肠杆菌。

1. 实验目的

(1) 了解大肠菌群在药品卫生检验中的意义。

(2) 学习并掌握大肠菌群的检验方法。

2. 实验原理

大肠菌群系指一群能发酵乳糖, 产酸产气, 需氧和兼性厌氧的革兰氏阴性无芽孢杆菌。该菌主要来源于人畜粪便, 故以此作为粪便污染指标来评价药品的卫生质量, 具有广泛的卫生学意义。它反映了药品是否被粪便污染, 同时间接地指出药品是否有肠道致病菌污染的可能性。

药品中大肠菌群数系以每 100 g(或 mL)检样内大肠菌群最近似数(the most probable number, MPN)表示。

3. 所用器材及试剂

大肠埃希氏菌(*Escherichia coli*), 产气肠杆菌(*Enterobacteria aerogenes*), 乳糖发酵管或 5% 乳糖发酵管、伊红美蓝琼脂(EMB)、革兰氏染色液、蛋白胨水培养基、磷酸盐葡萄糖蛋白胨水培养基、西蒙氏柠檬酸盐培养基、麦康凯琼脂、柯凡克试剂、甲基红指示剂、V-P 试剂、革兰氏染色液、恒温箱、恒温水浴、药物天平、培养皿、载玻片等。

4. 实验准备

同细菌总数的测定。

5. 操作方法

(1) 增菌培养和初步鉴定 取供试液 10 mL, 加入备妥的 100 mL 胆盐乳糖培养基(BL)增菌液内, 其中的胆盐(或去氧胆酸钠)具有抑制革兰氏阳性菌生长的作用, 置(36±1)℃培养

18～24 h 后接种到 MUG 培养基上培养,此培养基中含的 4-甲基伞形酮葡糖苷酸能被大肠杆菌含有的 β-葡糖苷酸酶分解,产生荧光,以上培养管培养一定时间以后,置 365 nm 紫外线下观察,有荧光,MUG 阳性;无荧光,MUG 阴性。然后加数滴靛基质试液于 MUG 管内,液面呈玫瑰红色为阳性,呈试剂本色者为阴性。同时做阳性对照试验和阴性对照试验。

当阴性对照呈阴性,阳性对照呈正常生长,供试液胆盐乳糖培养基培养液澄明,并证明无菌生长,判未检出大肠杆菌。供试液 MUG 阳性,靛基质阳性,判检出大肠杆菌;MUG 阴性,靛基质阴性,判未检出大肠杆菌。

如 MUG 阳性,靛基质阴性或 MUG 阴性、靛基质阳性时,均应进行以下分离培养。

(2)分离培养 将上述 BL 增菌培养液轻微摇动,以接种环醮取 1～2 环划线接种于 EMB 或麦康凯琼脂平板上。置(36±1)℃培养 18～24 h(必要时延长培养时间),观察菌落生长情况,大肠杆菌在 EMB 琼脂平板上的典型菌落呈深紫黑色或中心深紫色,圆形,稍凸起,边缘整齐,表面光滑,常有金属光泽;在麦康凯琼脂平板上的典型菌落呈桃红色或中心桃红、圆形,扁平,光滑湿润。由于药物影响或非典型菌的存在,大肠杆菌可出现非典型形态;在 EMB 琼脂平板上呈现浅紫、粉紫、粉色,无明显暗色中心;在麦康凯琼脂平板上呈现微红色或粉色,菌落形态、质地也有改变。以上形态均应作为疑似菌落进行鉴定,切勿遗漏。

分离平板上无菌落或无疑似菌落生长,可作出未检出报告。

以接种针轻轻接触单个疑似菌落的中心,醮取培养物,每次应挑取 2 个或更多个疑似菌落,接种于普通肉汤琼脂斜面或三糖铁琼脂斜面上。置(36±1)℃培养 18～24 h,供革兰氏染色镜检及生化试验用。

在上述检验过程中若发现疑似的其他规定控制菌时,亦应继续鉴定。

(3)革兰氏染色镜检 将上述普通肉汤琼脂斜面培养物涂片,作革兰氏染色镜检。大肠杆菌为革兰氏阴性无芽孢短杆菌。由于菌龄等原因,菌体长短可有变化。

(4)生化反应

①乳糖发酵试验。将斜面培养物接种于乳糖发酵管,置(36±1)℃培养 24～48 h,观察结果。大肠杆菌应发酵乳糖并产酸产气,或产酸不产气。产酸者,以酸性复红为指示剂的培养基显红色;以溴麝香草酚蓝为指示剂的培养基显黄色。产气者,倒管内有气泡。

为避免迟缓发酵乳糖造成假阴性,可选用 5% 乳糖发酵管。绝大多数迟缓发酵乳糖的细菌可于 24 h 内出现阳性反应。

②IMViC 试验。

靛基质试验(I)。将斜面培养物接种于蛋白胨水培养基中,置(36±1)℃培养(48±2) h。沿管壁加入柯凡克试剂 0.3～0.5 mL,轻微摇动,观察液面颜色。阳性反应为玫瑰红色;阴性反应为试剂本色。

甲基红试验(M)。将斜面培养物接种于磷酸盐葡萄糖蛋白胨水培养基中,置(36±1)℃培养(48±2) h。于每毫升培养液中加入甲基红指示剂 1 滴,立即观察结果,阳性反应培养液为鲜红色或橘红色;阴性反应呈黄色。

V-P(Vi)。将斜面培养物接种于磷酸盐葡萄糖蛋白胨水培养基中,置(36±1)℃培养(48±2) h。于每 2 mL 培养液中加入 V-P 试剂甲液(6%α-萘酚酒精溶液)1 mL,混匀,再加 V-P 试剂乙液(40% KOH 4 mL),充分振摇,观察结果。阳性反应立刻或数分钟后出现红色。加试剂后 4 h 无红色反应时为阴性,如出现红色亦应判为阳性。

枸橼酸盐利用试验(C)。将斜面培养物接种于枸橼酸盐培养基的表面,置(36±1)℃培养(48±2)h,观察结果。斜面有菌苔生长,培养基由绿色变为蓝色时为阳性反应;斜面无菌苔生长,培养基颜色无改变为阴性反应。若斜面有微量菌苔生长或颜色改变等可疑现象时,应将待检菌株重新分离、纯化后,再行试验。

大肠杆菌 IMViC 反应模式应为＋＋－－或－＋－－(表 8-4)。对出现可疑反应的培养物,应将所分离的待检菌株于 EMB 或麦康凯琼脂平板上重新划线分离后,再做生化试验证实。

表 8-4　大肠杆菌同有关细菌的 IMViC 鉴别及应用

(引自:蔡凤.微生物学.北京:科学出版社,2004)

	靛基质	甲基红	V-P	柠檬酸盐
典型大肠杆菌	＋	＋	－	－
非典型大肠杆菌	－	＋	－	－
典型中间型	＋	＋	－	＋
非典型中间型	－	＋	－	＋
典型产气肠杆菌	－	－	＋	＋
非典型产气肠杆菌	＋	＋	＋	＋

6.结果报告

完全符合以下结果时,判定为 1 g 或 1 mL 供试品检出大肠杆菌。

(1)染色镜检是革兰氏阴性无芽孢杆菌;

(2)乳糖发酵产酸产气,或产酸不产气;

(3)IMViC 试验反应为＋＋－－或－＋－－。

7.注意事项

(1)供试品溶液应为中性,如供试品溶液 pH 在 6.0 以下或 pH 在 8.0 以上,均可影响大肠埃希氏菌的生长和检出。

(2)药品中污染的大肠埃希菌,易受生产工艺及药物的影响。在曙红亚甲蓝琼脂或麦康凯琼脂平板上的菌落形态特征,时有变化,挑取可疑菌落往往凭经验,主观性较大,务必挑选 2~3 个菌落分别做 IMViC 试验鉴别,挑选菌落越多,检出阳性菌的几率越高。如仅挑选一个菌落做 IMViC 试验鉴别,则易漏检。

(3)在 IMViC 试验中,以灭菌接种针醮取菌苔,首先接种于枸橼酸盐琼脂斜面上,然后接种于蛋白胨水培养基、磷酸盐葡萄糖胨水培养基中。切勿将培养基带入枸橼酸盐琼脂斜面上,以免产生假阳性结果。

(4)阳性对照试验的阳性对照菌液的制备及计数;阳性对照菌液加入含供试品的培养基中作阳性对照时,不能在检测供试品的无菌室或净化台上操作,必须在单独的隔离间或净化台上操作,以免污染供试品及操作环境。

(5)在各类供试品中检测大肠埃希菌及其他控制菌,按一次检出结果为准,不再抽样复验。检出的大肠埃希菌及其他控制菌株需保留、备查。

四、中药活螨的检验

螨是一种体形微小的动物,属节肢动物门,蜘蛛纲,螨目。分布广,种类多,喜栖于阴暗潮湿处，也有的寄生于动物、植物或人体。粮食、食品、药品贮藏不妥，有可能被螨污染。螨可蛀蚀损坏药品，使之变质失效，并可直接危害人体健康，传染疾病，引起皮炎或消化道、泌尿道、呼吸道疾病，因此，用于口服、创伤、黏膜和腔道的药品均不得检出活螨。

螨体形很小，一般直径为 0.1～0.7 mm。肉眼观察似面粉粒大小。显微镜下观察，可看到螨体形呈椭圆形或圆形。头、胸、腹三部分合并成一囊状，成螨有 4 对足，幼螨 3 对足，虫体前端有一取食的口器，形似头状。

常用的活螨检查方法有以下三种方法。

(1)直接观察法用肉眼直接观察被检药物上有无白点移动，再用放大镜或解剖镜观察。

(2)漂浮法将被检药物放入容器内，加饱和食盐水至容器的 2/3 处，搅匀，取液镜检，或继续加饱和食盐水至容器口，用载玻片蘸取液面漂浮物镜检。

(3)分离法利用螨避光、怕热的习性。将药物放在特制的分离器中或附有适宜的筛网的普通玻璃漏斗里，在药的上方 6 cm 处安装一只 60～100 W 的灯泡，照射 1～2 h。在漏斗下口处放一盛有甘油水的容器，收集爬出的螨进行镜检。

第六节　制药工业中的微生物控制

药品用于预防、诊断、治疗人的疾病，它的质量与人的健康密切相关。我国于 1998 年修订了《药品生产质量管理规范》(GMP)，是药品生产和质量管理的基本准则，其中很多内容与微生物的控制有关。在制药工业中，微生物控制的意义是不言而喻的，要实现终产品的合格，不仅要控制终产品的质量，还要控制生产过程中的每一个环节。微生物控制是药品质量保证的一项重要内容，贯穿于整个生产过程。

一、制药工业中的微生物污染

微生物分布广泛，繁殖迅速，水、空气中的微生物很多，而且许多药物本身就是良好的培养基。在生产过程中人员和设备等多种因素都可能使药品被微生物污染，这些都会影响药品的质量。药品的质量保证是一个系统工程，任何一个环节的疏忽都有可能影响产品的质量。对最后不能或不需要灭菌的产品，生产过程中控制微生物的措施很容易理解；但对于最后灭菌的产品，以为中间可以放松一些，其实这是很危险的，因为许多微生物的代谢产物对人体是有害的，会引起过敏、发热等反应。因此，对原料、辅料、包装材料、生产场所、生产过程的微生物控制是药品质量保证的基础。微生物监控对控制药品微生物污染，提高药品质量有着重要的作用，是药品生产的重要环节。

(一)制药工业中微生物来源

1.空气

大气中漂浮着许多尘埃和微生物等悬浮物质，在很多情况下是微生物生存和传播的媒介。因此，在药物制剂生产过程中，如果不采取适当的措施，微生物就有可能进入药品，使产品发生污染。

我国 GMP 针对药品生产工艺环境的要求，对药品生产洁净室(区)的空气洁净度划分为 4

个级别,如表 8-5 所示。

表 8-5　GMP 洁净度等级标准

(引自:蔡凤. 微生物学. 北京:科学出版社,2004)

洁净度级别	尘粒最大允许数/m³		微生物最大允许数	
	粒径≥0.5 μm	粒径≥5 μm	浮游菌/m³	沉降菌/皿
100 级	3 500	0	5	1
10 000 级	350 000	2 000	100	3
100 000 级	3 500 000	20 000	500	10
300 000 级	10 500 000	60 000	1 000	15

注:洁净级别指每立方米空气中含≥0.5 μm 的粒子数最多不超过的个数。100 级是指每立方米空气中含≥0.5 μm 粒子的个数不超过的 3 500 个,换算到每立方英尺中不超过 100 个,依此类推,菌落数是指将直径为 90 mm 的双碟露置 0.5 h 经培养后的菌落数。

药品生产过程中的不同区域对空气洁净度有不同的要求:①一般生产区。无洁净度要求的工作区,如成品检漏,灯检等。②控制区。洁净度要求 30 万～10 万级的工作区,如原料的称量、精制、压片、包装等。③洁净区。要求为 1 万级的工作区,如灭菌、安瓿的存放、封口等。④无菌区。要求为 100 级的工作区,如水针、粉针、输液、冻干制剂的灌封岗位等。

2. 水

制药工业中水的质量很重要,不仅用于洗涤、冷却,还直接用于配制药品。水也是药物中微生物的重要来源,其数量主要取决于水的来源、处理方法以及供水系统(如储存罐、供水管、水龙头等)的状况等因素。

3. 厂房和设备

(1)厂房与环境　对制药企业来说,选择厂址或改造厂房设施时,要考虑周围环境的卫生状况,即没有污染源以及虫、兽集中区。在设计和建设厂房时,生产、生活和辅助区的总体布局要合理,不得互相妨碍。厂房尽可能做好绿化工作,因为绿化不仅滞尘,还能减少空气中微生物的数量。

厂房不论是外表面还是内表面,均应设计成易于清洁,避免积尘而造成微生物污染;尽量减少出口,减少内外空气的自由交换;车间内布局也应使人员、原料及废物走向分开,避免交叉污染。洁净室(区)的内表面应平整光滑、无裂缝、接口严密、无颗粒物脱落,并能耐受清洗和消毒,墙壁和地面的交界处宜成弧形或采取其他措施,以减少灰尘聚积。

GMP 还要求生产厂家在厂房设计时,生产区和储存区应有与生产规模相适应的面积和空间以安置设备、物料、存放物料、中间产品、待检品和成品,最大限度地减少交叉污染。

(2)设备　制药工业中许多设备与药品直接接触,可能成为微生物传播的媒介,微生物控制的失败,往往是由于设计人员对设备、仪器装置中微生物的分布及残存的可能性没有给予足够的重视所致。用作加工制造或包装药品设备的每一个部件都可能成为细菌驻留繁殖的场所,可能通过接触或经空气污染药品。

设备的设计、选型、安装等应符合生产要求,易于清洗、消毒或灭菌;与药品直接接触的设备应光滑、平整、耐腐蚀及易清洗消毒。

4. 原料和包装材料

天然来源的原料,常含有各种各样微生物。如动物来源的明胶、胰脏;植物来源的淀粉、中药材等,因此药典等法规文件均规定,这些原料在制药以前必须除去大肠杆菌和沙门氏菌等一些致病菌。化学合成原料如碳酸镁、碳酸钙、滑石粉等在生产和储存时也易受到微生物污染,所以保存过程中保持低温、干燥可以抑制微生物的生长。有些制剂如片剂、胶囊等一般不进行成品消毒灭菌,如果原料污染,其产品质量一定会受到影响。

包装材料,尤其是直接接触药品的容器是药品微生物污染的又一重要因素。包装材料包括容器、包装纸、运输纸箱等,其中检出的菌种取决于它的组成和生产贮存,如玻璃容器特别是那些在纸箱内运输的,常常检出青霉菌、曲霉等微生物;硬纸板常发现有青霉、曲霉以及微球菌等。

5.人员与生产工艺

药品的整个生产过程由人设计、控制、参与,人是药品生产中最大的污染源。包括两个方面:一是因为人体带有多种微生物,在生产的各个阶段都有可能直接或间接地污染药品。二是人为因素,厂房设计不周、生产工艺的设计疏忽、生产人员的操作不当等均可引起药品的微生物污染。

(二)微生物污染的监测

针对微生物的来源,对药品原料、包装材料、生产场所、生产操作等过程中微生物的监控是保证药品质量的重要手段。药典对药品出厂时的微生物限度作了详细的规定,但药品的生产是一个连续的过程,任何环节的污染都有可能影响下一个环节,进而影响最终产品的质量。因此,需要对生产过程中各个环节进行监测以保证微生物的数量在可控范围来保证最终产品的质量。随着药品生产管理规范的深入实施,微生物污染的监测是质量控制和工艺验证的基础,已成为质量控制部门工作内容的一部分。

1.常用监测方法

药品生产中,微生物污染监测的主要内容是对药品的原料、辅料、包装材料、生产设备、生产环境等的微生物进行定性和定量检测,通常采用动态检测的方法,即在实际生产中进行检测,可以真实地反映情况。空气及表面菌落数的测定操作方法、微生物限度检查法相似。微生物限度检查常用平皿菌落计数法;对于设备和建筑物表面的微生物检验,可用琼脂接触碟在表面接触后检测;药品中的微生物控制可按药典中的规定进行检测。

2.监测应遵循的原则

(1)随机抽样　抽样方法、抽样量和检验量应符合规定。

(2)注意无菌操作　动态监测取样时应严格无菌操作,不能影响室内空气流动状态,避免产品受到污染。样品不宜储存过久,注意储存条件,否则污染状况会发生变化。样品检测时应在无菌条件下进行,避免检测结果有误。

(3)阳性对照、阴性对照　以确定操作和检测方法的可靠性。

(4)结果判断　药典和行业标准中都有规定。这个结果是相对的,反映当时取样时间和条件下的结果。

应该强调的是,微生物监测不是用于药品合格与否的定量标准,只是评价一定时间内环境的微生物状况,生产质量保证的可靠程度。

3.关于药品生产和药品生产环境中的有关标准

药品根据染菌程度的要求分为两大类:无菌制剂和普通制剂。1972年WHO对药品制剂的染菌程度限度推荐了一个参考方案,有四级。

2005 年药典非无菌药品的微生物限度标准是基于药品的给药途径和对使用对象潜在的危害以及重要的特殊性而制订的。药品的生产、储存、销售过程的检验,中药提取物及辅料的检验,新药标准的制定,进口药品标准复核,考察药品质量及仲裁等,除另有规定外,其微生物限度均以本标准为依据。

(1)制剂通则、品种项下要求无菌的制剂及标示无菌的制剂 应符合无菌检查法规定。

(2)不含药材原粉的口服制剂

细菌数:每 1 g 不得过 1 000 个。每 1 mL 不得过 100 个。

霉菌和酵母菌数:每 1 g 或 1 mL 不得过 100 个。

大肠杆菌:每 1 g 或 1 mL 不得检出。

(3)含药材原粉的口服制剂(散剂除外)

细菌数:每 1 g 不得过 10 000 个。每 1 mL 不得过 500 个。

霉菌和酵母菌数:每 1 g 或 1 mL 不得过 100 个。

大肠杆菌:每 1 g 或 1 mL 不得检出。

大肠菌:群每 1 g 应小于 100 个。每 1 mL 应小于 10 个。

(4)含豆豉、神曲等发酵成分的制剂

细菌数:每 1 g 不得过 100 000 个。每 1 mL 不得过 1 000 个。

霉菌和酵母菌数:每 1 g 不得过 500 个。每 1 mL 不得过 100 个。

大肠杆菌:每 1 g 或 1 mL 不得检出。

大肠菌群:每 1 g 应小于 100 个。每 1 mL 应小于 10 个。

(5)局部给药制剂

①用于手术、烧伤或严重创伤的局部给药制剂。应符合无菌检查法规定。

②用于表皮或黏膜不完整的含药材原粉的局部给药制剂。

细菌数:每 1 g 或 10 cm² 。不得过 1 000 个。每 1 mL 不得过 100 个。

霉菌和酵母菌数:每 1 g、1 mL 或 10 cm² 不得过 100 个。

金黄色葡萄球菌、铜绿假单胞菌:每 1 g、1 mL 或 10 cm² 不得检出。

③用于表皮或黏膜完整的含药材原粉的局部给药制剂。

细菌数:每 1 g 或 10 cm² 不得过 10 000 个。每 1 mL 不得过 100 个。

霉菌和酵母菌数:每 1 g、1 mL 或 10 cm² 不得过 100 个。

金黄色葡萄球菌、铜绿假单胞菌:每 1 g、1 mL 或 10 cm² 不得检出。

④眼部给药制剂。

细菌数:每 1 g 或 1 mL 不得过 10 个。

霉菌和酵母菌数:每 1 g 或 1 mL 不得检出。

金黄色葡萄球菌、铜绿假单胞菌、大肠杆菌:每 1 g 或 1 mL 不得检出。

(6)含动物组织(包括提取物)及动物类原药材粉(蜂蜜、王浆、动物胶、阿胶除外)的口服给药制剂 每 10 g 或 10 mL 还不得检出沙门菌。

(7)有兼用途径的制剂 应符合各给药途径的标准。

(8)霉变、长螨者 以不合格论。

(9)中药提取物及辅料 参照相应制剂的微生物限度标准执行。

①注射用制剂。无菌。

②眼及用于正常体腔、严重烧伤和溃疡面的制剂。不得有活菌。

③用于局部和受伤皮肤及供耳、鼻、喉的制剂。活菌不得超过 100 个/g(mL)，同时不得含有肠杆菌科、铜绿假单胞菌、金黄色葡萄球菌。

④其他制剂。活菌不得超过 10^3 个/g(mL)，活真菌和酵母菌不得超过 100 个/g(mL)，不得含有肠杆菌科、铜绿假单胞菌、金黄色葡萄球菌。

对于药品生产中涉及微生物控制的有关标准，GMP 中已有规定，核心内容是在整个生产过程中严格管理人员、工艺、物料和设备，以确保药品质量。

药品生产质量管理规范是强制实施的文件，规定了目标，而没有给出实现这些目标的具体途径，这就允许不同生产厂家用自身的方法达到规定的标准，毫无疑问，微生物控制是其中的一项重要内容。

(三)微生物引起的药物变质与防护

药物中微生物的来源不同，微生物的种类和数量也有很大差异，但一般它们对营养的要求不高，适应能力和抵抗力也较强。因此，在适宜的条件下，药物中的微生物能够生长繁殖，使得药物变质，降低甚至失去疗效，更为严重的是人服用变质的药物后，药物中的微生物及其代谢产物可引起药源性疾病，对人体造成危害。

1.药物被微生物污染后的外观表现和判断

药物变质一般需要很高的污染程度，也就是说微生物面广量大的繁殖才出现显著的易被觉察的损坏现象。液体制剂如果很快产生泥土味，是微生物生长的早期指标，然后是产生使人讨厌的味道和气味，再就是变色，五颜六色，视微生物所产色素而定；增稠剂和悬浮剂解聚使黏稠度下降；糖浆剂可形成聚合性的黏丝；变质的乳剂有团块或沙粒感；微生物代谢的结果使药物 pH 改变，药物变酸或产生的气体引起塑料包装鼓胀等。

不同的药物制剂，如出现以下情况之一，即可判断该药已经被微生物污染：

①有致病菌的存在。

②非规定灭菌药物包括各类口服和局部皮肤外用药中的微生物超出一定限度。

③有微生物代谢物，如热原质的存在。

④在无菌制剂中有活的微生物存在。

⑤产品发生可被觉察的物理或化学变化。

2.变质药物对人体的危害

微生物对药物制剂的污染，除了有效成分被微生物降解、药物理化性质的改变而引起药物失效外，药物中的微生物及其代谢产物对人体亦可造成更大的危害。

(1)变质的药品引起感染　无菌制剂(如注射剂)不合格或使用时被污染，可引起感染或败血症，如铜绿假单胞菌污染的滴眼剂可引起严重的眼部感染或使病情加重甚至失明；被污染的软膏和乳剂能引起皮肤病人和烧伤病人的感染；消毒不彻底的冲洗液能引起尿路感染等。

(2)药物中的微生物产生有毒的代谢产物　药物中含有易受微生物侵染的组分，如许多表面活性剂、湿润剂、混悬剂、甜味剂、香味剂、有效的化疗药物等，它们均是微生物容易作用的底物，因此易被降解利用而产生一些有毒的代谢产物，而且微生物在生长繁殖过程中本身也可产生毒性。如大输液中由于存在热原可引起急性发热性休克，有些药品原来只残存少量微生物，但在储存和运输过程中微生物大量繁殖并形成有毒代谢产物，导致用药后出现不良反应。

3. 防止药物微生物污染的措施

(1)加强药品生产管理 为了在药品生产的全过程中把各种污染的可能性降至最低程度,目前我国和世界上一些较先进的国家都已开始实施药品 GMP 制度,是药品全面质量管理的重要组成部分。

(2)进行微生物学检验 在生产过程中,应按规定进行各项微生物学指标检验。如对灭菌制剂进行无菌检查,对非无菌制剂进行细菌和真菌的活菌数测定和病原菌的控制性检查。对注射剂做热源检查等。通过各项测定来评价药物被微生物污染与损害的程度,控制药品的卫生质量。

(3)使用合适的防腐剂 加入防腐剂来保存药物,以抑制药品中微生物的生长繁殖,同时减少微生物对药物的损坏作用。一种理想的防腐剂应有良好的抗菌活性,对人没有毒性或刺激性,具有良好的稳定性,不受处方其他成分的影响。实际上现有的防腐剂均不是很理想,常用的防腐剂有尼泊金、苯甲酸、山梨酸、季铵盐、氯己定等。

此外,还应有合格的包装材料和合理的储存方法。总之,微生物与药物质量有很大的关系。目前还有一些药物变质的问题尚未得到有效解决,需要药学专业工作者进行不断的研究和探索,以提高药物的质量,保障人民的身体健康。

二、制药工业中的消毒与灭菌

针对生产过程中可能导致微生物污染的各种途径,根据不同药品在生产工艺上、终产品微生物控制上的标准,选择合适的消毒与灭菌方法以保证药品的质量。

(一)空气中微生物的控制

空气的消毒灭菌方法总结起来主要有过滤、化学消毒剂和紫外线照射三种。

1. 过滤

过滤是常用的除菌方法,可通过空气净化系统达到 GMP 中对不同级别空气洁净度的等级要求。在洁净技术中通常使用三级组合过滤,即粗效滤过、中效滤过和高效滤过。粗效滤过器是空调净化系统中的第一级空气滤过器,可滤去 10 μm 以上的大尘粒和各种异物,而且滤器可以定期清洗、再生使用;中效滤过器可滤去 1 μm 以上的尘粒,也可以清洗更换;高效滤过器可除去 0.3~1 μm 的尘粒,但价格昂贵,不能再生。通过粗、中效滤过器的组合,可以保护末端滤过器,减轻高效滤过器的负担,一般可用于 10 万级或 30 万级的洁净室;以粗、中、高效滤过器相组合,一般用于 100 级到 1 万级洁净室。过滤器材一般为玻璃纤维或合成纤维,具有强度大、不易脱落粒子等优点,但在使用过程中应注意控制湿度,否则微生物易沿潮湿膜蔓延而导致过滤失效。空气过滤装置应定期检查,确保气流是从清洁区向不洁区方向移动。

2. 化学消毒剂

空气消毒常用臭氧发生器产生臭氧、甲醛熏蒸(1~2 mg/L,即每升空气含甲醛 1~2 mg);用 0.075% 季铵化合物喷雾也是常用方法,但无人在场时才可使用。但化学消毒剂有刺激性故使用受到限制。

3. 紫外线照射

采用波长为 240~280 nm 的紫外线照射来减少空气中微生物的数量,房间静态空气消毒时剂量一般为 0.1~0.4 W/m²;车间工作时可用低臭氧紫外灯管反向上层照射。

(二)水中微生物的控制

水是药品生产中不可缺少的重要原辅材料,水的质量直接影响药品的质量。《中国药典》2005 年版中根据制药用水的使用范围不同,将水分为纯化水、注射用水和灭菌注射用水,制药用水的原水通常为自来水或深井水。

纯化水:原水经蒸馏法、离子交换法、反渗透法或其他适宜的方法制得供药用的水,不含任何附剂。纯化水可作为配制普通药物制剂用的溶剂或试验用水;可作为中药注射剂、滴眼剂等灭菌制剂所用药材的提取溶剂,口服、外用制剂配制用溶剂或稀释剂;非灭菌制剂用器具的清洗用水。必要时也可作非灭菌制剂所用药材的提取溶剂。纯化水不得用于注射剂的配制与稀释剂。

纯化水制备过程中应防止微生物污染。用作溶剂、稀释剂或清洗用水,一般应临用前制备。下面是采用《中国药典》2005 年版二部规定的规范要求执行。

注射用水:为纯化水经蒸馏所得的制药用水,其质量应符合二部注射用水项下的规定。注射用水可作为配制注射剂的溶剂或稀释剂,静脉用脂肪乳剂的水相及注射用容器的清洗。必要时亦可作为滴眼剂配制的溶剂。为保证注射用水的质量,必须随时监控蒸馏法制备注射用水的各生产环节,定期清洗与消毒注射用水制造与输送设备。经检验合格的注射用水方可收集,一般应在无菌条件下保存,并在制备 12 h 内使用。

灭菌注射用水:为注射用水经灭菌所得的制药用水,其质量应符合二部灭菌注射用水项下的规定。灭菌注射用水主要作为注射用灭菌粉末的溶剂或注射剂的稀释剂。因此,灭菌注射用水灌装规格应适应临床需要,避免大规格、多次使用造成的污染。

水的消毒灭菌方法常用的有热力灭菌法、过滤法和化学消毒法。

1.热力灭菌法

热力灭菌法是最常用的方法。对制药用水系统而言,热力消毒灭菌常用的有巴斯德消毒法(低温消毒)和蒸汽灭菌两种方式。前者主要适用于纯化水系统中的活性炭过滤器和使用回路的消毒,即用 80℃以上(80～85℃)的热水循环 1～2 h,可有效减少内源性微生物污染。

蒸汽灭菌主要用于注射用水系统,即用纯蒸汽对注射用水系统(包括贮罐、泵、过滤器、使用回路等)进行灭菌。饱和蒸汽压力达 0.1 MPa、温度 12℃可杀死芽孢,该方法效果可靠、设施配套,可以实现连续操作。

2.过滤法

过滤法包括超滤和反渗透,可以除去细菌和芽孢。

3.化学消毒法

用氯气、次氯酸钠等消毒剂,可杀死或抑制细菌繁殖,一般仅用于原水和粗洗用水的消毒。

(三)设备的消毒灭菌

对于制药设备的设计、安装,在 GMP 中有相应的原则规定,应便于拆卸、清洗和消毒,设备每次用完应尽快清洗,去除上面驻留的细菌以及残留的药物,杜绝细菌赖以生存繁殖的基础,并且每次用前还需再消毒清洗。

生产所使用的设备和容器的制造材料有不锈钢、塑料、橡胶或硅胶等,因而消毒方法应有所区别。大型容器类如配料罐,一般可用高压水冲洗后,再用热水、蒸汽、含氯消毒剂处理;而发酵釜、传输管道、过滤除菌的过滤器、供水系统等密闭型设备可用压力蒸汽灭菌;用于配制或贮存干粉的设备，高温干热灭菌是较常用的方法；一些设备的小配件，如连接器、搅拌器及勺子、小桶等可用压力蒸汽或干热进行灭菌；反渗透等可根据材质不同采用压力蒸汽或甲醛、戊二醛化学消毒；塑料制品耐酸碱而不耐热，用过氧乙酸、过氧化氢、戊二醛等化学消毒剂擦拭或浸泡；聚乙烯、聚氟乙烯等塑料制品如输液软包装可以用 100℃ 压力蒸汽灭菌；硅胶或橡胶制品如密封管、硅胶管等物品，耐热耐酸碱，可用压力蒸汽或化学消毒剂灭菌。

工作台表面一般可用消毒剂擦拭或紫外线照射消毒。

(四)原料药的消毒灭菌

原材料可能将大量微生物带入药物制剂中，在加工过程也可能造成原有的微生物增殖或污染新的微生物，因而需对原材料进行消毒、灭菌。原料药的来源复杂多样，应采取不同的措施，既可消除微生物污染又不影响药物的稳定性和纯度。如植物药材可用晾晒、烘烤的方法充分干燥以减少微生物的繁殖；化学合成药物一般性质稳定，耐热性好，对于熔点高的晶体药物，干热灭菌较为常用。对于熔点较低的可采用湿热灭菌法。原料药是植物提取物的，如流浸膏，可视提取条件而定，若是常规或高温提取的，可用压力蒸汽、流通蒸汽灭菌；若是低温提取的，可优先考虑使用过滤除菌法。疫苗、菌苗等生化药品的特点是均为蛋白质，对热、辐射敏感，常用低温间歇灭菌法、过滤除菌等方法。

(五)药品制剂的消毒灭菌

药品制剂主要包括片剂、胶囊剂和颗粒剂等固体制剂，输液剂和针剂等液体制剂以及软膏等半固体制剂。药品制剂的消毒灭菌极少采用化学消毒剂法，否则残留的消毒剂对药物而言是一种污染，因此热力灭菌是常用的方法。紫外线灭菌虽然没有残留物，但因穿透力弱也较少用。近年来，辐射灭菌效果可靠，应用越来越广泛。

对于片剂、胶囊剂等固体口服制剂，只要符合药典中微生物限度检查的规定即可，原则上不进行灭菌，主要是加强生产过程中的验证和控制。如果超过或接近规定的上限，可选用无残留的消毒灭菌法；颗粒剂等含水量少的固体口服制剂，可采用干热灭菌的方法，但温度不宜太高，以免药物变质或辅料炭化。

对于输液剂和针剂等液体制剂，多数对热稳定，湿热灭菌中的压力蒸汽灭菌法是常用也是最可靠的方法。隧道干热灭菌（包括火焰灭菌器、高速热风法等）常用于针剂（安瓿制剂）的灭菌，可以连续操作。对热不稳定的药物如磷酸果糖等药品可采用过滤除菌的方法，通常采用孔径 $0.22~\mu m$ 的滤膜。此外，因多数药物对辐射稳定，如全营养输液，可使用 γ 射线辐射灭菌。实验表明，当辐射剂量为 8.3 kGy 时，溶液中的氨基酸、葡萄糖、脂质等成分无变化，性质稳定。

软膏等半固体制剂中，如凡士林等单一成分的软膏基质对热稳定，如果其中的药物对热也稳定，可使用辐射或干热灭菌法，如眼用软膏基质的灭菌多采用干热灭菌法。

三、制药工业中常用灭菌法的验证

验证是对一个项目和工艺的预期评估，以保证设计的项目和工艺在规定的操作和控制条件下得到质量稳定、一致的产品，消毒灭菌的验证是药品生产验证的重要内容。以下主要介绍干热和湿热灭菌的验证。

湿热灭菌是制药工业上广泛应用的一种灭菌手段，可用于药品及溶液、培养基、敷料等的灭菌，在此以高压蒸汽灭菌为例介绍其验证干热灭菌一般用于耐高热的安瓿、纤维制品、金属容器等无菌容器和生产用器械的灭菌,通常使用的灭菌器有对流灭菌柜、连续火焰灭菌器、隧道灭菌器等,通常在如下条件下灭菌:160~170℃ 2 h 以上;170~180℃ 1 h 以上;去除热原质要求 250℃以上不少于 40 min。隧道灭菌器的无菌区对非无菌区须保持定的正压。

(一)仪器和材料

仪器:高灵敏度热电偶(在验证前、后均要用法定方法校准,以保证验证过程中测试的准确性)、数据记录仪。

生物指示剂:生物指示剂应选择对该灭菌工艺具有抵抗力的细菌芽孢,因而不同的灭菌方法须使用不同的生物指示剂,一般选择在被灭菌产品中有代表性、非致病的、对灭菌方法有稳定的耐受性并且回收方便,休眠状态的芽孢较合适。干热灭菌用枯草芽孢杆菌孢子及大肠杆菌内毒素(测试去热原能力)。湿热灭菌使用嗜热脂肪芽孢杆菌的孢子生孢梭菌孢子。

(二)灭菌周期

对于热不稳定的产品需要严格控制灭菌时间,同时又要保证生物负荷存活率少于 10^{-6}。对于热稳定的产品,可以采用过度杀灭的灭菌时间,可以省略产品耐受性和生物负荷的验证。

(三)验证要点

(1)空载热分布测试。即空腔体测试,在灭菌器内具有代表性的位置点放置至少 10 支热电偶,热电偶探头不能接触灭菌器(柜)内壁。灭菌周期中定时记录温度,如果空载热分布温度差大于±1.0℃,说明热分布不合格,设备可能有故障,须予以调整直至合格,即温度差小于 l℃,重复 3 次均合格后才能进行满载热分布研究。

(2)满载热分布及热穿透测试 这两者可同时测试,因为热穿透与物品种类、包装材料及灭菌腔内温度分布有关。热电偶应放置在容器或被灭菌物品最冷点,但不应接触灭菌器的内表面。从理论上讲,不同尺寸的物品都要进行热穿透试验,但实际工作中只选择代表性的物品进行测试。

(3)生物指示剂挑战性试验 通常与满载热分布同时进行,接种生物指示剂的物品应放在每个空间点的最冷区,旁置热电偶。细菌芽孢的浓度一般为 10^6,并设阴性对照。

此外,消毒灭菌法的验证还包括环氧乙烷灭菌的验证、辐射灭菌的验证以及过滤除菌的验证等。验证是证明某个工艺能否始终如一地按规定要求在做,因此要充分收集证据,对所研究的工艺提供合理的保证。一般来说,定性地确定某产品是否存在微生物方法的灵敏度和可靠性是有限的,如以《美国药典》2000 年版无菌检验法为例,10 次中只有 9 次能检测到 10%的污染水平。因此,就验证目的而言,成品检验报告的意义不大,其重要意义是水和空气系统、灭菌设备和材料方面的数据,管理人员和操作人员对生产控制的实施。

验证已经成为生产质量保证的一个不可分割的部分,是企业 GMD 管理的一部分,需要所有人员的参与,包括生产、质量控制人员。所有的工艺验证必须有书面的验证大纲,说明验证的目的、概况、验证要素、操作规则、测试方法及可接受标准、分析方法和结论并明确进行验证的人员和职责。验证要得到质量控制部门的批准,每个验证步骤须重复 3 次,以保证验证结果的准确性和可重现性。验证工作完成后应写出验证报告,由验证工作人员审核、批准。

(4)采用分区划线法进行划线时,第一次划完平行线后,可将培养皿盖严后转动 70°,以刚才划线的菌体为菌源作第二次划线。每换一次角度,都把接种环上的余菌烧死,用冷却的接种环划线。

§阅读材料

"刺五加注射液"事件

2008年10月,云南省红河州6名患者因使用标示为黑龙江省完达山制药厂(2008年1月更名为黑龙江省完达山药业股份有限公司)生产的"刺五加注射液"出现昏迷、血压降低等严重不良反应,其中有3例死亡。

经查,致使患者死亡的"刺五加注射液"批号为:2007122721,2007121511;规格:100 mL/瓶。云南红河州医生反映,该批号注射液颜色深浅不一,有的看上去有混浊,有的橡皮盖有鼓包,初步判定为不合格产品。

2008年10月14日,卫生部、国家食品药品监督管理局联合通报,中国药品生物制品检定所检验初步结果显示,黑龙江省完达山制药厂生产的刺五加注射液部分批号的部分样品有被细菌污染的问题。完达山药业公司生产的刺五加注射液部分药品在流通环节被雨水浸泡,使药品受到细菌污染,后被更换包装标签并销售。颜江瑛指出,完达山药业公司的上述行为严重违反《药品管理法》的规定,应依法论处。

复习思考题

1. 欲知一新合成药物(水溶性)对金黄色葡萄球菌是否有抑菌作用,如何进行试验? 如何进一步测得该药的最低杀菌浓度?

2. 如何对某中药丸剂进行微生物检查?

3. 紫外线影响微生物生长的原理是什么?

4. 化学药剂对微生物所形成的抑菌圈未长菌部分是否说明微生物细胞已被杀死?

5. 对于一种给定的食品,你能否利用所学知识判断该食品100%纯天然产品,不含防腐剂?

6. 如果抑制圈经过一段时间又有菌落长出,你如何解释此现象?

7. 解释青霉素抑菌机理。

8. 制药工业中有哪些环节可能造成药物的微生物污染?

9. 药物被微生物及其产品污染后会产生哪些危害? 如何控制微生物的污染?

第九章 微生物与食品

知识目标
- 了解食品工业微生物污染的来源和途径。
- 熟悉食品工业中常用的消毒、灭菌方法。
- 掌握食品中微生物的检验方法。

技能目标
- 能熟练掌握食品中的细菌总数、大肠菌群的测定方法。
- 能够进行食品中霉菌、酵母的测定。

> 在本章中学习食品中微生物的检验方法和食品工业中的微生物控制技术。主要介绍食品中微生物的来源及途径；细菌总数的测定方法；霉菌、酵母的检验方法；大肠菌群的检验方法；员工手部卫生、包装材料、设备表面的细菌检验方法。通过本章的学习，能够了解微生物的来源，掌握食品中常规的细菌检验方法，掌握不同生产环节的微生物控制方法和消毒灭菌技术。

    微生物作为自然界存在的一种生物与我们赖以生存的食品有着密切的关系。微生物在许多食品的生产中起着至关重要的作用，从酿酒、制醋到生产酸奶、面包发酵，人们生活中各种风味各异的食品生产几乎都离不开微生物的参与。但同时也是导致食品腐败变质、营养价值降低、保值期缩短的元凶。因此要正确处理微生物与食品间的关系。

第一节 食品中的微生物

    食品在加工前、加工过程中以及加工后，都可能受到外源性和内源性微生物的污染。食品的微生物污染是指食品在加工、运输、贮藏、销售过程中被微生物及其毒素的污染。污染食品的微生物有细菌、酵母菌和霉菌以及由它们产生的毒素。

一、常见的细菌

(1)假单胞菌属　典型腐败菌，多见于冷冻食品。该类细菌分解食品中各种成分，使 pH

值上升并产生各种色素。

(2)微球菌属、葡萄球菌属 食品中极为常见,分解食品中的糖类且能产生色素。

(3)芽孢杆菌与梭菌属 分布广泛,为肉鱼类食品中的腐败菌。

(4)肠杆菌科各属 为常见的食品腐败菌。分解糖类产酸产气,引起水产、肉蛋的腐败。

(5)弧菌属与黄杆菌属 主要来自海水或淡产,鱼类制品中常见。

(6)嗜盐菌 来自极咸的腌鱼中,产生橙红色素。

(7)乳杆菌属 主要存在乳制品中,产酸酸败。

二、微生物污染的来源

1.土壤

土壤中含有大量的可被微生物利用的碳源和氮源及矿物质。加之土壤具有一定的保水性、通气性及适宜的酸碱度(pH 3.5～10.5),土壤温度变化范围通常在 10～30℃,而且表面土壤的覆盖有保护微生物免遭太阳紫外线的危害。因此,土壤素有"微生物的天然培养基"之称。土壤中的微生物数量可达 10^7～10^9 个/g。土壤中的微生物种类十分庞杂,其中细菌占有比例最大,可达 70%～80%,放线菌占 5%～30%,其次是真菌、藻类和原生动物。不同土壤中微生物的种类和数量有很大差异,在地面下 3～25 cm 是微生物最活跃的场所,肥沃的土壤中微生物的数量和种类较多,果园土壤中酵母的数量较多。土壤中的微生物除了自身发展外,分布在空气、水和人及动植物体的微生物也会不断进入土壤中。许多病原微生物就是随着动植物残体以及人和动物的排泄物进入土壤的。因此,土壤中的微生物既有非病原的,也有病原的。通常无芽孢菌在土壤中生存的时间较短,而有芽孢菌在土壤中生存时间较长。例如,沙门氏菌只能生存数天至数周,炭疽芽孢杆菌却能生存数年或更长时间。同时土壤中还存在着能够长期生活的土源性病原菌。霉菌及放线菌的孢子在土壤中也能生存较长时间。

2.空气

空气中不具备微生物生长繁殖所需的营养物质和充足的水分条件,加之室外经常接受来自日光的紫外线照射,所以空气不是微生物生长繁殖的场所。然而空气中也确实含有一定数量的微生物,这些微生物是随风飘扬而悬浮在大气中或附着在飞扬起来的尘埃或液滴上。这些微生物可来自土壤、水、人和动植物体表的脱落物和呼吸道、消化道的排泄物。

空气中的微生物主要为霉菌、放线菌的孢子和细菌的芽孢及酵母。不同环境空气中微生物的数量和种类有很大差异。公共场所、街道、畜舍、屠宰场及通气不良处的空气中微生物的数量较高。空气中的尘埃越多,所含微生物的数量也就越多。室内污染严重的空气微生物数量可达 10^6 个/m³,海洋、高山、乡村、森林等空气清新的地方微生物的数量较少。空气中可能会出现一些病原微生物,它们直接来自人或动物呼吸道、皮肤干燥脱落物及排泄物或间接来自土壤,如结核杆菌、金黄色葡萄球菌、沙门氏菌、流感嗜血杆菌和病毒等。患病者口腔喷出的飞沫小滴含有 1 万～2 万个细菌。

3.水

自然界中的江、河、湖、海等各种淡水与咸水水域中都生存着相应的微生物。由于不同水域中的有机物和无机物种类和含量、温度、酸碱度、含盐量、含氧量及不同深度光照度等的差异,因而各种水域中的微生物种类和数量呈明显差异。通常水中微生物的数量主要取决于水中有机物质的含量,有机物质含量越多,其中微生物的数量也就越大。淡水域中的微生物可分为两大类型：一类是清水型水生微生物，这类微生物习惯于在洁净的湖泊和水库中生活，以自养型微生物为主，可被看作是水体环境中的土居微生物，如硫细菌、铁细菌、衣细菌及含有光合色素的蓝细菌、绿硫细菌和紫细菌等。也有部分腐生性细菌，如色杆菌属、无色杆菌属和微球菌属的一些种就能在低含量营养物的清水中生长。另一类是腐败型水生微生物，它们是随腐败的有机物质进入水域，获得营养而大量繁殖，是造成水体污染、传播疾病的重要原因。其中数量最大的是 G^- 细菌，如变形杆菌属、大肠杆菌、产气肠杆菌和产碱杆菌属等，还有芽孢杆菌属、弧菌属和螺菌属中的一些种。当水体受到土壤和人畜排泄物的污染后，会使肠道菌的数量增加，如大肠杆菌、粪链球菌和魏氏梭菌、沙门氏菌、产气荚膜芽孢杆菌、炭疽杆菌、破伤风芽孢杆菌。

4.人及动物体

人体及各种动物，如犬、猫、鼠等的皮肤、毛发、口腔、消化道、呼吸道均带有大量的微生物，如未经清洗的动物被毛、皮肤微生物数量可达 $10^5 \sim 10^6$ 个/cm^2。当人或动物感染了病原微生物后，体内会存在不同数量的病原微生物，其中有些菌种是人畜共患病原微生物，如沙门氏菌、结核杆菌、布氏杆菌。这些微生物可以通过直接接触或通过呼吸道和消化道向体外排出而污染食品。蚊、蝇及蟑螂等各种昆虫也都携带有大量的微生物，其中可能有多种病原微生物，它们接触食品同样会造成微生物的污染。

5.加工机械及设备

各种加工机械设备本身没有微生物所需的营养物质，但在食品加工过程中，由于食品的汁液或颗粒黏附于内表面，食品生产结束时机械设备没有得到彻底的灭菌，使原本少量的微生物得以在其上大量生长繁殖，成为微生物的污染源。这种机械设备在后来的使用中会通过与食品接触而造成食品的微生物污染。

6.包装材料

各种包装材料如果处理不当也会带有微生物。一次性包装材料通常比循环使用的材料所带有的微生物数量要少。塑料包装材料由于带有电荷会吸附灰尘及微生物。

7.原料及辅料

食品中微生物的另一重要来源是原料和配料。食品的原料主要是农畜产品，它们是微生物的主要宿主。如畜禽体表、被毛、消化道、上呼吸道等器官总是有微生物存在，如未经清洗的动物被毛、皮肤微生物数量可达 $10^5 \sim 10^6$ 个/cm^2。如果被毛和皮肤污染了粪便，微生物的数量会更多。刚排出的家畜粪便微生物数量可多达 10^7 个/g。

三、微生物污染食品的途径

食品在生产加工、运输、贮藏、销售以及食用过程中都可能遭受到微生物的污染，其污染的途径可分为两大类。

1.内源性污染

凡是作为食品原料的动植物体在生活过程中，由于本身带有的微生物而造成食品的污染称为内源性污染，也称第一次污染。如畜禽在生活期间，其消化道、上呼吸道和体表总是存在一定类群和数量的微生物。当受到沙门氏菌、布氏杆菌、炭疽杆菌等病原微生物感染时，畜禽的某些器官和组织内就会有病原微生物的存在。当家禽感染了鸡白痢、鸡伤寒等传染病，病原微生物可通过血液循环侵入卵巢，在蛋黄形成时被病原菌污染，使所产卵中也含有相应的病原菌。

　　2.外源性污染

　　食品在生产加工、运输、贮藏、销售、食用过程中,通过水、空气、人、动物、机械设备及用具等而使食品发生微生物污染称外源性污染,也称第二次污染。

　　(1)通过水污染　　在食品的生产加工过程中,水既是许多食品的原料或配料成分,也是清洗、冷却、冰冻不可缺少的物质,设备、地面及用具的清洗也需要大量用水。各种天然水源包括地表水和地下水,不仅是微生物的污染源,也是微生物污染食品的主要途径。自来水是天然水净化消毒后而供饮用的,在正常情况下含菌较少,但如果自来水管出现漏洞、管道中压力不足以及暂时变成负压时,则会引起管道周围环境中的微生物渗漏进入管道,使自来水中的微生物数量增加。在生产中,既使使用符合卫生标准的水源,由于方法不当也会导致微生物的污染范围扩大。如在屠宰加工场中的宰杀、除毛、开膛取内脏的工序中,皮毛或肠道内的微生物可通过用水的散布而造成畜体之间的相互感染。生产中所使用的水如果被生活污水、医院污水或厕所粪便污染,就会使水中微生物数量骤增,水中不仅会含有细菌、病毒、真菌、钩端螺旋体,还可能会含有寄生虫。用这种水进行食品生产会造成严重的微生物污染,同时还可能造成其他有毒物质对食品的污染,所以水的卫生质量与食品的卫生质量有密切关系。食品生产用水必须符合饮用水标准,采用自来水或深井水。循环使用的冷却水要防止被畜禽粪便及下脚料污染。

　　(2)通过空气污染　　空气中的微生物可能来自土壤、水、人及动植物的脱落物和呼吸道、消化道的排泄物,它们可随着灰尘、水滴的飞扬或沉降而污染食品。人体的痰沫、鼻涕与唾液的小水滴中所含有的微生物包括病原微生物,当有人讲话、咳嗽或打喷嚏时均可直接或间接污染食品。人在讲话或打喷嚏时,距人体1.5 m内的范围是直接污染区,大的水滴可悬浮在空气中达30 min之久;小的水滴可在空气中悬浮4~6 h,因此食品暴露在空气中被微生物污染是不可避免的。

　　(3)通过人及动物接触污染　　从事食品生产的人员,如果他们的身体、衣帽不经常清洗,不保持清洁,就会有大量的微生物附着其上,通过皮肤、毛发、衣帽与食品接触而造成污染。在食品的加工、运输、贮藏及销售过程中,如果被鼠、蝇、蟑螂等直接或间接接触,同样会造成食品的微生物污染。试验证明,每只苍蝇带有数百万个细菌,80%的苍蝇肠道中带有痢疾杆菌,鼠类粪便中带有沙门氏菌、钩端螺旋体等病原微生物。

　　(4)通过加工设备及包装材料污染　　在食品的生产加工、运输、贮藏过程中所使用的各种机械设备及包装材料,在未经消毒或灭菌前,总是会带有不同数量的微生物而成为微生物污染食品的途径。在食品生产过程中,通过不经消毒灭菌的设备越多,造成微生物污染的机会也越多。已经过消毒灭菌的食品,如果使用的包装材料未经过无菌处理,则会造成食品的重新污染。

四、食品中微生物的消长

　　食品受到微生物的污染后,其中的微生物种类和数量会随着食品所处环境和食品性质的变化而不断地变化。这种变化所表现的主要特征就是食品中微生物出现的数量增多或减少,即称为食品微生物的消长。食品中微生物的消长通常有以下规律及特点。

1. 加工前

食品加工前,无论是动物性原料还是植物性原料都已经不同程度地被微生物污染,加之运输、贮藏等环节,微生物污染食品的机会进一步增加,因而使食品原料中的微生物数量不断增多。虽然有些种类的微生物污染食品后因环境不适而死亡,但是从存活的微生物总数看,一般不表现减少而只有增加。这一微生物消长特点在新鲜鱼肉类和果蔬类食品原料中表现明显,即使食品原料在加工前的运输和贮藏等环节中曾采取了较严格的卫生措施,但早在原料产地已污染而存在的微生物,如果不经过一定的灭菌处理它们仍会存在。

2. 加工过程中

在食品加工的整个过程中,有些处理工艺如清洗、加热消毒或灭菌对微生物的生存是不利的。这些处理措施可使食品中的微生物数量明显下降,甚至可使微生物几乎完全消除。但如果原料中微生物污染严重,则会降低加工过程中微生物的下降率。在食品加工过程中的许多环节也可能发生微生物的二次污染。在生产条件良好和生产工艺合理的情况下,污染较少,故食品中所含有的微生物总数不会明显增多;如果残留在食品中的微生物在加工过程中有繁殖的机会,则食品中的微生物数量就会出现骤然上升的现象。

3. 加工后

经过加工制成的食品,由于其中还残存有微生物或再次被微生物污染,在贮藏过程中如果条件适宜,微生物就会生长繁殖而使食品变质。在这一过程中,微生物的数量会迅速上升,当数量上升到一定程度时不再继续上升,相反,活菌数会逐渐下降。这是由于微生物所需营养物质的大量消耗,使变质后的食品不利于该微生物继续生长,而逐渐死亡,此时食品不能食用。如果已变质的食品中还有其他种类的微生物存在,并能适应变质食品的基质条件而得到生长繁殖的机会,这时就会出现微生物数量再度升高的现象。加工制成的食品如果不再受污染,同时残存的微生物又处于不适宜生长繁殖的条件,那么随着贮藏日期的延长,微生物数量就会日趋减少。

由于食品的种类繁多,加工工艺及方法和贮藏条件不尽相同,致使微生物在不同食品中呈现的消长情况也不可能完全相同。充分掌握各种食品中微生物消长规律的特点,对于指导食品的生产具有重要的意义。

第二节　食品微生物检验技术

一、食品微生物检验的意义

食品微生物检验是衡量食品卫生质量的重要指标之一,也是判定被检食品能否食用的科学依据之一。通过食品微生物检验,也可以判断食品加工环境及食品卫生环境,能够对食品被细菌污染的程度做出正确的评价,为各项卫生管理工作提供科学依据,可以有效地防止或者减少食物中毒人畜共患病的发生,保障人民的身体健康;同时,它对提高产品质量,避免经济损失,保证出口等方面具有重要意义。

二、食品微生物检验的范围

食品微生物检验的范围包括以下几点：

（1）生产环境的检验 车间用水、空气、地面、墙壁等。

（2）原辅料检验 包括食用动物、谷物、添加剂等一切原、辅材料。

（3）食品加工、储藏、销售诸环节的检验 包括食品从业人员的卫生状况检验、加工工具、运输车辆、包装材料的检验等。

（4）食品的检验 重要的是对出厂食品、可疑食品及食物中毒食品的检验。

三、食品微生物检验指标

我国卫生部颁布的食品微生物指标有菌落总数、大肠菌群和致病菌三项。

（1）菌落总数 菌落总数是指食品检样经过处理，在一定条件下培养后所得 1 g 或 1 mL 检样中所含细菌菌落的总数。

（2）大肠菌群 大肠菌群是寄居于人及温血动物肠道内的肠居菌，它随着的大便排出体外。食品中如果大肠菌群数越多，说明食品受粪便污染的程度越大。

（3）致病菌 致病菌即能够引起人们发病的细菌。对不同的食品和不同的场合，应该选择一定的参考菌群进行检验。

（4）霉菌及其毒素 很多霉菌能够产生毒素，引起疾病，故应该对产毒霉菌进行检验。

（5）其他指标 微生物指标还应包括病毒，肝炎病毒、猪瘟病毒、鸡新城疫病毒、马立克氏病毒、口蹄疫病毒，狂犬病病毒，猪水疱病毒等；另外，从食品检验的角度考虑，寄生虫也被很多学者列为微生物检验的指标。

四、食品微生物检验方法

（一）菌落总数的测定

食品检样经过处理，在一定条件下（如培养基、培养温度和培养时间等）培养后，所得每克（毫升）检样中形成的微生物菌落总数。用以判断食品被细菌污染的程度。细菌总数测定是对食品卫生学总评价的一个依据。

1. 实验目的

（1）了解菌落总数检验在食品卫生学中的意义。

（2）掌握食品细菌总数的检测方法，以判断食品被细菌污染的程度。

2. 实验原理

细菌总数的测定方法采用的是营养琼脂倾注平皿计数法。以无菌的 pH 7.2 的 1 mol/L 的磷酸盐缓冲液或无菌生理盐水稀释成不同比例的稀释液（1∶10，1∶100，1∶1 000…），然后分别吸取不同稀释度的稀释液各 1 mL，置于每一无菌平皿中（每一稀释级做 2～3 个平皿），再于每一平皿中倾注定量的融化的营养琼脂，均匀混合后，在 37℃ 培养 48 h，取出后计算培养基上生长的菌落数（一般应选取菌落数在 30～300 个的平板），再将菌落数的平均数乘以稀释倍数，即可得每克或每毫升被检食品中的细菌总数。

3. 设备和材料

（1）设备 超净工作台、恒温培养箱（36±1）℃、冰箱（2～5）℃、振荡器、均质器、恒温水浴锅(46±1)℃、电热干燥箱(250～300℃)、高压蒸汽灭菌器(使用时要进行灭菌效果检查并应定期请有关部门检定)、菌落计数器。

(2)器皿 锥形瓶(250 mL、500 mL)、培养皿(9 cm)、量筒(100 mL)、吸管(1 mL分度0.01,10 mL分度0.1)。

(3)试剂

①琼脂培养基。

a.成分:胰蛋白胨5.0 g,酵母浸膏2.5 g,葡萄糖1.0 g,琼脂15.0 g,蒸馏水1 000 mL,pH(7.0±0.2)。

b.制法:将上述成分加于蒸馏水中,煮沸溶解,调节pH。分装试管或锥形瓶,121℃高压灭菌15 min。

②磷酸盐缓冲液。

a.成分:磷酸二氢钾34.0 g,蒸馏水500 mL;pH 7.2。

b.制法:

贮存液:称取34.0 g的磷酸二氢钾溶于500 mL蒸馏水中,用大约175 mL的1 mol/L氢氧化钠溶液调节pH,用蒸馏水稀释至1 000 mL后贮存于冰箱。

稀释液:取贮存液1.25 mL,用蒸馏水稀释至1 000 mL,分装于适宜容器中,121℃高压灭菌15 min。

③无菌生理盐水。

a.成分:氯化钠8.5 g,蒸馏水1 000 mL。

b.制法:称取8.5 g氯化钠溶于1 000 mL蒸馏水中,121℃高压灭菌15 min。

(4)用具 无菌衣、帽、口罩、手套、酒精灯、75%酒精棉、灭菌匙。

4.实验准备

(1)玻璃器皿用前应洗涤干净,无残留抗菌物质。吸管上端距0.5 cm处塞入约2 cm的适当疏松棉花,装入吸管筒内或牛皮纸口袋中。锥形瓶、量筒、试管均加棉塞或硅氟塑料塞,若用振荡器制备混悬液时,尚需用玻璃纸包裹瓶塞(以免振荡时供试液污染瓶塞),再用牛皮纸包扎。玻璃器皿均于160℃干热灭菌2 h或高压蒸汽灭菌121℃ 20 min,烘干备用。

(2)将所有已灭菌的平皿、锥形瓶、匀浆杯、试管、吸管(1 mL、10 mL)、量筒、稀释剂及供试品等移至无菌室内。每次试验所用物品必须事先计划,准备足够用量,避免操作中出入无菌间。将全部外包装(牛皮纸)去掉,编号。

(3)开启无菌室紫外线杀菌灯和空气过滤装置并使其工作30 min。

(4)操作人员用肥皂洗手,关闭紫外线杀菌灯,进入缓冲间,换工作鞋。再用0.1%苯扎溴铵消毒液洗手或用乙醇棉球擦手,穿戴无菌衣、帽、口罩、手套。

(5)操作前先用乙醇棉球擦手,再用碘伏棉球或乙醇棉球擦拭供试品瓶、盒、袋等的开口处周围,待干后用灭菌的手术剪刀将供试品瓶、盒、袋启封。

5.检验程序

菌落总数的检验程序见图9-1。

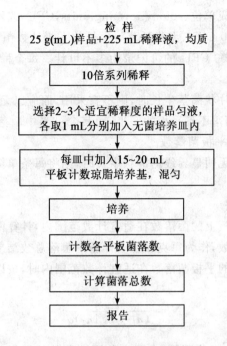

图 9-1 菌落总数的检验程序

6.操作步骤

(1)样品的稀释

a.固体和半固体样品,称取 25 g 样品置盛有 225 mL 磷酸盐缓冲液或生理盐水的无菌均质杯内,8 000~10 000 r/min 均质 1~2 min,或放入盛有 225 mL 稀释液的无菌均质袋中,用拍击式均质器拍打 1~2 min,制成 1∶10 的样品匀液。液体样品,以无菌吸管吸取 25 mL 样品置盛有 225 mL 磷酸盐缓冲液或生理盐水的无菌锥形瓶(瓶内预置适当数量的无菌玻璃珠)中,充分混匀,制成 1∶10 的样品匀液。

b.用 1 mL 无菌吸管或微量移液器吸取 1∶10 样品匀液 1 mL,沿管壁缓慢注于盛有9 mL 稀释液的无菌试管中(注意吸管或吸头尖端不要触及稀释液面),振摇试管或换用 1 支无菌吸管反复吹打使其混合均匀,制成 1∶100 的样品匀液。按此操作程序,制备 10 倍系列稀释样品匀液。每递增稀释一次,换用 1 次 1 mL 无菌吸管或吸头。

c.根据对样品污染状况的估计,选择 2~3 个适宜稀释度的样品匀液(液体样品可包括原液),在进行 10 倍递增稀释时,吸取 1 mL 样品匀液于无菌平皿内,每个稀释度做 2 个平皿。同时,分别吸取 1 mL 空白稀释液加入 2 个无菌平皿内作空白对照。

d.及时将 15~20 mL 冷却至 46℃的平板计数琼脂培养基[可放置于(46±1)℃恒温水浴箱中保温]倾注平皿,并转动平皿使其混合均匀。

(2)培养 待琼脂凝固后,将平板翻转,(36±1)℃培养(48±2) h。水产品(30±1)℃培养(72±3) h。如果样品中可能含有在琼脂培养基表面弥漫生长的菌落时,可在凝固后的琼脂表面覆盖一薄层琼脂培养基(约 4 mL),凝固后翻转平板,按(36±1)℃培养(48±2) h 条件进行培养。

(3)菌落计数 可用肉眼观察,必要时用放大镜或菌落计数器,记录稀释倍数和相应的菌落数量。菌落计数以菌落形成单位(colony-forming units,CFU)表示。

①选取菌落数在 30～300 CFU、无蔓延菌落生长的平板计数菌落总数。低于 30 CFU 的平板记录具体菌落数,大于 300 CFU 的可记录为多不可计。每个稀释度的菌落数应采用两个平板的平均数。

②其中一个平板有较大片状菌落生长时,则不宜采用,而应以无片状菌落生长的平板作为该稀释度的菌落数;若片状菌落不到平板的一半,而其余一半中菌落分布又很均匀,即可计算半个平板后乘以 2,代表一个平板菌落数。

③当平板上出现菌落间无明显界线的链状生长时,则将每条单链作为一个菌落计数。

7.结果与报告

(1)菌落总数的计算方法

①若只有一个稀释度平板上的菌落数在适宜计数范围内,计算两个平板菌落数的平均值,再将平均值乘以相应稀释倍数,作为每克(毫升)样品中菌落总数结果。

②若有两个连续稀释度的平板菌落数在适宜计数范围内时,按以下公式。

$$N = \frac{\sum C}{(n_1 + 0.1n_2)d}$$

式中,N 为样品中菌落数;$\sum C$ 为平板(含适宜范围菌落数的平板)菌落数之和;n_1 为第一稀释度(低稀释倍数)平板个数;n_2 为第二稀释度(高稀释倍数)平板个数;d 为稀释因子(第一稀释度)。

③若所有稀释度的平板上菌落数均大于 300 CFU,则对稀释度最高的平板进行计数,其他平板可记录为多不可计,结果按平均菌落数乘以最高稀释倍数计算。

④若所有稀释度的平板菌落数均小于 30 CFU,则应按稀释度最低的平均菌落数乘以稀释倍数计算。

⑤若所有稀释度(包括液体样品原液)平板均无菌落生长,则以小于 1 乘以最低稀释倍数计算。

⑥若所有稀释度的平板菌落数均不在 30～300 CFU,其中一部分小于 30 CFU 或大于 300 CFU 时,则以最接近 30 CFU 或 300 CFU 的平均菌落数乘以稀释倍数计算。

(2)菌落总数的报告

①菌落数小于 100 CFU 时,按"四舍五入"原则修约,以整数报告。

②菌落数大于或等于 100 CFU 时,第 3 位数字采用"四舍五入"原则修约后,取前 2 位数字,后面用 0 代替位数;也可用 10 的指数形式来表示,按"四舍五入"原则修约后,采用两位有效数字。

③若所有平板上为蔓延菌落而无法计数,则报告菌落蔓延。

④若空白对照上有菌落生长,则此次检测结果无效。

⑤称重取样以 CFU/g 为单位报告,体积取样以 CFU/mL 为单位报告。

8.注意事项

(1)培养基及其制备方法　培养基的成分及原材料的选择对细菌计数测定结果会造成很大误差,其中的胨、琼脂以及 pH 对实验影响较大,每次实验应特别注意。

制备培养基时应注意：

①培养基不应有沉淀，如发生沉淀，应趁热过滤。

②制备后的培养基应及时灭菌，不应放置，避免细菌繁殖。

③培养基分装量一般不得超过容器 1/3，最多不超过容器 2/3，以免灭菌时溢出。

④制备好的培养基应在冷暗处保存，放置时间不能过长。锥形瓶装的琼脂培养基保存时间最长不能超过 1 个月，以免水分散失及染菌。

⑤已融化的培养基应一次用完，一般开启后不宜再用，更不要反复加热融化。

⑥勿用电炉直接融化琼脂培养基，以免营养成分过度受热而破坏。最好用微波炉融化琼脂培养基，其优点是受热均匀，方便，省时。

（2）操作技术

①供试品检验全过程必须符合无菌技术要求。使用灭菌用具时，不能接触可能污染的任何器物，灭菌吸管不能用口吹吸。

②如在无菌室操作，使用乙醇灯时，切勿在火焰正上方操作，以免将供试品内细菌杀死。

③在净化工作台上操作时，应避免双手来回出入工作台，而在无菌室操作时，应避免操作者来回出入无菌室。

④不溶于水的供试品必须助溶后再进行试验，以免造成实验误差。

⑤供试品稀释时，注意每一稀释度换一支吸管（原吸管不要吹洗）。

⑥使用灭菌吸管时，管尖不要接触可能污染的任何容器（瓶口、试管口等）或用具。

⑦在做 10 倍递增稀释时，吸管插入稀释液内不低于 2.5 cm，反复冲洗约 10 次，吸液高于吸管上部刻度少许，然后提起吸管贴于容器内壁吸取 1 mL。靠近液面（但勿接触液面），缓慢地吹出全部供试液至第二个容器中（第一级稀释液所用吸管勿接触第二级稀释液）。将吸管放入消毒筒内。

⑧一般两级稀释与两个平板多不能如实反映染菌量，误差较大。宜采用三三制，即稀释三级。每级稀释液采用 3 个平皿。

⑨取供试液注平皿时，要取均匀的供试液。如取上清液或沉淀物对试验结果必然有影响。

⑩注皿时培养基应在（45±1）℃，高于 45℃时易造成细菌受损或致死，低于 45℃时易凝固，影响混匀，因此使用前可用水浴保温效果较好。

⑪倾注培养基于平皿中与样品摇匀时，切勿溅到皿盖边和皿盖上，以免影响实验结果。

⑫从供试品稀释、注平皿、倾注培养基，全部操作应在 0.5 h 内完成，避免由于时间过长，导致细菌细胞繁殖或死亡。

（二）霉菌、酵母的记数

霉菌、酵母在自然界中广泛存在，可以通过生产的各个环节污染食品，引起食品的腐败。尤其是有些霉菌的毒性代谢产物还可引起急性和慢性中毒，危害人类，如黄曲霉素、展青霉等。

1. 实验原理

霉菌、酵母总数测定是检查被检食品在单位重量或体积（克或毫升）内所含的活霉菌、酵母总数。测定方法与细菌总数的测定方法基本相同。也采用固体培养基倾注平皿计数法。但培养基采用的是适合霉菌、酵母生长的马铃薯-葡萄糖-琼脂培养基或孟加拉红培养基，因为培养基中加入氯霉素，可抑制细菌的生长。在（28±1）℃，培养 5 d，计算平板内生长的霉菌、酵母菌落数。将菌落数的平均值乘以稀释倍数，即可得每克或每毫升被检食品中的霉菌、酵母总数。

2.设备和材料

(1)设备　超净工作台、恒温培养箱(28±1)℃、冰箱(2~5)℃、振荡器、均质器、恒温水浴锅(46±1)℃、电热干燥箱(250~300℃)、高压蒸汽灭菌器(使用时要进行灭菌效果检查并应定期请有关部门检定)、菌落计数器、显微镜(10×~100×)、电子天平:感量 0.1 g。

(2)器皿　无菌锥形瓶(250 mL、500 mL)、培养皿(9 cm)、量筒(100 mL)、吸管(1 mL 分度 0.01,10 mL 分度 0.1)、无菌广口瓶(500 mL)、无菌试管(10 mm×75 mm)、无菌牛皮纸袋、塑料袋。

(3)培养基和试剂

①马铃薯-葡萄糖-琼脂培养基。

a.成分:马铃薯(去皮切块) 300 g,葡萄糖 20.0 g,琼脂 20.0 g,氯霉素 0.1 g,蒸馏水 1 000 mL。

b.制法:将马铃薯去皮切块,加 1 000 mL 蒸馏水,煮沸 10~20 min。用纱布过滤,补加蒸馏水至 1 000 mL。加入葡萄糖和琼脂,加热融化,分装后,121℃灭菌 20 min。倾注平板前,用少量乙醇溶解氯霉素加入培养基中。

②孟加拉红培养基。

a.成分:蛋白胨 5.0 g,葡萄糖 10.0 g,磷酸二氢钾 1.0 g,硫酸镁(无水) 0.5 g,琼脂 20.0 g,孟加拉红 0.033 g,氯霉素 0.1 g,蒸馏水 1 000 mL。

b.制法:上述各成分加入蒸馏水中,加热溶化,补足蒸馏水至 1 000 mL,分装后,121℃灭菌 20 min。倾注平板前,用少量乙醇溶解氯霉素加入培养基中。

3.检验程序

霉菌和酵母计数的检验程序见图 9-2。

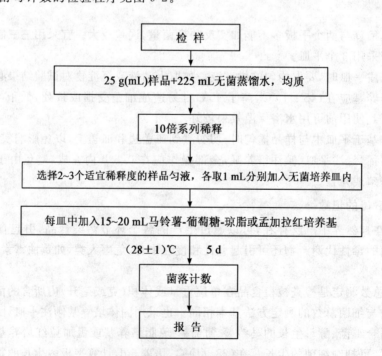

图 9-2　霉菌和酵母计数的检验程序

4.操作步骤

(1)样品的稀释

①固体和半固体样品。称取 25 g 样品至盛有 225 mL 灭菌蒸馏水的锥形瓶中,充分振摇,即为 1:10 稀释液。或放入盛有 225 mL 无菌蒸馏水的均质袋中,用拍击式均质器拍打 2 min,制成 1:10 的样品匀液。

②液体样品。以无菌吸管吸取 25 mL 样品至盛有 225 mL 无菌蒸馏水的锥形瓶(可在瓶内预置适当数量的无菌玻璃珠)中,充分混匀,制成 1:10 的样品匀液。

③取 1 mL 1:10 稀释液注入含有 9 mL 无菌水的试管中,另换一支 1 mL 无菌吸管反复吹吸,此液为 1:100 稀释液。

④按③操作程序,制备 10 倍系列稀释样品匀液。每递增稀释 1 次,换用 1 个灭菌吸管。

⑤根据对样品污染状况的估计,选择 2~3 个适宜稀释度的样品匀液(液体样品可包括原液),在进行 10 倍递增稀释的同时,每个稀释度分别吸取 1 mL 样品匀液于 2 个无菌平皿内。同时分别取 1 mL 样品稀释液加入 2 个无菌平皿作空白对照。

⑥及时将 15~20 mL 冷却至 46℃的马铃薯-葡萄糖-琼脂或孟加拉红培养基(可放置于(46±1)℃恒温水浴箱中保温)倾注平皿,并转动平皿使其混合均匀。

(2)培养 待琼脂凝固后,将平板倒置,(28±1)℃培养 5 d,观察并记录。

(3)菌落计数 肉眼观察,必要时可用放大镜,记录各稀释倍数和相应的霉菌和酵母数。以菌落形成单位(colony forming units,CFU)表示。

选取菌落数在 10~150 CFU 的平板,根据菌落形态分别计数霉菌和酵母数。霉菌蔓延生长覆盖整个平板的可记录为多不可计。菌落数应采用两个平板的平均数。

5.结果与报告

(1)记数

①计算两个平板菌落数的平均值,再将平均值乘以相应稀释倍数计算。

②若所有平板上菌落数均大于 150 CFU,则对稀释度最高的平板进行计数,其他平板可记录为多不可计,结果按平均菌落数乘以最高稀释倍数计算。

③若所有平板上菌落数均小于 10 CFU,则应按稀释度最低的平均菌落数乘以稀释倍数计算。

④若所有稀释度平板均无菌落生长,则以小于 1 乘以最低稀释倍数计算;如为原液,则以小于 1 计数。

(2)报告

①菌落数在 100 以内时,按"四舍五入"原则修约,采用两位有效数字报告。

②菌落数大于或等于 100 时,前 3 位数字采用"四舍五入"原则修约后,取前 2 位数字,后面用 0 代替位数来表示结果;也可用 10 的指数形式来表示,此时也按"四舍五入"原则修约,采用两位有效数字。

③称重取样以 CFU/g 为单位报告,体积取样以 CFU/mL 为单位报告,报告或分别报告霉菌和/或酵母数。

(3)不得按计数规则报告的情况

①空白对照平板有菌生长,表明培养基已被污染。

②各稀释级平板上生长的菌落数不符合 10 倍递增稀释规律,菌数显示混乱。

③同一稀释级的 2 个平板上生长的菌落数均在 15 个以上,但菌数相差 1 倍以上。

④菌落蔓延生长覆盖整个平板无法计数。出现以上情况,该次实验数据不得计数报告。

6.复试

供试品检测,霉菌数不合格的,应重新倍量取样,平行复试两次,取 3 次测定数据的算术平均值报告,如初试时霉菌数已超过标准规定 3 倍以上者可不予复试,直接取初试数据报告。

7.注意事项

(1)霉菌菌落计数时,平板不宜反复翻动,以防止霉菌孢子在翻动时散落并长成新的菌落而影响计数。

(2)注意霉菌丝与酵母菌形成的假菌丝的区别:酵母菌的假菌丝实际上是酵母菌在行无性繁殖时产生的特性形态,即芽孢子长到正常大小时不与母细胞分离而再继续发生出芽生殖所形成的。假菌丝中子细胞与母细胞之间仅以极狭窄面积相连,两细胞之间呈现藕节一样的细腰,而霉菌有隔菌丝的横隔处两细胞宽度是一致的。

(三)大肠菌群检验(MPN 计数法)

根据国家 1994 年颁布的食品卫生检验方法微生物学部分,大肠菌群(coliform bacteria)系指一群在 37℃、24 h 能发酵乳糖,产酸、产气,需氧和兼性厌氧的革兰氏阴性无芽孢杆菌。

大肠菌群主要是由肠杆菌科中 4 个菌属内的一些细菌所组成,即埃希氏菌属、枸橼酸杆菌属、克雷伯氏菌属及肠杆菌属,其生化特性分类见表 9-1。

表 9-1 大肠菌群生化特性分类表

	靛基质	甲基红	V-P	枸橼酸	H₂S	明胶	动力	44.5℃乳糖
大肠埃希氏菌Ⅰ	+	+	−	−	−	−	+/−	+
大肠埃希氏菌Ⅱ	−	+	−	−	−	−	+/−	−
大肠埃希氏菌Ⅲ	−	+	−	−	−	−	+/−	−
费劳地枸橼酸杆菌Ⅰ	−	+	−	+	+/−	−	+/−	−
费劳地枸橼酸杆菌Ⅱ	+	+	−	+	−	−	+/−	−
产气克雷伯氏菌Ⅰ	−	−	+	+	−	−	−	−
产气克雷伯氏菌Ⅱ	+	−	+	+	−	−	−	−
阴沟肠杆菌	+	−	+	+	−	−	+/−	−

注:+,表示阳性;−,表示阴性;+/−,表示多数阳性,少数阴性。

由表 9-1 可以看出,大肠菌群中大肠艾希氏菌Ⅰ型和Ⅲ型的特点是,对靛基质、甲基红、V-P 和枸橼酸盐利用 4 个生化反应分别为"++−−",通常称为典型大肠杆菌;而其他类大肠杆菌则被称为非典型大肠杆菌。

人、畜粪便对外界环境的污染是大肠菌群在自然界存在的主要原因。大肠菌群的检出,不仅反映校样被粪便污染总的情况,而且在一定程度上也反映了食品在生产加工、运输、保存等过程中的卫生状况,所以具有广泛的卫生学意义。大肠菌群作为粪便污染指标菌而被列入食品卫生微生物学常规检验项目,如果食品中大肠菌群超过规定的限量,则表示该食品有被粪便污染的可能,而粪便如果是来自肠道致病菌者或者腹泻患者,该食品即有可能污染肠道致病菌。所以,凡是大肠菌群数超过规定限量的食品,即可确定其卫生学上是不合格的,该食品食用是不安全的。

1. 实验目的

(1)了解大肠菌群在食品卫生检验中的意义。

(2)学习并掌握大肠菌群的检验方法。

2. 实验原理

大肠菌群系指一群能发酵乳糖,产酸产气,需氧和兼性厌氧的革兰氏阴性无芽孢杆菌。该菌主要来源于人、畜粪便,故以此作为粪便污染指标来评价药品的卫生质量,具有广泛的卫生学意义。它反映了药品是否被粪便污染,同时间接地指出药品是否有肠道致病菌污染的可能性。

食品中大肠菌群数系以每 100 g(或 mL)检样内大肠菌群最近似数(the most probable number,MPN)表示。

3. 所用器材及试剂

(1)设备 超净工作台、恒温培养箱(36±1)℃、冰箱(2~5)℃、振荡器、均质器、恒温水浴(46±1)℃、电热干燥箱(250~300℃)、高压蒸汽灭菌器(使用时要进行灭菌效果检查并应定期请有关部门检定)、菌落计数器、显微镜:10×~100×、电子天平:感量 0.1 g。

(2)器皿 无菌锥形瓶(250 mL、500 mL)、培养皿(9 cm)、量筒(100 mL)、吸管(1 mL 分度 0.01,10 mL 分度 0.1)、无菌试管(10 mm×75 mm)、无菌牛皮纸袋、塑料袋、pH 计或 pH 比色管或精密 pH 试纸。

(3)培养基和试剂

①月桂基硫酸盐胰蛋白胨肉汤成分。

a. 成分:胰蛋白胨或胰酪胨 20.0 g,氯化钠 5.0 g,乳糖 5.0 g,磷酸氢二钾 2.75 g,磷酸二氢钾 2.75 g,月桂基硫酸钠 0.1 g,蒸馏水 1 000 mL,pH(6.8±0.2)。

b. 制法:将上述成分溶解于蒸馏水中,调节 pH。分装到有玻璃小倒管的试管中,每管 10 mL。121℃高压灭菌 15 min。

②煌绿乳糖胆盐肉汤。

a. 成分:蛋白胨 10.0 g,乳糖 10.0 g,牛胆粉溶液 200 mL,0.1%煌绿水溶液 13.3 mL,蒸馏水 800 mL,pH(7.2±0.1)。

b. 制法:将蛋白胨、乳糖溶于约 500 mL 蒸馏水中,加入牛胆粉溶液 200 mL(将 20.0 g 脱水牛胆粉溶于 200 mL 蒸馏水中,调节 pH 至 7.0~7.5),用蒸馏水稀释到 975 mL,调节 pH,再加入 0.1%煌绿水溶液 13.3 mL,用蒸馏水补足到 1 000 mL,用棉花过滤后,分装到有玻璃小倒管的试管中,每管 10 mL。121℃高压灭菌 15 min。

③结晶紫中性红胆盐琼脂。

a. 成分:酵母膏 3.0 g,乳糖 10.0 g,氯化钠 5.0 g,胆盐或 3 号胆盐 1.5 g,中性红 0.03 g,结晶紫 0.002 g,琼脂 15 g~18 g,蒸馏水 1 000 mL,pH(7.4±0.1)。

b. 制法:将上述成分溶于蒸馏水中,静置几分钟,充分搅拌,调节 pH。煮沸 2 min,将培养基冷却至 45~50℃倾注平板。使用前临时制备,不得超过 3 h。

④磷酸盐缓冲液。

a. 成分:磷酸二氢钾 34.0 g,蒸馏水 500 mL,pH 7.2。

b. 制法:贮存液,称取 34.0 g 的磷酸二氢钾溶于 500 mL 蒸馏水中,用大约 175 mL 的 1 mol/L 氢氧化钠溶液调节 pH,用蒸馏水稀释至 1 000 mL 后贮存于冰箱;稀释液,取贮存液

1.25 mL,用蒸馏水稀释至 1 000 mL,分装于适宜容器中,121℃高压灭菌 15 min。

⑤无菌生理盐水。

a.成分:氯化钠 8.5 g,蒸馏水 1 000 mL。

b.制法:称取 8.5 g 氯化钠溶于 1 000 mL 蒸馏水中,121℃高压灭菌 15 min。

⑥无菌 1 mol/L NaOH。

a.成分:NaOH 40.0 g,蒸馏水 1 000 mL。

b.制法:称取 40 g 氢氧化钠溶于 1 000 mL 蒸馏水中,121℃高压灭菌 15 min。

⑦无菌 1 mol/L HCl。

a.成分:HCl 90 mL,蒸馏水 1 000 mL。

b.制法:移取浓盐酸 90 mL,用蒸馏水稀释至 1 000 mL,121℃高压灭菌 15 min。

4.实验准备

(1)玻璃器皿用前应洗涤干净,无残留抗菌物质。吸管上端距 0.5 cm 处塞入约 2 cm 的适当疏松棉花,装入吸管筒内或牛皮纸口袋中。锥形瓶、量筒、试管均加棉塞或硅氟塑料塞,若用振荡器制备混悬液时,尚需用玻璃纸包裹瓶塞(以免振荡时供试液污染瓶塞),再用牛皮纸包扎。玻璃器皿均于 160℃干热灭菌 2 h 或高压蒸汽灭菌 121℃ 20 min,烘干备用。

(2)将所有已灭菌的平皿、锥形瓶、匀浆杯、试管、吸管(1 mL、10 mL)、量筒、稀释剂及供试品等移至无菌室内。每次试验所用物品必须事先计划,准备足够用量,避免操作中出入无菌间。将全部外包装(牛皮纸)去掉,编号。

(3)开启无菌室紫外线杀菌灯和空气过滤装置并使其工作 30 min。

(4)操作人员用肥皂洗手,关闭紫外线杀菌灯,进入缓冲间,换工作鞋。再用 0.1%苯扎溴铵消毒液洗手或用乙醇棉球擦手,穿戴无菌衣、帽、口罩、手套。

(5)操作前先用乙醇棉球擦手,再用碘伏棉球或乙醇棉球擦拭供试品瓶、盒、袋等的开口处周围,待干后用灭菌的手术剪刀将供试品瓶、盒、袋启封。

5.操作流程

MPN 计数法大肠菌群的检验程序见图 9-3。

6.操作步骤

(1)样品的稀释

①固体和半固体样品。称取 25 g 样品,放入盛有 225 mL 磷酸盐缓冲液或生理盐水的无菌均质杯内,8 000～10 000 r/min 均质 1～2 min,或放入盛有 225 mL 磷酸盐缓冲液或生理盐水的无菌均质袋中,用拍击式均质器拍打 1～2 min,制成 1:10 的样品匀液。

②液体样品。以无菌吸管吸取 25 mL 样品置盛有 225 mL 磷酸盐缓冲液或生理盐水的无菌锥形瓶(瓶内预置适当数量的无菌玻璃珠)中,充分混匀,制成 1:10 的样品匀液。

③样品匀液的 pH 应在 6.5～7.5,必要时分别用 1 mol/L NaOH 或 1 mol/L HCl 调节。

④用 1 mL 无菌吸管或微量移液器吸取 1:10 样品匀液 1 mL,沿管壁缓缓注入 9 mL 磷酸盐缓冲液或生理盐水的无菌试管中(注意吸管或吸头尖端不要触及稀释液面),振摇试管或换用 1 支 1 mL 无菌吸管反复吹打,使其混合均匀,制成 1:100 的样品匀液。

⑤根据对样品污染状况的估计,按上述操作,依次制成 10 倍递增系列稀释样品匀液。每递增稀释 1 次,换用 1 支 1 mL 无菌吸管或吸头。从制备样品匀液至样品接种完毕,全过程不得超过 15 min。

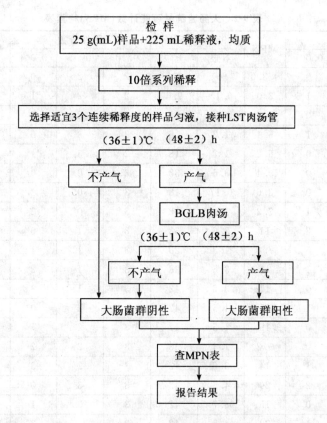

图 9-3 MPN 计数法大肠菌群的检验程序

（2）初发酵试验 每个样品，选择 3 个适宜的连续稀释度的样品匀液（液体样品可以选择原液），每个稀释度接种 3 管月桂基硫酸盐胰蛋白胨（LST）肉汤，每管接种 1 mL（如接种量超过 1 mL，则用双料 LST 肉汤），（36±1）℃培养（24±2）h，观察倒管内是否有气泡产生，（24±2）h 产气者进行复发酵试验，如未产气则继续培养至（48±2）h，产气者进行复发酵试验。未产气者为大肠菌群阴性。

（3）复发酵试验 用接种环从产气的 LST 肉汤管中分别取培养物一环，移种于煌绿乳糖胆盐肉汤管中，（36±1）℃培养（48±2）h，观察产气情况。产气者，计为大肠菌群阳性管。

（4）大肠菌群最可能数（MPN）的报告 按上面的（3）确证的大肠菌群 LST 阳性管数，检索 MPN 表（表 9-2），报告每克（毫升）样品中大肠菌群的 MPN 值。

7. 注意事项

（1）供试品溶液应为中性，如供试品溶液 pH 在 6.0 以下或 pH 在 8.0 以上，均可影响大肠埃希氏菌的生长和检出。

（2）从制备样品匀液至样品接种完毕，全过程不得超过 15 min。

（3）在各类供试品中检测大肠埃希菌及其他控制菌，按一次检出结果为准，不再抽样复验。检出的大肠埃希氏菌及其他控制菌株需保留、备查。

表 9-2　大肠菌群最可能计数(MPN)检索表

阳性管数			MPN	95%可信限		阳性管数			MPN	95%可信限	
0.10	0.01	0.001		下限	上限	0.10	0.01	0.001		下限	上限
0	0	0	<3.0	—	9.5	2	2	0	21	4.5	42
0	0	1	3.0	0.15	9.6	2	2	1	28	8.7	94
0	1	0	3.0	0.15	11	2	2	2	35	8.7	94
0	1	1	6.1	1.2	18	2	3	0	29	8.7	94
0	2	0	6.2	1.2	18	2	3	1	36	8.7	94
0	3	0	9.4	3.6	38	3	0	0	23	4.6	94
1	0	0	3.6	0.17	18	3	0	1	38	8.7	110
1	0	1	7.2	1.3	18	3	0	2	64	17	180
1	0	2	11	3.6	38	3	1	0	43	9	180
1	1	0	7.4	1.3	20	3	1	1	75	17	200
1	1	1	11	3.6	38	3	1	2	120	37	420
1	2	0	11	3.6	42	3	1	3	160	40	420
1	2	1	15	4.5	42	3	2	0	93	18	420
1	3	0	16	4.5	42	3	2	1	150	37	420
2	0	0	9.2	1.4	38	3	2	2	210	40	430
2	0	1	14	3.6	42	3	2	3	290	90	1 000
2	0	2	20	4.5	42	3	3	0	240	42	1 000
2	1	0	15	3.7	42	3	3	1	460	90	2 000
2	1	1	20	4.5	42	3	3	2	1 100	180	4 100
2	1	2	27	8.7	94	3	3	3	>1 100	420	—

注1:本表采用3个稀释度[0.1 g(mL)、0.01 g(mL)和0.001 g(mL)],每个稀释度接种3管。

注2:表内所列检样量如改用1 g(mL)、0.1 g(mL)和0.01 g(mL)时,表内数字应相应降低10倍;如改用0.01 g(mL)、0.001 g(mL)、0.000 1 g(mL)时,则表内数字应相应增高10倍,其余类推。

第三节　食品工业中的微生物控制

一、微生物污染的监测

针对微生物的来源,对原料、辅料、包装材料、生产场所空气质量、生产设备、员工卫生和生产操作等过程中微生物的监控是保证食品质量的重要手段。不同产品标准对不同产品在出厂时的微生物指标作了详细的规定,但食品的生产是一个连续的过程,任何环节的污染都有可能影响下一个环节,进而影响最终产品的质量。因此,现代食品质量管理要求在加工前、加工中和加工后整个生产过程中各个环节进行监测以保证微生物的数量在可控范围来保证最终产品的质量。

食品生产中,微生物污染监测的主要内容是对原料、辅料、包装材料、生产用水、生产设备、生产环境、人员卫生等的微生物进行定性和定量检测。通常采用动态检测的方法,即在实际生产中进行检测,可以真实地反映实际情况。生产车间的空气质量监控可用沉降菌法,设备清洗效果、包装材料卫生质量、工人手部卫生可用涂抹法进行检测。

二、食品微生物污染控制

1. 水的安全控制
水的安全是直接与食品或食品接触表面接触或用于生产的冰和水。食品加工者必须在适宜的温度下能保证足够的饮用水资源。水质应符合国家《GB 5749 生活饮用水卫生标准》。每年对生产用水卫生指标进行两次全项目分析检验。在生产期间,生产用水按水龙头编号分别取样,每周对水的微生物指标进行 1～2 次化验。

2. 食品接触表面的状况及清洁
食品接触表面的状况及清洁包括器具、设备、包装材料、手套、工作服等。食品接触表面在使用中断时,在预备加工之前需要重新清洁和消毒,洁净区域还需要消毒和灭菌,以有效控制食品接触表面的微生物。

3. 车间空气的安全控制
不同车间有不同的空气洁净度要求,一般情况下,食品灌装车间空气质量要求最严格,可用过滤、紫外线杀菌、臭氧杀菌等方法进行控制,一般区域可用消毒水或紫外线消毒的方法。

4. 防止交叉污染
防止交叉污染涉及厂房的科学设计和合理布局,人员的卫生操作规范,原料和成品的物理性隔离等。厂房设计要符合卫生管理要求;人员卫生主要是人员的健康状况、手的清洗和消毒、工作衣帽的卫生消毒等;加工操作提供必要的场所,食品原料和成品的生产和储藏中必须加以隔离防止交叉污染。

5. 手的清洗、消毒和厕所设备设施
手的清洗和消毒设施位置应合理,使用方便,但不应构成产品污染的风险。手的清洗和消毒设施包括冷热混合水、皂液和一次性纸巾干手或其他适宜干手方式如热空气。手的清洗和消毒设施合理,防止二次污染。水龙头开关要求为膝动式、自动式或脚踏式。

厕所设施必须能充分通风,禁止害虫进入,并远离食品生产区域。厕所应进出方便、卫生良好,具有自动关闭、不能开向加工区的门。

6. 人员健康状况
食品加工人员的疾病、伤口或其他症候会成为微生物污染来源。与食品直接接触的岗位人员要有健康上岗证(有效期一年),平时,还须对操作员工进行动态健康管理,如感冒、有伤口等情况要暂时调离工作,直到全愈方可上岗。

7. 害虫的控制
啮齿动物、鸟和昆虫等带有病原体,必须加以控制以保证食品和加工区域的卫生。控制害虫的主要措施是减少害虫的滋生地;窗、门和其他出入口四周的缝隙要予以关闭、封住或保护(如加纱窗),以防止虫子、鸟、动物或其他害虫进入。

三、食品工业中的消毒与灭菌

针对生产过程中可能导致微生物污染的各种途径,根据不同食品在生产工艺上、终产品微生物控制上的标准,选择合适的消毒与灭菌方法以保证食品的质量和安全。

(一)空气中微生物的控制

空气的消毒灭菌方法总结起来主要有过滤、紫外线照射和化学消毒剂三种。

1.过滤

过滤是常用的除菌方法,可通过空气净化系统达到 GMP 中对不同级别位空气洁净度的等级要求。在洁净技术中通常使用三级组合过滤,即粗效滤过、中效滤过和高效滤过。粗效滤过器是空调净化系统中的第一级空气滤过器,可滤去 10 μm 以上的大尘粒和各种异物,而且滤器可以定期清洗、再生使用;中效滤过器可滤去 1 μm 以上的尘粒,也可以清洗更换;高效滤过器可除去 0.3~1 μm 的尘粒,但价格昂贵,不能再生。通过粗、中效滤过器的组合,可以保护末端滤过器,减轻高效滤过器的负担,一般可用于 10 万级或 30 万级的洁净室;以粗、中、高效滤过器相组合,一般用于 100 级到 1 万级洁净室。过滤器材一般为玻璃纤维或合成纤维,具有强度大、不易脱落粒子等优点,但在使用过程中应注意控制湿度,否则微生物易沿潮湿膜蔓延而导致过滤失效。空气过滤装置应定期检查,确保气流是从清洁区向不洁区方向移动。

2.紫外线照射

采用波长为 240~280 nm 的紫外线照射来减少空气中微生物的数量,房间静态空气消毒时剂量一般为 0.1~0.4 W/m²;一般在生产结束后开紫外灯照射 30~40 min,紫外线杀菌结束后 30 min 内不宜进入车间;车间工作时可用低臭氧紫外灯管反向上层照射。

3.化学消毒剂

空气消毒常用的化学方法有:

(1)臭氧发生器产生臭氧杀菌。杀菌彻底,无残留,杀菌广谱,可杀灭细菌繁殖体和芽孢、病毒、真菌。

(2)甲醛熏蒸(1~2 mg/L,即每升空气含甲醛 1~2 mg)。

(3)用 0.075% 季铵化合物喷雾也是常用方法,但无人在场时才可使用。但化学消毒剂有刺激性故使用受到限制。

(二)水中微生物的控制

1.热力灭菌法

热力灭菌法是最常用的方法。即用 80℃ 以上(80~85℃)的热水循环 1~2 h,可有效减少内源性微生物污染。

2.过滤法

过滤法包括超滤和反渗透,可以除去细菌和芽孢。其中反渗透的方法可以将重金属、农药、细菌、病毒、杂质等彻底分离。

3.化学消毒法

用氯气、次氯酸钠、臭氧等作为消毒剂,可杀死或抑制细菌繁殖,一般仅用于原水的消毒。

(三)设备的消毒灭菌

食品设备的设计和安装应便于拆卸、清洗和消毒,设备每次用完应尽快清洗,去除上面驻留的细菌以及残留的食品,防止细菌生长繁殖,并且每次用前还需再消毒清洗。生产所使用的设备和容器的制造材料有不锈钢、塑料、橡胶等,因而消毒方法应有所区别。

(1)机械化程度较高的饮料、乳品、果汁、果浆、果酱、酒类等生产线均使用 CIP 清洗系统进行清洗和消毒,CIP 清洗系统俗称就地清洗系统,是指不用拆开或移动装置,即采用高温、高浓度的洗净液,对设备装置加以强力作用,把与食品的接触面洗净,对卫生级别要求较严格的生产设备的清洗、净化。

(2)一些设备的小配件和零散用具,如连接器、搅拌器及勺子、小桶、小铲等可用压力蒸汽或干热进行灭菌。

(3)塑料制品耐酸碱而不耐热,用过氧乙酸、过氧化氢、戊二醛等化学消毒剂擦拭或浸泡。

(4)工作台表面一般可用消毒剂擦拭或紫外线照射消毒。

(四)手的清洗和消毒

1.洗手程序

(1)在水龙头下先用水(最好是温水)把双手弄湿。

(2)双手涂上洗涤剂,双手互相搓擦 20 s。

(3)用自来水彻底冲洗双手,工作服为短袖的应洗到肘部。

(4)将双手浸入含氯消毒液里浸泡。含氯消毒液的浓度 50 mg/L,浸泡时间 30 s。

(5)再用水冲洗双手,去除残余消毒液。

(6)用干手机烘干双手。

2.标准洗手方法

标准的洗手方法见图 9-4。

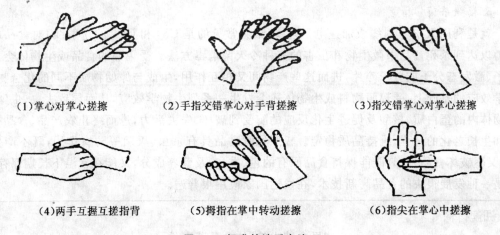

(1)掌心对掌心搓擦 (2)手指交错掌心对手背搓擦 (3)指交错掌心对掌心搓擦

(4)两手互握互搓指背 (5)拇指在掌中转动搓擦 (6)指尖在掌心中搓擦

图 9-4 标准的洗手方法

(五)产品的消毒灭菌

原材料可能将大量微生物带入产品中,在加工过程因为环境、员工、设备等因素也可能造成原有的微生物增殖或污染新的微生物,因而加工时需对产品进行消毒、灭菌。

1.巴氏杀菌

杀菌条件为 61～63℃,30 min,或 72～75℃,15～20 min。巴氏杀菌技术是将食品充填并密封于包装容器后,在一定时间内保持 100℃以下的温度,杀灭包装容器内的细菌。巴氏灭菌技术主要用于橘汁、苹果汁等酸性饮料食品的灭菌,因为果汁食品的 pH 在 4.5 以下,没有微生物生长,灭菌的对象是酵母、霉菌和乳酸杆菌等。此外,巴氏灭菌还用于果酱、糖水水果罐头、啤酒、酸渍蔬菜类罐头、酱菜等的灭菌。

2．高温短时杀菌（HTST）

杀菌条件为 85～90℃，3～5 min，或 95℃，12 min，液料加热到接近 100℃，然后速冷至室温。此法需时较短，效果较好，有利于产品保质。主要可杀灭酵母菌、霉菌、乳酸菌等。广泛用于各类罐藏食品、饮料、酒类、乳品包装的灭菌。

3．超高温瞬时灭菌（UHT）

此方法将食品以最快速度升温，几秒钟内达到 140～160℃，维持 3～7 s，再迅速冷却至室温。超高温瞬时灭菌的效果非常好，几乎可达到或接近完全灭菌的要求，而且灭菌时间短，物料中营养物质破坏少，食品质量几乎不变，营养成分保存率达 92％以上，生产效率很高，比其他两种热力灭菌法效果更优异，配合食品无菌包装技术的超高温式灭菌装置在国内外发展很快，如今已发展为一种高新食品灭菌技术。目前这种灭菌技术已广泛用于牛奶、豆乳、酒、果汁及各种饮料等产品的灭菌。

4．微波杀菌

这是一种由相应电源的微小发生器、波导管连接器和处理室组成的微波混合系统，它能够以极其微小的温度差异，对细菌进行处理。采用这种混合系统，可以使微波的能量均匀地分布在被处理食品上，加热到 72～85℃，并保持数分钟，然后放入温度只有 15℃的贮藏室。该技术适用于已经包装的面包片、果酱、香肠和锅饼等食品，经处理的食品保质期可达 6 个月以上。

5．辐照杀菌

就是利用 X、β、γ 射线或加速电子射线（最为常见的是 Co^{60} 和 Cs^{137} 的 γ 射线）对食品的穿透力以达到杀死食品中微生物和虫害的一种冷灭菌消毒方法。受辐照的食品或生物体会形成离子、激发态分子或分子碎片，进而这些产物间又相互作用，生成与原始物质不同的化合物，在化学效应的基础上，受辐照物料或生物体还会发生一系列生物学效应，从而导致害虫、虫卵、微生物体内的蛋白质、核酸及促进生化反应的酶受到破坏、失去活力，进而终止农产品、食品被侵蚀和生长老化的过程，维持品质稳定。辐照保鲜食品具有杀虫、灭菌等防腐作用，既不产生热量，又不破坏食品外形，既能保持食品原有的色、香、味及营养成分，又能在常温下长期保存，所以是一种发展很快的食品高新技术，在发达国家应用很普遍。

§阅读材料

"思念牌水饺"的金葡菌事件

北京《新闻晨报》2011 年 10 月 19 日报道，北京市工商局最近公布批次为 20110628106A 的"思念"牌三鲜水饺被检出含有金黄色葡萄球菌被紧急停售。

一般情况下，金黄色葡萄球菌可通过以下途径污染食品：食品加工人员、炊事员或销售人员带菌，造成食品污染；食品在加工前本身带菌，或在加工过程中受到了污染，产生了肠毒素，引起食物中毒；熟食制品包装不密封，运输过程中受到污染；奶牛患化脓性乳腺炎或禽畜局部化脓时，对肉体其他部位的污染。金黄色葡萄球菌是人类化脓感染中最常见的病原菌，可引起局部化脓感染。

在食品加工企业，尤其是手工操作密集型的速冻食品企业、米面制品生产企业，常见的原因是员工手部受伤后，没有调离工作岗位，也没有做相应的防护，造成伤口金黄色葡萄球菌感染，尽而对产品造成污染。

复习思考题

1. 食品微生物的来源和污染途径有哪些？
2. 菌落总数和大肠菌群检验的卫生学意义是什么？
3. 菌落总数计数时的注意事项有哪些？
4. 霉菌和酵母的菌落特征是什么？
5. 大肠菌群检验结果可不可以报告为"0"？为什么？
6. 食品的接触面有哪些？如何控制其卫生？
7. 食品加工车间的空气微生物控制方法有哪些？
8. 生产设备的消毒灭菌有哪些方法？
9. 食品加工人员的个人卫生要求有哪些？
10. 简述食品从业人员正确的洗手程序。

第十章　免疫学技术

知识目标
- 掌握现代免疫概念、免疫功能、免疫系统及抗原、抗体的概念。
- 了解机体的正常免疫应答与常见的异常免疫反应(变态反应)的发病机理。
- 了解临床常见的变态反应疾病的类型。

技能目标
- 理解血清学试验的原理。
- 掌握常用的血清学试验方法。

　　　在本章中学习免疫学基础知识。主要介绍现代免疫概念、免疫功能、免疫系统及抗原、抗体的概念。通过本章的学习,了解机体的正常免疫应答与常见的异常免疫反应(变态反应)的发病机理及临床常见的变态反应疾病的类型。理解血清学试验的原理,掌握常用的血清学试验方法。

　　免疫学是一门新兴的学科,通过对现代免疫概念、免疫功能、免疫系统及抗原、抗体的概念的学习,更深入地了解机体的正常免疫应答与常见的异常免疫反应(变态反应)的发病机理及临床常见的变态反应疾病的类型。通过学习免疫学基础知识,理解血清学试验的原理,掌握常用的血清学试验方法,以便在日后的药检工作中利用免疫学实验方法进行药品检验的操作。

第一节　免疫学基础

一、免疫学基本概念简介

(一)免疫的概念及功能

　　免疫学是研究机体免疫应答规律性的科学。人类在同疾病作斗争的漫长过程中,逐渐认识到,机体对相同病原菌再次入侵,具有明显的抵抗力。如患过天花的人或与天花病人接触过的人就不会再得天花,这种现象就是免疫。

1.免疫学功能

随着对免疫的不断研究,免疫的概念已大大超越了抗传染的范围。目前认为,免疫具有以下三种功能:免疫防御功能、免疫自稳功能、免疫监视功能(表 10-1)。

表 10-1 免疫的功能与异常免疫反应

(引自:胡野.微生物学与免疫学基础.郑州:郑州大学出版社,2004)

功能	正常免疫	异常免疫
免疫防御	抗传染免疫	变态反应,免疫缺陷病
免疫自稳	清除自身损伤、衰老、死亡的细胞	自身免疫病
免疫监视	识别或清除突变的细胞	肿瘤发生

2.免疫的概念

现代免疫的概念认为,免疫是机体的一种保护性反应,其作用是识别和排除抗原性"异物",以维持机体内部环境的平衡和稳定,其结果在正常情况下是有利的,但对少数反应特殊的人,可能是有害的。

(二)抗原(antigen,Ag)

1.抗原的概念及特性

(1)抗原的概念 抗原是指能刺激机体免疫系统发生特异性免疫应答,产生抗体和(或)致敏淋巴细胞,并能在体内或体外与抗体和(或)淋巴细胞发生特异性结合的物质。

(2)抗原的特性 抗原具有两种基本特性,即免疫原性(或抗原性)及反应原性(或免疫反应性)。抗原物质刺激机体免疫系统产生抗体和(或)淋巴细胞的能力称为抗原的免疫原性;抗原与相应抗体或致敏淋巴细胞特异性结合的能力,称为反应原性。既有免疫原性又有反应原性的物质,称为完全抗原,简称抗原。只有反应原性而无免疫原性的物质称为半抗原或不完全抗原。半抗原一般是分子质量较小的简单有机化合物(相对分子质量一般小于 4 000),如青霉素、磺胺等药物,半抗原进入机体,与机体蛋白结合后,即具有免疫原性,成为完全抗原。

2.构成抗原的条件

(1)异物性 因机体的免疫反应是识别和排出异物,因此异物性是构成抗原的首要条件。

(2)具有一定化学结构的大分子胶体物质 凡具有免疫原性的物质,多为大分子胶体物质。一般而言,分子质量越大,免疫原性越强,另外,抗原物质不仅要有一定的化学基团,而且这些化学基团必须暴露在复合物分子表面才能呈现其抗原性。

(3)特异性 抗原的特异性是指抗原刺激机体,只能产生相应的抗体或致敏淋巴细胞,也只能与相应的抗体或致敏淋巴细胞发生特异性结合反应。例如,伤寒杆菌抗原刺激机体只能产生抗伤寒杆菌的抗体,而且伤寒杆菌抗原只能与相应抗体特异性结合,而不能与痢疾杆菌抗体结合。

(三)抗体(antibody,Ab)

1.抗体的概念

指机体在抗原物质刺激下所形成的一类能与抗原特异性结合的免疫球蛋白(immunoglobulin, Ig)。

2. 抗体的基本结构

抗体由 4 条肽链组成，两条较长的肽链称为重链（H 链），两条较短的肽链称为轻链（L 链），在四条肽链之间由二硫键相连使之呈"Y"形（图 10-1）。

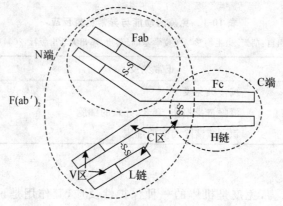

图 10-1　Ig 的基本结构模式图

（引自：胡野. 微生物学与免疫学基础. 郑州：郑州大学出版社，2004）

每条肽链的氨基端称 N 端，羧基端称为 C 端。靠近 N 端（包括大约是 H 链的 1/4，L 链的 1/2 部分）氨基酸的种类及排列顺序因抗体特异性不同而变化较大，因此称为可变区（V 区），此区是抗体与抗原特异性结合的部位。其余部分（靠近羧基 C 端大约是 H 链的 3/4，L 链的 1/2）肽链上的氨基酸的种类排列变化不大称为稳定区（C 区）。此区具有激活补体、通过胎盘、活化 K 细胞及增强吞噬细胞的吞噬功能的作用，同时抗体的抗原性也存于 C 区。

（四）免疫系统与免疫应答

1. 免疫系统

免疫系统是由机体的免疫器官、免疫细胞及免疫分子三部分组成，是免疫应答的物质基础（图 10-2）。

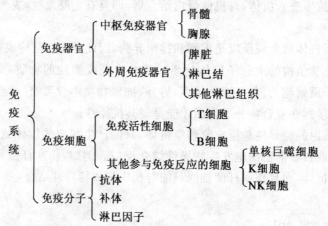

图 10-2　免疫系统的组成

（引自：胡野. 微生物学与免疫学基础. 郑州：郑州大学出版社，2004）

（1）免疫器官　根据其在免疫中所起的作用不同,分为中枢免疫器官和外周免疫器官。

（2）免疫细胞　指免疫活性细胞及与免疫应答有关的细胞。①免疫活性细胞:包括 T 细胞和 B 细胞两大类;②其他参与免疫反应的细胞:指单核吞噬细胞、K 细胞及 NK 细胞。

（3）免疫分子　包括抗体、补体和淋巴因子等。免疫分子主要由免疫细胞产生,在正常机体中具有重要的免疫防御作用,在免疫性疾病中也可以起重要作用,造成免疫损伤。

补体是存在于正常人和动物新鲜血清中的一组具有酶活性的球蛋白,被激活后具有协助、补充、加强抗体的作用。

2.免疫应答

指 T 淋巴细胞、B 淋巴细胞在抗原物质的刺激下,活化增殖,机体内产生特异性免疫反应的过程。免疫应答包括由 B 细胞介导的体液免疫和由 T 细胞介导的细胞免疫。不论是体液免疫还是细胞免疫,大致可分为三个阶段:感应阶段、反应阶段、效应阶段(图 10-3)。

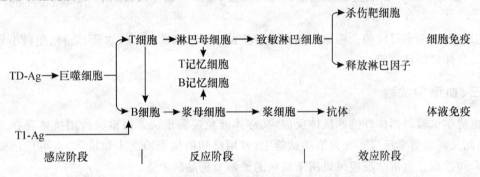

图 10-3　免疫应答的形成过程

TD-Ag—人胸腺依赖性抗原;TI-Ag—人胸腺非依赖性抗原

(引自:胡野.微生物学与免疫学基础.郑州:郑州大学出版社,2004)

二、超敏反应

超敏反应又称变态反应,是机体受同一抗原物质再次刺激后,引起机体组织损伤或生理功能紊乱的病理性免疫应答。

引起变态反应的抗原称为变应原或过敏原。它可以是外源性抗原,如异种动物血清或病原菌等,也可以是内源性抗原,如药物半抗原与机体组织蛋白结合后也可引起变态反应。

变态反应可以根据变应原的性质、人体的免疫机能状态以及发病的机制分为 4 个类型。

1.Ⅰ型变态反应

Ⅰ型变态反应又称速发型变态反应或过敏反应。其特点是:①发作快,机体再次受相同抗原刺激后,几秒钟至几分钟即可发作;②参与Ⅰ型变态反应的抗体是 IgE;③反应重,患者可出现局部甚至全身症状,可引起休克或死亡;④消退快,不留痕迹;⑤有明显个体差异,只有少数过敏体质者才可发病。

引起Ⅰ型变态反应的变应原有花粉、食物、药物、灰尘等,人体可以通过吸入、食入、用药或接触等途径使机体致敏。

2.Ⅱ型变态反应

Ⅱ型变态反应又称细胞溶解型或细胞毒型变态反应。其特点是:①抗原存在于机体细胞表面(也可吸附或结合);②参与反应的抗体是 IgG 或 IgM;③由补体、巨噬细胞及 K 细胞参与,导致细胞溶解。

引起Ⅱ型变态反应的变应原有红细胞血型抗原和药物半抗原等。

3.Ⅲ型变态反应

Ⅲ型变态反应又称免疫复合物型或血管炎型变态反应。Ⅲ型变态反应的特点:①参与反应的抗体可以是 IgG 或 IgM;②变应原与相应抗体形成中等大小的可溶性免疫复合物,并沉积于血管壁的基底膜等部位;③有补体的参与,导致组织损伤。

引起Ⅲ型变态反应的变应原有某些细菌、病毒、异种动物血清及某些药物等。

4.Ⅳ型变态反应

Ⅳ型变态反应又称迟发型变态反应,其特点是:①与致敏淋巴细胞有关,与抗体和补体无关;②病变部位以单核细胞或巨噬细胞浸润为主;③反应发生缓慢,消失也慢;④多数无个体差异。

引起Ⅳ型变态反应的变应原为细胞内寄生菌、病毒、真菌,油漆、农药、染料、塑料小分子物质以及异体组织器官等。

三、血清学试验

血清学试验是指体外抗原抗体反应,又称体液免疫测定法。因试验所用抗体存在于血清中,因此又叫血清学反应。在血清学试验中,可用已知的抗原检测未知抗体,也可用已知抗体检测未知抗原。血清学反应可以用于疾病的诊断及药品的检测。

(一)血清学试验的特点

(1)特异性 抗原抗体的结合具有高度的特异性,只有抗原抗体特异性结合后才出现凝集或沉淀现象。

(2)可逆性 抗原抗体的结合是分子表面的结合,在一定条件下可以解离,有可逆性。

(3)比例合适 由于抗原表面的决定簇是多价的,而抗体是两价的。因此只有抗原抗体比例合适才能形成肉眼可见的反应(图 10-4)。

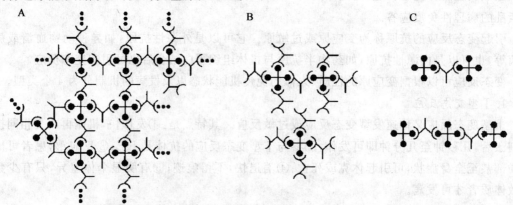

图 10-4 抗原、抗体的比例与结合的关系
A—两者比例适合时形成网络;B—抗体过量时仅形成可溶性复合物;
C—抗原过量时仅形成可溶性复合物
(引自:胡野.微生物学与免疫学基础.郑州:郑州大学出版社,2004)

(4)阶段性 抗原抗体结合分为两个阶段,第一阶段为结合阶段,特点是时间短,但无可见反应,第二阶段为可见阶段,特点是时间长,经过一定时间后,才能出现可见反应,这就是为什么试验要等待一段时间后才出现结果的原因。

(二)血清学试验的影响因素

(1)电解质 在血清学反应中,抗原抗体结合必须在有电解质存在的条件下才能出现凝集现象或沉淀现象。因此在试验中须采用生理盐水稀释抗原或抗体。

(2)温度 合适的温度可增加抗原抗体接触的机会,加速反应的进行。进行血清学反应最适合的温度是37℃。

(3)酸碱度 抗原抗体反应最适酸碱度为 pH 6~8,超出此范围则会影响抗原抗体的理化性质,出现假阳性或假阴性。

(4)振荡 振荡或搅拌都有利于抗原抗体的接触,从而加速反应的进行。

(三)血清学试验的类型

1.凝集反应

颗粒性抗原(细菌或红细胞等抗原)与相应抗体在合适的条件下结合后,出现可见的凝集现象,称为凝集反应。参与反应的抗原称为凝集原。抗体称为凝集素。在做凝集试验中因抗原体积大,表面决定簇相对较少因此应稀释抗体,

(1)直接凝集反应 颗粒性抗原与相应抗体直接结合所出现的凝集现象。本法可分为玻片法和试管法两种。玻片法为定性试验,方法简便快速,常用于鉴定菌种和人类 ABO 血型。试管法既可作定性实验也可作定量实验。常用于抗体效价的测定以协助临床诊断或供流行病学调查。如诊断伤寒和副伤寒的肥达反应。

(2)间接凝集反应 先将可溶性抗原(组织滤液、外毒素、血清等)吸附于与免疫无关的载体颗粒(如乳胶颗粒)表面,称为致敏颗粒。抗体与致敏颗粒在电解质存在情况下亦可发生凝集现象。本法主要用于抗体的检查。

2.沉淀反应

可溶性抗原与相应抗体结合在合适条件下出现肉眼可见的沉淀现象,称为沉淀反应。参与反应的抗原称为沉淀原,参与反应的抗体称为沉淀素。因沉淀原颗粒较小,在单位体积中沉淀原分子数比沉淀素多,因此做沉淀反应时应稀释抗原。

(1)环状沉淀反应 在小试管中先加入已知抗体然后将待检抗原重叠于抗体上,若抗原抗体特异性结合,在抗原抗体液面交界处出现白色沉淀,称为阳性反应。本法可用于血迹鉴定。

(2)琼脂扩散试验 可溶性抗原与抗体均可在 1‰的琼脂凝胶中扩散。如抗原抗体比例合适,相遇后可在琼脂凝胶中形成白色沉淀线。①双向琼脂扩散。将加热融化的琼脂浇注于玻片上待冷却凝固后打孔,然后将抗原抗体分别加入相邻的小孔内,若为相应抗原抗体,在琼脂中扩散相遇后,在两孔之间可形成白色沉淀线。②单向琼脂扩散。将加热融化的琼脂冷却至 50℃左右,加入血清抗体混匀后浇注于玻片上,冷却后打孔。孔中加入不同稀释度的抗原。抗原在琼脂中扩散,当与相应抗体结合后可在孔周围出现一白色沉淀环。沉淀环的直径与抗原浓度成正比,因此本法既是定性试验又是定量试验。

3.补体参与的反应

利用补体可与任意的一对抗原抗体复合物结合的特点,设计两个实验系统,一是待检系

统,即已知的抗体和待检的未知抗原(或已知抗原与未知抗体);另一个为指示系统,包括绵羊红细胞和相应抗体。若试验中的补体可与待检系统的抗原抗体复合物结合,则指示系统不出现溶血现象,以此间接检测未知抗原或抗体。

4.借助标记物的抗原抗体反应

免疫标记技术是指用荧光素、酶等标记抗原或抗体,进行抗原抗体反应的免疫学检测方法。本实验具有快速、灵敏度高、可定性或定量等优点。

(1)免疫荧光法　是用荧光素标记抗体再与待检标本中抗原反应,置荧光显微镜下观察,若抗原与抗体特异性结合,则抗原抗体免疫复合物散发荧光。

(2)酶免疫测定法　酶联免疫吸附试验(enzyme-linked immunosorbent assay 简称ELISA)是酶免疫技术的一种,是将抗原抗体反应的特异性与酶反应的敏感性相结合而建立的一种新技术。ELISA 的技术原理是:将酶分子与抗体(或抗原)结合,形成稳定的酶标抗体(或抗原)结合物,当酶标抗体(或抗原)与固相载体上的相应抗原(或抗体)结合时,即可在底物溶液参与下,产生肉眼可见的颜色反应,颜色的深浅与抗原或抗体的量成比例关系,使用 ELISA检测仪,即酶标测定仪,测定其吸收值可做出定量分析。此技术具特异、敏感、结果判断客观、简便和安全等优点,日益受到重视,不仅在微生物学中应用广,而且也被其他学科领域广为采用。

第二节　凝集试验

一、实验目的

掌握直接凝集反应原理、方法及其应用原则。

二、实验原理

颗粒性抗原(细菌、螺旋体、红细胞等)与相应的抗体血清混合后,在电解质参与下,经过一定时间,抗原抗体凝聚成肉眼可见的凝集块,这种现象称为凝集反应。血清中的抗体称为凝集素,抗原称为凝集原。

细菌或其他凝集原都带有相同的电荷(阴电荷),在悬液中相互排斥而呈均匀的分散状态。抗原与抗体相遇后,由于抗原和抗体分子表面存在着相互对应的化学基团,因而发生特异性结合,成为抗原抗体复合物。由于抗原与抗体结合,降低了抗原分子间的静电排斥力,抗原表面的亲水基团减少,由亲水状态变为疏水状态,此时已有凝集的趋向,在电解质(如生理盐水)参与下,由于离子的作用,中和了抗原抗体复合物外面的大部分电荷,使之失去了彼此间的静电排斥力,分子间相互吸引,凝集成大的絮片或颗粒。出现了肉眼可见的凝集反应。

一般细菌凝集均为菌体凝集(O 凝集),抗原凝集呈颗粒状。有鞭毛的细菌如果在制备抗原时鞭毛未被破坏(鞭毛抗原在 56℃时即被破坏),则反应出现鞭毛凝集(H 凝集),鞭毛凝集时呈絮状凝块。

三、所用仪器及试剂

伤寒杆菌斜面培养物、伤寒杆菌诊断菌液、伤寒杆菌免疫血清、生理盐水、载玻片、酒精灯、接种环、吸管、试管、水浴箱等。

四、操作方法

(一)玻片凝集试验

(1)取一洁净玻片,分别在其一端加伤寒杆菌免疫血清 1～2 环,另一端加生理盐水 1～2 环,做对照并做好标记。

(2)无菌操作,取伤寒杆菌培养物少许置于上述玻片的生理盐水中,并研匀;接种环灭菌。以同样方式取伤寒杆菌培养物,研于伤寒杆菌免疫血清中,接种环灭菌。

(3)将玻片轻轻振动,室温下静置 5 min。

(4)观察结果。生理盐水对照为均匀混浊菌液,免疫血清中因抗原抗体特异性结合出现凝集颗粒,为阳性反应。

(二)试管凝集实验方法

(1)取试管 12 支分成两排,每排 6 支,标明管号。

(2)加生理盐水。每排第一管加 0.9 mL,其余各管加 0.5 mL。

(3)稀释血清。取伤寒免疫血清 0.1 mL,加入第一排第一管中,用吸管上下吸吹数次,使液体混匀,吸出 0.5 mL 加入第二管中,同法混匀后,取出 0.5 mL 加至第三管。如此依次稀释至第五管,由第五管吸出 0.5 mL 弃去。第六管不加血清,作为对照。第二排用家兔正常血清同第一排稀释方法进行稀释。

(4)加菌液。每排从对照管开始往前加,所有各管均加入伤寒杆菌诊断菌液 0.5 mL。

(5)摇荡试管架,使管内液体混匀,置 37℃水浴 4～8 h,然后置冰箱内过夜,次日即可观察结果。

(6)结果解释及效价确定。各管反应结果按(表 10-2)解释。

凝集效价的确定:出现"＋＋"的血清最高稀释度为该血清的凝集效价。血清稀释度应以加入抗原后的最后血清稀释度计算。如第一管 1∶10 稀释的血清 0.5 mL,加入抗原 0.5 mL,则最后的血清稀释度为 1∶20。其余各管也按此原则类推。

表 10-2　试管凝集反应结果判定

(引自:胡野. 微生物学与免疫学基础. 郑州:郑州大学出版社,2004)

液体	管底	判定
清晰透明	有棉絮状或颗粒状凝集块、轻摇可见大凝集块飘起	＋＋＋＋
比较清晰 有轻度混浊	凝集块较上稍小、余同上	＋＋＋
中等混浊	凝集块较上小	＋＋
较混浊	有少量小凝集块	＋
同对照管	无凝集块、可能有少许细菌沉淀、轻摇即飘起、立即消散	－

五、注意事项

(1)玻片凝集试验判断结果时,必须防止干燥,涂片面积不要过大。

(2)商品诊断菌液,要按说明书使用。

(3)试验后的细菌仍有传染性,玻片及试管应及时放到消毒缸中。

六、实践思考题

(1)通过实验操作怎样观察凝集反应结果?

(2)描述玻板凝集试验各血清量中凝集现象及结果。

(3)描述试管凝集试验各对照管设置的意义及各血清稀释度管的凝集现象及结果。

第三节 酶联免疫吸附试验

一、实验目的

(1)了解 ELISA 的原理及其优点。

(2)掌握 ELISA 的试验操作过程。

二、实验原理

酶联免疫吸附试验(ELISA)是免疫酶技术的一种,是将抗原、抗体的特异性反应与酶对底物的高效催化作用相结合起来的一种敏感性很高的试验技术。免疫酶技术是将酶标记在抗体/抗原分子上,形成酶标抗体/酶标抗原,称为酶结合物。该酶结合物的酶在免疫反应后,作用于底物使之呈色,根据颜色的有无和深浅,定位或定量抗原/抗体。ELISA 法是免疫酶技术的一种,其特点是利用聚苯乙烯微量反应板(或球)吸附抗原/抗体,使之固相化,免疫反应和酶促反应都在其中进行。在每次反应后都要反复洗涤,这既保证了反应的定量关系,也避免了未反应的游离抗体/抗原的分离步骤。在 ELISA 法中,酶促反应只进行一次,而抗原、抗体的免疫反应可进行一次或数次,即可用二抗(抗抗体)、三抗再次进行免疫反应。

目前常用的几种 ELISA 方法有:测定抗体的间接法,测定抗原的双抗体夹心法和测定抗原的竞争法等。本实验采用间接法测定单克隆抗体效价。其主要过程为:首先将已知定量抗原吸附在聚苯乙烯微量反应板的凹孔内,加待测抗体,保温后洗涤以除去未结合的杂蛋白质,加酶标抗抗体,保温后洗涤,加底物保温 30 min 后,加酸或碱终止酶促反应,用目测或光电比色测定抗体含量。

三、所用仪器及试剂

1.血清

待检的人血清。

2.溶液或试剂

(1)包被液(0.05 mol/L pH 9.6 碳酸盐缓冲液) 甲液:Na_2CO_3,5.3 g/L,乙液:$NaHCO_3$,4.2 g/L,取甲液3.5份加乙液6.5份混合即成,现用现混。

(2)洗涤液(吐温-磷酸盐缓冲液 pH 7.4) NaCl 8 g,KH_2PO_4 0.2 g,$Na_2HPO_4 \cdot 12H_2O$ 2.9 g,KCl 0.2 g,吐温20 0.5 mL,蒸馏水加至100 mL。

(3)pH 5.0 磷酸盐-柠檬酸缓冲液 柠檬酸(19.2 g/L)24.3 mL,0.2 mol/L 磷酸盐溶液(28.4 g Na_2HPO_4/L)25.7 mL,两者混合后再加蒸馏水50 mL。

(4)底物溶液 100 mL pH 5.0 磷酸盐-柠檬酸缓冲液加邻苯二胺40 mg 用时再加30% H_2O_2 0.2 mL。

(5)终止液 2 mol/L H_2SO_4。

(6)酶结合物冻存液的母液 0.02 mol/L PBS pH 7.4,即①$K_2HPO_4 \cdot 3H_2O$ 1.83 g 加蒸馏水至400 mL。②$NaH_2PO_4 \cdot 2H_2O$ 0.312 g,加蒸馏水至100 mL。①:②=81:19混合。

(7)应用液 0.02 mol/L PBS pH 7.4 60 mL+40 mL甘油+万分之一的硫柳汞(也可不加)配成40%甘油液,即为酶结合物冻存液。

3.仪器或其他用具

聚苯乙烯微量反应板,酶标检定仪,吸管,橡皮吸头等,检测结合菌抗体的ELISA试剂盒(湖北省医科大学提供,它包括:抗原为聚合OT,即聚合的旧结核菌素;抗体为结合菌的阳性血清、阴性血清和酶标抗体)。

四、操作方法

1.包被抗原

用套有橡皮吸头的0.2 mL吸管小心吸取用包被液稀释好的抗原,沿孔壁准确滴加0.1 mL至每个塑料板孔中,防止气泡产生,置37℃过夜。

2.清洗

快速甩动塑料板,倒出包被液。用另一根吸管吸取洗涤液,加入板孔中,洗涤液量以加满但不溢出板孔为宜。室温放置3 min,甩出洗涤液。再加洗涤液,重复上述操作3次。

3.加血清

用3根套有橡皮吸头的0.2 mL吸管,小心吸取稀释好的血清(待检、阳性、阴性血清),准确加0.1 mL于对应板孔中,第4孔中加0.1 mL洗涤液,37℃放置10 min,在水池边甩出血清,洗涤液冲洗3次(方法同上)。

注意:切忌溢出互混!

4.加酶标抗体

用沿孔壁上部小心准确加入0.1 mL酶标抗体(不能让血清沾污吸管),37℃放置10 min,同上倒空,洗涤3次。

5.加底物

按比例加H_2O_2于配制的底物溶液中,立即用吸管吸取此种溶液,分别加于板孔中,每孔

0.1 mL。置 37℃,显色 5~15 min(经常观察),待阳性对照有明显颜色后,立即加一滴 2 mol/L H_2SO_4 终止反应。

6.判断结果

肉眼观察(白色背景),阳性对照孔应明显呈黄色,阴性孔应无色或微黄色,待测孔颜色深于阳性对照孔则为阳性;若测光密度,酶标测定仪取 $\lambda=492$ nm,$P/n \geqslant 2.1$ 时阳性。$P/n \leqslant 1.5$ 阴性,$2.1 \geqslant P/n \geqslant 1.5$ 可疑阳性,应予复查,

$$P/n=检测孔 OD 值/阴性孔 OD 值(用空白孔 T=100\%)。$$

滴加试剂量要准,且试剂不可从一孔流到另一孔中;每种试剂对应一种吸管,不能混淆。底物溶液中的 H_2O_2 要临用时再加,否则,放置时间过长,底物被氧化为黄色,影响实验结果判定。

若选择其他种抗原(如 HCG 或甲胎蛋白)的酶联免疫吸附试验试剂盒,应按其说明书方法操作并观察判定结果。

五、注意事项

滴加试剂量要准,且试剂不可从一孔流到另一孔中;每种试剂对应一种吸管,不能混淆。底物溶液中的 H_2O_2 要临用时再加,否则,放置时间过长,底物被氧化为黄色,影响实验结果判定。

六、实践思考题

(1)图示你进行的 ELISA 的反应原理和写出实验结果。

(2)金黄色葡萄球菌在食物中常产生肠毒素,该毒素有 A 型、B 型和 C 型,某食物中金黄色葡萄球菌已产生一种类型的毒素,请你试设计出 ELISA 一次检定为哪种类型的毒素。

§阅读材料

"牛痘"的发明

1798 年,英国医生爱德华·詹纳在自己的病人当中,一个偶然的机会发现挤牛奶的女工似乎没有感染天花的病例。于是经过研究之后,他发现是这些奶牛感染牛痘病毒后,挤牛奶的女工因挤压受感染奶牛的乳房而感染牛痘,而这些女工们在痊愈后便终生对牛痘免疫,不会再患同样的疾病,同时对天花也能终身免疫。所以他认为牛痘病毒与天花病毒有一定关系,把含有牛痘的溶液涂在健康人的伤口上,这些人便会对天花产生免疫力。于是爱德华·詹纳便致力研发牛痘疫苗接种。

在疫苗研发成功后,他接种在自己的儿子身上,导致与妻子纠纷,甚至被说是发狂想杀了自己的儿子。不过在詹纳的坚持下还是给他儿子接种了疫苗,他的儿子在接种后一直相安无事,再也没有感染天花。因为这是免疫接种的首度成功案例,因此种痘也被引申为"疫苗接种"的意思。

复习思考题

1. 名词解释：抗原　抗体　免疫　凝集反应　沉淀反应　免疫应答　变态反应。
2. 免疫的三大功能是什么？
3. 构成抗原的条件有哪些？抗原的特性是什么？
4. 叙述抗原、抗体反应的特点。
5. 影响抗原、抗体反应的因素有哪些？

附录 I 微生物实验室常用仪器使用技术

一、电热恒温干燥箱

电热恒温干燥箱又称烘箱(图附-1),是实验室干热灭菌的基本设备,适用于玻璃仪器和金属器物的烘干或灭菌。按其温度范围和容积大小有多种规格。用于玻璃器皿的干燥,温度一般调至80℃即可。干热灭菌一般调至160℃,保持2 h。

图附-1　DH-101-2电热恒温鼓风干燥箱

(引自:蔡凤.微生物学.北京:科学出版社,2004)

1.使用方法

(1)使用前将该箱安放在室内干燥及水平处,不必使用其他固定装置。通电前,先检查本箱的电气性能,并应注意是否有短路或漏电现象。

(2)待一切准备就绪,可放入试品,关上箱门,必要时可旋开排气阀,空隙10 mm左右。不可任意卸下侧门,扰乱或改变线路,唯当该箱发生故障时可卸下侧门,按线路逐一检查。

(3)接上电源后,即可开启加热开关,再将控温器旋钮由"0"位顺时针方向旋到"100"指数处,此时箱内开始升温,指示灯发亮作指示。

(4)当温度升到所需工作温度时,旋至指示绿灯熄灭,再作微调至绿指示灯复亮。在此指示灯交替明灭处即为恒温定点。此时即可再把旋钮作微调至指示绿灯熄灭处令其恒温(很可能在恒温时,温度仍继续上升,此乃余热影响,此现象0.5 h左右即会处于稳定)。当室内温度稳定时(即所谓"恒温状态")则可将控温器再稍作调整,以达到正确程度为止,用此法可选取任何工作温度。

（5）恒温时，可关闭一组加热开关，只留一组电热器工作，以免功率过大，影响箱子灵敏度。

（6）温度达到后，可根据试验需用，令其作一定时间的恒温。在此过程中，可借箱内的控温器自动控温而不需加以人工管理。

2. 注意事项

（1）由于电热恒温干燥箱功率大，故应配备足够容量的专用电源线及闸刀开关。

（2）箱内的物品排列要疏松、有序，在各层纵横均应留有一定空隙。

（3）严禁将易燃、易爆、易挥发的物品放入箱内。灭菌物品外包的棉塞及包装纸均不得接触箱壁，以免燃烧。箱内底板上不得放置物品。箱内若不慎发生燃烧时，应立即断电，旋紧通气孔，切勿启开箱门。待温度下降后方可打开箱门。

（4）灭菌时，先关好箱门，打开顶部排气孔，开启电源开关，待箱内冷空气排出后，关闭排气孔。继续加热至 160℃保持 2 h，即可达到灭菌的目的。

（5）关闭电源，打开排气孔，待箱内温度降至 60℃左右，再打开箱门取物。

（6）在灭菌过程中，要经常注意观察温度变化。以免温度过低不能灭菌，或温度骤然升高出现意外事故。

（7）要经常检查电源线路及温度控制器，如果温度控制失灵，拭擦控制器接点，或进一步检修。如电炉丝烧断，可将底部电热隔板抽出，将烧断的电炉丝拆下，换上同规格的新电炉丝。

二、高压蒸汽灭菌锅

高压蒸汽灭菌器是目前应用最广泛、灭菌效果最好的灭菌器具，其种类有手提式、直立式、横卧式等。它们的构造及灭菌原理基本相同。高压蒸汽灭菌方法的原理是水在大气中 100℃左右沸腾，水蒸气压力增加，沸腾时温度将随之增加，因此，在密闭的高压蒸汽灭菌器内，当压力表指示蒸汽压力增加到 15 磅（1.05 kg/cm²）时，温度则相当于 121.3℃，在这种温度下 20 min 即可完全杀死细菌的繁殖体及芽孢。高压蒸汽灭菌可用于耐高温、高压及不怕潮湿的物品，如普通培养基、生理盐水、纱布、敷料、手术器械、玻璃器材、隔离衣等的灭菌。

高压蒸汽灭菌器有各种形式及规格。下面以常用的高压蒸汽灭菌锅为例进行介绍。高压蒸汽灭菌锅是一个密闭的耐高温和耐高压的双层金属圆筒，两层之间盛水。

外锅：供装水产生蒸汽之用。坚厚，其上方或前方有金属厚盖，盖有螺栓，借以紧闭盖门，使蒸汽不能外溢。加热后，灭菌器内蒸汽压力升高，温度也随之升高，压力越大，温度越高。外锅壁上还装有排气阀、温度计、压力表及安全阀。排气阀用于排出空气；压力表：以表示锅内压力及温度（公制压力单位为 kg/cm²、英制压力单位为磅/英寸²、温度单位为℃）；安全阀又称保险阀，利用可调弹簧控制活塞，超过定额压力即自行放气减压，以保证在灭菌工作中的安全。

内锅：为放置灭菌物的空间。

1. 使用方法

（1）使用前的准备　灭菌器内清洗干净，检查进气阀及排气阀是否灵活有效，并加入适量水。

（2）放置灭菌物　将待灭菌的物品放入灭菌器内，注意不要放得太挤，以免影响蒸汽的流通和灭菌效果。然后加盖旋紧螺旋，密封。

（3）预热及排气　加热升温使水沸腾，并由小至大打开排气管（排气阀），排出冷空气，继续加热升温，再关闭排气管（阀）。

(4)升压保温　让温度随蒸汽压力增高而上升,待压力逐渐上升,待蒸汽压力升至所需压力(一般为 103.43 kPa,温度则相当于 121.3℃)时,控制热源,维持所需时间,持续 15～20 min 即可达到灭菌目的。

(5)降压开盖取物　保压到规定时间之后,就停止加热,缓缓排气,待其压力下降至 0 时,方可开盖取物。

2.注意事项

(1)此法灭菌是否彻底的一个关键是压力上升之前,必须先把蒸汽锅内的冷空气完全驱尽,否则,即使压力表已指到 103.43 kPa,而锅内温度则只有 100℃,这样芽孢则不能被杀死,造成灭菌不彻底,所以必须进行排气。

(2)降压一般通过自行冷却。如果时间来不及,可以稍开排气阀降压,但排气阀不能开得太大,排气不能过急,否则灭菌器内骤然降压,灭菌物内的液体会突然沸腾,将棉塞冲湿,甚至外流。另外,降压时压力表上读数虽已降至"0"时,灭菌物内温度有时还会在 100℃以上,如果开锅太快还有沸腾的可能,所以最好在降压后再稍停一会,灭菌物温度下降后再出锅较妥当。灭菌物灭菌后仍处于高温时,容器内呈真空状,降温过程中外部空气要重新进入容器。一般叫"回气",降温过快,回气就急,如棉塞不严密,空气中杂菌就会重新进入灭菌物使其污染,这往往造成高压蒸汽灭菌的失败,因而降压开盖取物不宜过急。

三、普通离心机

离心机是利用离心力对混合溶液进行分离和沉淀的一种专用仪器。普通离心机一般转速为 6 000 r/min 以下,是一般实验室作用最多的一种。其基本结构为离心转头、电动机及调速装置。

1.使用方法

(1)使用前应先检查变速旋钮是否在"0"处。外套管应完整不漏,外套管底部需放有橡皮垫。

(2)离心时先将待离心的物质转移到大小合适的离心管内,盛量不宜过多(占管的 2/3 体积),以免溢出。将此离心管放入外套管,再在离心管与外套管间加入缓冲用水。

(3)两个外套管(连同离心管)放在台秤上平衡,如不平衡,可调整离心管内容物的量或缓冲用水的量。每次离心操作,都必须严格遵守平衡的要求,否则将会损坏离心机部件,甚至造成严重事故,应该十分警惕。

(4)将以上两个平衡好的套管,按对称方向放到离心机中,盖严离心机盖,把不用的离心套管取出。

(5)开动时,先开电门,然后慢慢拨动旋钮,使速度逐渐增加。停止时,先将旋钮拨动到"0",不继续使用时拔下插头,待离心机自动停止后,才能打开离心机盖并取出样品,绝对不能用手阻止离心机转动。

(6)用完后,将套管中的橡皮垫洗净,保管好。冲洗外套管,倒立放置使其干燥。

2.注意事项

(1)离心机应置放在平稳、厚实的水平台上。

(2)离心管应为厚壁玻璃管,使用前应认真检查有无缺损。

(3)离心管装液面应至少低于管口 2 cm 距离,无菌操作时,须旋紧螺盖或固定好棉塞,以免液体溅出或甩脱管塞。

（4）离心管应先在天平上完全平衡后，再两两相对置于离心机套管内，以免开机后发生强烈振动，甚至使转轴变形。

（5）通电前将顶盖盖好。增减转速均须缓慢调节转速器，以免转速剧烈改变，导致离心管破裂。禁止用外力迫使转盘停转。

（6）使用中，如发现声音不正常，应立即断电，检查原因并排除故障后方可使用。

（7）通常使用的离心机，应在一定时间内检查电刷与整流子的磨损情况。当电刷磨损后长度小于 10 mm 时，应更换同一规格的电刷。

四、电热恒温水浴箱

电热恒温水浴箱（图附-2）广泛用于干燥、浓缩、蒸馏、浸渍化学试剂，浸渍药品和生物制品，也可用于水浴恒温加热和其他温度试验，是生物、遗传、病毒、水产、环保、医药、卫生、生化实验室、分析室、教育科研的必备工具。

图附-2　KP410C 电热恒温水浴箱

（引自：蔡凤.微生物学.北京：科学出版社，2004）

1. 使用方法

（1）关闭水浴箱底部外侧的放水阀门，将水浴箱内注入蒸馏水至适当的深度。加蒸馏水是为了防止水浴槽体（铝板或铜板）被侵蚀。

（2）将电源插头接在插座上，合上电闸。插座的粗孔必须安装地线。

（3）将调温旋钮沿顺时针方向旋转至适当温度位置。

（4）打开电源开关，接通电源，红灯点着表示电炉丝通电开始加热。

（5）在恒温过程中，当温度计的指数上升到距离需要的温度约 2℃ 时，沿反时针方向旋转调温旋钮至红灯熄灭为止。此后，红灯就不断熄亮，表示恒温控制发生作用，这时再略微调节调温旋钮即可达到需要的恒定温度。

（6）调温旋钮刻度盘的数字并不表示恒温水浴内的温度。随时记录调温旋钮在刻度盘上的位置与恒温水浴内温度计指示的温度的关系，在多次使用的基础上，可以比较迅速地调节，得到需要控制的温度。

（7）使用完毕，关闭电源开关，拉下电闸、拔下插头。

（8）若较长时间不使用，应将调温旋钮退回零位，并打开放水阀门，放尽水浴槽内的全部存水。

2.注意事项

(1)在通电前,先往箱内加入足量的水,然后开启电源,指示灯亮,表明电热管已通电。待温度计所示温度稳定后,即可自动保持箱内水温恒定。箱内无水,切勿通电,以免烧坏电热管。

(2)控制箱部分切勿受潮,以防漏电损坏。

(3)使用时应随时注意水浴箱是否有漏电现象。

(4)初次使用时应加入与所需相近的水后再通电。

(5)温度控制器一经调好,勿经常转动。

(6)水浴箱使用完毕,应弃水清洁。长期使用的水浴箱,箱内温水应经常更换,并须加入适量防腐剂。

五、酸度计

酸度计是一种常用的仪器设备,主要用来精密测量液体介质的酸碱度值,配上相应的离子选择电极也可以测量离子电极电位 MV 值,广泛应用于工业、农业、科研、环保等领域,是微生物实验室常用的实验仪器。

1.使用方法

(1)仪器安装与预热

①按照所用测量仪器和电极使用说明,首先检查电极状态是否良好,然后接好线路。

②开启电源开关,预热 15 min。

(2)仪器校正

①按"pH/mV"按钮,使仪器进入 pH 测量状态。

②设定之校正模式(两点校正),选择两种 pH 约相差 3 个 pH 单位的缓冲溶液,使样品溶液的 pH 处于二者之间。

③温度补偿与校正。把用蒸馏水清洗过的电极插入与样品溶液的 pH 较接近的标准缓冲溶液中,调节"温度"键使其为溶液温度值一致,以磁石均匀缓慢搅拌,待读数稳定后,然后调节"定位"键对仪器进行校正(定位),使仪器显示值与该标准溶液当前温度下的 pH 一致。

④斜率校正。仪器定位后,再以第二种缓冲溶液进行核对仪器显示值,误差不得大于 ±0.02 pH 单位。如大于此误差,则应小心调节"斜率"键进行校正,使显示值与此缓冲液的 pH 相符。重复上述定位与斜率调节操作,至仪器示值与标准溶液数值相差不大于 0.02 pH 单位。否则,需检验仪器或更换电极后,再行校正至符合要求。

(3)pH 测定 用蒸馏水将电极完全冲洗干净,将电极用纸吸干后置入样品中,以磁石均匀缓慢搅拌,待稳定读取并记录温度、pH。每一样品均须行重复分析,两次测值之差应小于 ±0.1 pH 单位。

2.注意事项

(1)正确选择缓冲溶液。

(2)注意执行温度补偿。

(3)正确调整电极在架上的位置,使玻璃电极和参比电极皆浸在样品溶液中。

(4)需均匀缓慢搅拌达到平衡后,再记录 pH。

(5)每次更换标准溶液或样品溶液前,应用蒸馏水充分洗涤电极,然后将水吸干,也可用所更换的标准溶液或样品溶液洗涤。

六、电动匀浆仪

电动匀浆仪是对不同黏度、浆状液体原料的粉碎分散、乳化均匀的设备。

现以 YJ-A 电动匀浆仪为例进行介绍。使用时,将供试品及稀释剂倒入已灭菌的匀浆杯内,盖上顶盖,将杯固定在仪器底座定位盘上。将刀柄与电机连接轴旋紧。选定转速及匀浆时间,打开带指示灯的电源开关,达到预定速度后,自动运转直至预定时间停止。在使用时应注意以下问题。

(1)电动机采用碳刷换相,当发现碳刷与电机转子火花过大时,要换上备用碳刷,先开低速空转几分钟,火花正常后再用。

(2)机座必须通过电源插头的接地线,以确保用机安全。

(3)当发现电动机发热超过60℃或工作状况异常时要及时停机检查。

(4)经常对电动机轴承和传动轴活动部位加少许机油润滑,以保证仪器正常工作。

七、薄膜过滤装置

薄膜过滤装置的基本组成为真空泵、滤器及微孔滤膜。滤器为金属、玻璃及塑料等材料制成,常用规格为 ϕ50 mm 及 ϕ25 mm。滤膜为纤维素酯制成,用于除菌的滤膜一般选用 0.45 μm 或 0.22 μm。

现以 HTY 全封闭无菌检测系统为例,简介使用薄膜滤过装置进行无菌操作的过程。

1.使用方法

(1)先接通仪器电源,将抽滤瓶插在插槽中,将所连接的管道放入蠕动泵的规定位置中,卡紧蠕动泵,连接废液接收瓶。

(2)将供试品瓶口及周围用消毒剂处理后,将双针插入供试品瓶中,开启仪器,调节蠕动泵转速至适当值,倒置供试品瓶于托架上,待供试品全部滤过,停机。

(3)将空气滤器上的密封帽取下,套在瓶底出液口上,卡住管道,将双针头插入培养基瓶中,开启仪器,调节转速,倒置培养基瓶,使瓶中灌注到规定体积后,正放培养基瓶。

(4)稍待片刻,关机。封闭滤瓶,并取下置适宜温度培养。

2.注意事项

(1)放置仪器的无菌室禁止化学熏蒸消毒,以免损坏电子部件及金属配件。

(2)使用过程自始至终应保持取样针上的过滤膜干燥,以保证气流畅通、过滤及进液顺利进行。

(3)更换供试品或培养瓶及过滤完成时,应及时停机。

(4)进液管内出现过多气泡时,应降低泵速,并检查滤膜是否浸湿或进液针管是否畅通。

八、培养箱

主要用于实验室微生物的培养,为微生物的生长提供一个适宜的环境。

(一)隔水式培养箱

隔水式培养箱利用水箱内的水,经电加热后,传导至内室将箱温升高,故箱内间接加热,温度上升下降均较直接式均匀,空气加热为缓慢,极适合于作细菌培养等用。培养箱装有双道门,内门采用玻璃门与箱门框密合,便于观察试验物情况。温度自动控制为灵敏度±0.5℃,20～60℃范围内。培养箱加热或恒温状态分别有红、绿指示灯指示。

1.使用方法

①接通电源。将三芯插头插入电源插座,把面板上电源开关置"开"的位置,此时仪表出现数字显示,表示设备进入工作状态。

②将设定-测量开关置于设定,调节调温旋钮或触摸键,观察数字温度表指示即为所需设定温度值。将设定-测量开关置于测量,设备即进入自动控温的工作状态。加热、制冷、保护3个指示灯交替提示设备所处的工作状态。

③照明灯开关,需要照明时置"开"位置。

2.注意事项

①设备安装时,如地面不平应以垫平。

②设备的搬动要平行移动,倾斜角应小于45°。

③设备在正常运行时,箱内载物摆放应不影响空气流通,以保证箱内温度均匀。

④箱壁内胆和设备表面要经常擦拭,以保持清洁。

⑤设备长期不用,应拔掉电源线,以防止设备带电伤人。并应定期(一般一季度)按使用条件运行2～3 d,以驱除电气部件的潮气,避免损坏有关器件。

(二)生化培养箱

生化培养箱(图附-3)是微生物培养及育种实验的专用培养箱,广泛应用于环境保护、卫生防疫、药品检测等方面。现以LRH-250A型生化培养箱为例简要介绍生化培养箱使用时主要注意事项。

(1)接通电源后,先将温度显示开关拨至"开"位置,再将"整定"、"测量"共用开关拨至"整定"位置,然后旋转温度刻度盘,直到数显表显示所需温度值为止。然后再将共用开关拨至"测量"档,此时箱内温度便会随机启动,最终平衡达到所需温度值。

(2)控温旋钮的两个指示灯分别表示加热、制冷两种工作状态,若开机一段时间,两灯均不亮,表示箱内温度达到平衡,须防止两灯同时亮(加热与制冷同时启动),否则表示机器故障,须及时检查修理。

图附-3 LRH型生化培养箱
(引自:蔡凤.微生物学.北京:
科学出版社,2004)

(3)从箱内放取培养器物时,动作要迅速(迅速开关培养箱门),注意不要接触探头,以免影响灵敏度。培养箱内的物品不宜放置过挤。

(4)工作时,温控选择盘不能任意往返拨动,以免损坏压缩机。小心勿碰撞。

(5)在制冷机运转时,若出现异常声音、压缩机发烫和制冷温度不降,应立即停机,检查原因,待修复后方可再启动。

(三)厌氧培养箱

厌氧培养箱是一种可在无氧环境下进行细菌培养及操作的专用装置,可培养最难生长的厌氧生物,又能避免以往厌氧生物在大气中操作时接触氧而死亡的危险性。厌氧培养箱由培养操作室、培养室、取样室、温控气路以及消毒等部分组成。

现以 DY-2 型厌氧培养箱为例,简介厌氧培养箱的使用方法(图附-4)。

使用前应弄清培养箱结构及气体连接方法,使 N_2、CO_2 钢瓶立于箱体旁与箱体连接,H_2 钢瓶另置一安全处,需用时,以橡皮袋取出少量,与上述钢瓶配用。

使用时应注意以下几点:

(1)做厌氧培养时,打开其中一个培养罐门,迅速放入培养物,同时迅速放入催化剂钯粒、干燥剂和亚甲蓝指示剂,迅速关罐门、扭紧。

(2)打开该罐的电磁阀开关,同时打开真空泵开关,抽气至达到真空度要求时关闭真空泵开关。

(3)慢慢开启 N_2 钢瓶输气阀和减压阀,用 N_2 冲洗罐体和管道。当指针回零表明罐内已充满 N_2。关闭 N_2 气阀,再开启真空泵抽气,然后再用 N_2 冲洗一次。

图附-4 DY-2 型厌氧培养箱
(引自:蔡凤. 微生物学. 北京:科学
出版社,2004)

(4)最后按 N_2 80%、H_2 10% 和 CO_2 10% 充气。待指针同时指向零位时关闭输气阀,再关减压阀、电磁阀等。指针必须完全回到零位为止,此时气体加足,否则出现负压,外界空气可进入,破坏厌氧环境。

(5)按所需温度调节温控选择盘。箱内温度达到指示温度时,指示灯亮。

(6)在培养过程中,观察培养物时,只可开培养箱外门通过玻璃观察,不要打开培养罐门,以免影响厌氧菌生长。

九、超净工作台

超净工作台是微生物实验中普遍使用的无菌操作装置,它需要合理地布置及经常性地维护。超净工作台的工作原理是驱动经高效过滤器净化后的空气,通过工作台面形成气流屏障,从而阻止外界污染物的侵入并使操作过程中产生的飞沫限制在超净工作台中,在操作区内,其洁净度可达 100 级。因为操作过程中可能产生有毒的物质,所以采用垂直气流比水平气流安全。

一般净化工作台适用于一般微生物接种、检验等操作。对于一些有传染性微生物及真菌的操作,最好使用生物安全净化工作台,因其有特别配置的一套空气回收系统,可以避免污染环境,并保护操作者不受危险微生物的侵害。

1. 使用方法

(1)接通电源。把操作过程中用到的物品整齐地摆放在工作台内。

(2)打开电源开关。

(3)按下紫外灯开关,用紫外灯灭菌 15 min。

(4)按下鼓风机开关,通风 10~15 min,使工作台达无菌状态。

(5)打开日光灯,使用前、后需用酒精棉球擦拭工作区消毒,所有物品放入超净台内使用前均应消毒,消毒手臂,开始工作。

2. 注意事项

(1)工作台应安放在洁净度较高的室内,并须不受外界风力影响。

（2）净化台电源应设有专门开关及保险闸刀,应该设有断相保护装置。

（3）在开机后,如发现异常音响,应立即停机,待查明原因修复后再用。如果发现无送出气流,应调整电动机三相线后再使用。

（4）操作时,应保持操作区附近安静,禁止搔头、快步走动等。

（5）现用的高效过滤器多为超细玻璃或超细石棉纤维纸,不耐高湿和高温,强度较低,故应严防碰击和受潮。安放净化台的房间,严禁蒸汽消毒。

（6）使用前要挽起衣袖,手臂消毒后方可伸入工作台进行操作,严禁将衣袖同时伸入工作台。使用过程中,禁止在工作台内外传递物品。

十、摇床

摇床又称摇瓶机,它是培养好气性微生物的小型试验设备或作为种子扩大培养之用,常用的摇床有往复式和旋转式两种。往复式摇床的往复频率一般在 $80\sim140$ 次/min,冲程一般为 $5\sim14$ cm,如频率过快、冲程过大或瓶内液体装量过多,在摇动时液体会溅到包扎瓶口的纱布或棉塞上,导致杂菌污染,特别是启动时更容易发生这种情况。

旋转式摇床的偏心距一般在 $3\sim6$ cm,旋转次数为 $60\sim300$ r/min。

放在摇床上的培养瓶（一般为三角瓶）中的发酵液所需要的氧是由空气经瓶口包扎的纱布（一般8层）或棉塞通入的,所以氧的传递与瓶口的大小、瓶口的几何形状、棉塞或纱布的厚度和密度有关。在通常情况下,摇瓶的氧吸收系数取决于摇床的特性和三角瓶的装样量。

往复式摇床是利用曲柄原理带动摇床作往复运动,机身为铁制或木制的长方框子,有一层至三层托盘,托盘上有圆孔备放培养瓶,孔中凸出一个三角形橡皮,用以固定培养瓶并减少瓶的振动,传动机构一般采用二级皮带轮减速,调换调速皮带轮可改变往复频率。偏心轮上开有不同的偏心孔,以便调节偏心距。往复式摇床的频率和偏心距的大小对氧的吸收有明显的影响。

旋转式摇床是利用旋转的偏心轴使托盘摆动,托盘有一层或两层,可用不锈钢板、铝板或木制板制造。在三个偏心轴上装有螺栓可调节上下,使托盘保持水平。这种摇床结构复杂,造价高。其优点是氧的传递较好、功率消耗小、培养基不会溅到瓶口的纱布上。以气浴恒温振荡器摇床为例简要说明摇床的使用方法。

1. 使用说明

（1）装入试验瓶,并保持平衡,如是双功能机型,设定振荡方式。

（2）接通电源,根据机器表面刻度设定定时时间,如需长时间工作,将定时器调至"常开"位置。

（3）打开电源开关,设定恒温温度。

①将控制小开关置于"设定"段,此时显示屏显示的温度为设定的温度,调节旋钮,设置到您工作所需温度即可（您设定的工作温度应高于环境温度,此时机器开始加热,黄色指示灯亮,否则机器不工作）。

②将控制部分小开关置于"测量"端,此时显示屏显示的温度为试验箱内空气的实际温度,随着箱内气温的变化,显示的数字也会相应变化。

③当加热到您所需的温度时,加热会自动停止,绿色指示灯亮;当试验箱内的热量散发,低于您所设定的温度时,新的一轮加热又会开始。

(4)开启振荡装置。

①打开控制面板上的振荡开关,指示灯亮。

②调节振荡速度旋钮至所需的振荡频率。

(5)工作完毕切断电源,置调速旋钮与控温旋钮至最低点。

2.注意事项

(1)器具应放置在较牢固的工作台面上,环境应清洁整齐,通风良好。

(2)用户提供的电源插座应有良好的接地措施。

(3)严禁在正常工作的时候移动机器。

(4)严禁物体撞击机器。

(5)使用结束后请清理机器,不能留有水滴、污物残留。

十一、显微系统

微生物个体微小,必须借助显微镜才能观察清楚它们的个体形态和细胞结构。因此,在微生物学的各项研究中,显微镜就成为不可缺少的工具。

显微镜的种类很多,根据其结构,可以分为光学显微镜和非光学显微镜两大类。光学显微镜又可分为单式显微镜和复式显微镜。最简单的单式显微镜即放大镜(放大倍数常在10倍左右),构造复杂的单式显微镜为解剖显微镜(放大倍数在200左右)。在微生物学的研究中,主要是复式显微镜。其中以普通光学显微镜(明视野显微镜)最为常用。此外,还有暗视野显微镜、相差显微镜、荧光显微镜、偏光显微镜、紫外光显微镜和倒置显微镜等。非光学显微镜为电子显微镜。

(一)普通光学显微镜

1.基本构造

普通光学显微镜由机械装置和光学系统两部分组成。机械装置由镜座、镜臂、载物台、镜筒、物镜转换器和调焦装置(粗调焦螺旋和微调焦螺旋)等组成。光学系统包括物镜、目镜、聚光器、彩虹光阑和光源等。

2.成像原理和性能

将被检物体置于集光器和物镜之间,平行的光线自反光镜折入聚光器,光线经过聚光器穿过透明的物体进入物镜后,即在目镜的焦点平面(光阑部位或附近)上形成一个初生倒置的实像。从初生实像射过来的光线,经目镜的接目透镜而达到眼球。这时的光线已变为或接近平行光,再透过眼球的水晶体时,便在视网膜后形成一个直立的实像。

显微镜的主要性能包括放大率、工作距离、焦点距离、焦点深度、分辨率、镜像亮度和视场亮度等。

3.使用方法

(1)将所需观察的标本放在载物台,上卡夹住。

(2)将各倍率物镜装于物镜转换器上,目镜插入目镜筒中。

(3)操作时将标本移动到载物台中间,先用低倍物镜观察。打开电源开关把亮度调节钮移至适当位置,转动粗调手轮将载物台上升到能见到标本的影形,转动微调手轮即可得到清晰的物像。光亮的选择可转动聚光架手轮使聚光镜上升或下降,再调可变光栏,使光栏孔径改变以便获得适合各类细节标本的照明亮度(根据观察需要备有滤色片供使用,滤色片装于可变光栏下部的托架上,可得到选择的色泽)。

转动载物台上纵向手轮,使标本作前后方向移动;转动载物台上横向手轮,使标本作左右方向移动。将所需观察的物体移至中心观察,然后转至高倍物镜或油浸物镜进行观察(用油镜时需加注香柏油于标本观察处)。

转换观察时(物镜不要碰切片物体)仍能看见物体的影像,需再转动微调手轮即可达到清晰的物像。

使用完毕只要转动粗调手轮将工作台下降到底,再将亮度调节钮移到最小亮度处,最后关闭电源开关。

(4)调节亮度调节钮调节灯泡发光亮度以获得最佳亮度。

(5)使用完毕,转动粗调手轮将工作台下降到底,再将亮度调节钮移到最小亮度,最后关闭电源开关。

4.注意事项

使用显微镜应注意以下事项:

(1)取拿显微镜时,必须用一手握住镜臂,另一手托住显微镜的镜座,使显微镜保持直立的状态,切忌用单手提拿。

(2)将显微镜放置桌上时,务必要轻轻放下。

(3)显微镜的镜头必须保持清洁,必要时用擦镜纸擦拭镜头,不可使用布或一般的纸,以免损伤镜头。

(4)将显微镜轻轻地放置桌上,镜座后缘位于离桌子边缘约 5 cm 处。

(二)暗视野显微镜

暗视野显微镜(dark field microscope)是在普通光学显微镜中去除明视野集光器,换上一个暗视野集光器而成。暗视野集光器的构造使光线不能由中央直线向上进入镜头,只能从四周边缘斜射通过标本;同时,在有些物镜镜头中还装有光圈,以阻挡从边缘漏入的直射光线(如镜头无光圈装置时,可在镜头内另加适当套管代用)。由于光线不能直接进入物镜,因此,视野背景是黑暗的,如果在标本中有颗粒物体存在,并被斜射光照着,则能引起光线散射(丁铎尔效应),一部分光线就会进入物镜。此时可见到在黑暗的视野背景中,有发亮明显的物体,犹如观看黑夜天空中被探照灯照射着的飞机,观察得比较清楚。但必须注意,由于物体折光的关系,显微镜下所看到的实际上是物体散射出来的光线,只能呈现出物体的轮廓而且比实物要大。暗视野显微镜多用于活体微生物的检查,特别适于观察螺旋体的形状和运动(图附-5)。

暗视野显微镜的使用方法,基本上与普通光学显微镜相同,但有其特点:

(1)制作标本时所用的载玻片和盖玻片均应清洁干净,必须使用薄玻片(载玻片厚度1.0~1.1 mm,盖玻片厚度约 0.1 mm),否则会影响暗视野集光器斜射光焦点的调节,如载玻片太厚,焦点只能落在载玻片内,就不能看到物像。标本也不能过厚。

(2)采用的光源宜强,一般均用强光灯照明。光线暗则物像不清晰。

(3)调节光源:使光线集中在暗视野集光器上。先用低倍镜观察,移动暗视野集光器,使其中央的一个圆圈恰好处在视野的中央。如暗视野集光器已准确固定好,则可免去这一步骤。

(4)先在暗视野的集光器上加柏木油一滴,然后将标本放在载物台上,把暗视野集光器向上移,使其上的柏木油与标本片的底面接触,中间不能有气泡存在。

(5)在标本盖玻片上再加柏木油一滴,降下镜筒,使油镜浸在柏木油内,再用粗、细螺旋调

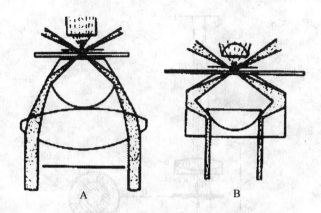

图附-5　暗视野聚光器的原理

A— 抛面形暗视野聚光器;B—心形暗视野聚光器

(引自:蔡凤.微生物学.北京:科学出版社,2004)

节物镜的焦距,有时还需稍微升降暗视野集光器以调节斜射光焦点,使其正好落在标本上,并且调节油镜头的光圈,相互配合,直到物像清楚为止,即可开始检查。也可用低倍或高倍物镜进行镜检,这就不必在盖玻片上加柏木油。

(三)相差显微镜

相差显微镜(phase contrast microscope)适合于观察透明的活微生物或其他细胞的内部结构。当光波遇到物体时,其波长(颜色)和振幅(亮度)发生变化,于是就能看到物体,但当光波通过透明的物体时,虽然物体的内部不同结构会有厚度和折光率不同的差异,而波长和振幅则仍然是不会发生改变的。因此,就不易看清这些不同的结构。用普通光学显微镜观察一些活的微生物或其他细胞等透明物体时,也就不易分清其内部的细微结构。但是,光线通过厚度不同的透明物体时,其相位却会发生改变形成相差。相差不表现为明暗和颜色的差异。利用光学的原理,可以把相差改变为振幅差,这样就能使透明的不同结构。表现明暗的不同,能够较清楚地予以区别。

相差显微镜的构造以普通显微镜为基础。但它有 3 个不同的部分,即相差物镜、相差环(环状光圈)或相集光器,以及合轴调整望远镜。相差物镜是在物镜的后焦点处加一环状相板相板由光学玻璃制成,具有改变相位的作用。放大倍数不同的物镜,其相板也不同。相差环则是一块环状光圈,放置在光源通路,使光线只能由环状部分通过,环状光圈的大小可由集光镜的数值口径(N.A)来调节。有些显微镜的环状光圈和相集光器装在一起。环状光圈的大小由不同大小的环状孔控制。使用不同的相差物镜时,应配合相应的环状光圈,并用合轴调节望远镜观察环状光圈和相板,调节至环状光圈的亮环与相板的暗环完全重合。这样,光线通过标本后,就必须经过相板而发生相位的改变,造成明暗差异的影像(图附-6)。环状光圈、相差物镜配合与调节好之后,其他操作方法与普通光学显微镜相同。

(四)荧光显微镜

荧光显微镜(fluorescent microscope) 是用来观察荧光性物质,特别是供免疫荧光技术应用的专门显微镜。荧光性物质含有荧光色素,当受到一定波长的短波光(通常是紫外线部分)照射,能够激发出较长波长的可见荧光。利用这一现象,把荧光色素与抗体结合起来,进行免

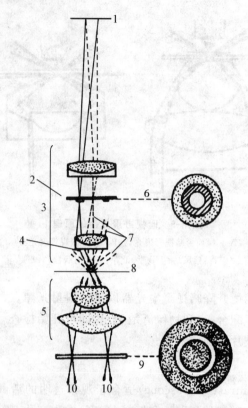

图附-6　相差显微镜构造示意图

1—影响平面;2—物镜后焦点平面;3—物镜;4—直射光线;5—聚光器;

6—环状相板;7—散射光线;8—标本;9—环状光圈;10—光源

(引自:蔡凤. 微生物学. 北京:科学出版社,2004)

疫荧光反应,可以在荧光显微镜中观察荧光影像,以作各种判定。

　　荧光显微镜的构造,也是以普通光学显微镜为基础,其显微部分也是一般的复式显微镜系统,但其光源与滤光部分等则有所不同(图附-7)。

　　光源:荧光显微镜必须有发出高能量紫外线的光源,一般使用超高压水银灯。这种光源灯的亮度大,除紫外线外,还具有可见光。滤光片:为了只许紫外线等特定激发光线通过,而阻止其他光线通过,以免影响标本中的荧光影像,在光源灯与反光镜之间安装一种激发滤光片(或称一次滤片),为了只让荧光通过而阻止紫外线通过,以保护观察者的眼睛,在目镜与物镜之间(或目镜内),安装另一种吸收滤光片,也叫保护滤光片(或称二次滤片)。滤光片有各种型号,各有一定的滤光范围,两种滤光片必须适当配合,应根据所用荧光色素吸收光波(吸收光谱)和激发的荧光光波(荧光光谱)的特性去选择使用。

　　反光镜:普通光学显微镜所用的镀银反光镜,对紫外线反光不好。荧光显微镜的反光镜,多用镀铝制成,可以较好地反射紫外线。进行荧光显微镜镜检时,应先将光源调节好,使得最强光线通过标本,将反光镜和集光镜与光源相互配合,即可达到目的,然后升高集光器,并在其上滴加一滴无荧光的镜油(普通柏木油会发生荧光,不能使用)。在载物台上放上标本片,使其底面与镜油接触,与集光器连在一起,即可进行低倍镜或高倍镜检查。如用油镜观察,则标本片上也要滴加无荧光镜油。操作方法同暗视野显微镜。由于照射在标本上的光线是肉眼看不

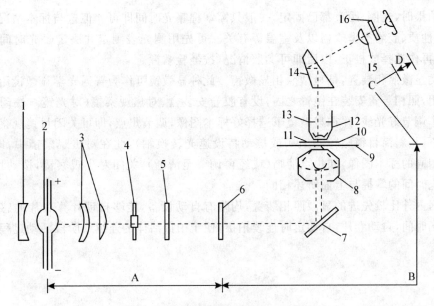

图附-7 荧光显微镜的构造原理示意图

A—由高压水银灯至激光滤光片一段的光线为白光(紫外光和其他可见光);B—由激发滤光片至
标本一段的光线为紫外线或蓝紫光;C—由标本至吸收滤光片一段的光线为蓝紫及黄绿荧光;
D—由吸收滤光片至肉眼一段的光线为黄绿荧光

1—反光镜;2—超高压水银灯;3—聚光镜;4—光圈;5—吸(阻)热虑片;6—激发滤光片;

7—反光镜;8—激光器;9—载玻片;10—盖玻片;11—标本;12—物镜;13—光圈;

14—变向棱镜;15—目镜;16—吸收滤光片

(引自:蔡凤.微生物学.北京:科学出版社,2004)

见的紫外线,无荧光物质,肉眼就看不见而呈黑暗背景,只有荧光物质,才能发生荧光,在黑暗背景中发亮,容易观察。荧光物质受紫外线照射时间过长,荧光会逐渐消失,因此,在镜检时应抓紧时间观察,不宜在同一部位观察时间过长。也可采取转换视野或间歇开(看时)、关(不看时)光源的办法,以作调节。

(五)显微镜照相

要对光学显微镜下的图像做进一步观察或作为保留记录,可以进行显微镜照相(或称显微摄影)。其原理与普通照相技术是相同的,但需要与显微镜技术相配合。

显微镜照相装置,一般有两类形式。一类由安装附加套筒或接管,连接显微镜和照相机而成,可以适用于任何光学显微镜。通常使用能应用于135(35 mm)胶卷的帘式快门照相机,套筒与接管有各种形式的定型产品配套。其中有一种套筒具有对焦观察镜(或称对光镜),见图像与将在底片所成图像相同。另一种套筒没有对焦观察装置,只适用于具有对焦观察镜的照相机。后一种套筒结构简单,可以自己制备,主要应使套筒长度合适,图像能恰当地落在底片上即可。

在进行显微镜照相时,应使用强灯光和适当滤光片,按常规将标本片图像选好并调好点至最清晰处。同时将照相机装上胶卷,拆去镜头筒,把机体安装在显微镜的目镜上,通过对焦观察镜和显微镜调节螺旋,最后校正图像,即可曝光拍摄,如要用照相机镜头筒拍摄,则需要加接适当的接管,使焦距缩短,便于准确近摄。

显微拍摄时,光圈、距离都已固定,一般只需掌握曝光时间即可。但这与标本情况、光线强度、滤光片性质、胶卷类型规格以及室温等有关。可先用测光表测定并决定曝光时间,或先行试拍,然后再作选择或校正,以后即可参照情况,按经验掌握。

另一类显微照相装置,是显微照相显微镜。此种显微镜可作为普通光学显微镜用,也可作显微拍摄用,照相装置安装在镜臂之内,设有胶卷安装盒、对焦观察镜(对光镜)、快门等部件。按常规操作调节好光线,并在显微镜下选择好标本图像,调节焦点,即可关闭目镜观察通路,打开摄影通路(将斜筒目镜座转动 180°或拉动特设遮光转换轴),此在对焦观察镜中,即可见与目镜所见相同的标本图像,如焦点清晰(或经再调节至清晰),关闭对焦观察镜,按动快门进行拍摄。曝光时间的掌握与上面所述相同。

目前国内外比较先进的显微照相装置,均附有自动设备,能够自动计算底片的感光量,自动控制曝光时间,自动卷片,自动定时连续拍摄,便于拍摄活体的连续或阶段活动过程,其效果更为良好。

附录Ⅱ　教学用染色液的配制

一、普通染色液

1. 吕氏碱性美蓝染色液

溶液 A:美蓝(亚甲基蓝,甲烯蓝)　0.6 g　　溶液 B:KOH　　　　0.01 g

　　　　95%乙醇　　　　　　　30 mL　　　　蒸馏水　　　　　100 mL

制法:分别配制溶液 A 和溶液 B,配好后混合即可。

2. 齐氏石炭酸品红染色液

溶液 A:碱性品红　　　　　　0.3 g　　溶液 B:石炭酸(苯酚)　　5 g

　　　　95%乙醇　　　　　　10 mL　　　　蒸馏水　　　　　95 mL

制法:将碱性品红在研钵中研磨后,逐渐加入体积分数为 95%乙醇,继续研磨使之溶解,配成溶液 A。将石炭酸溶解于水中配成溶液 B。将溶液 A 和溶液 B 混合即成石炭酸品红染色液。使用时将混合液稀释 5~10 倍,稀释液易变质失效,最好随配随用。

二、革兰氏染色液

1. 草酸铵结晶紫染色液

溶液 A:结晶紫　　　　　　2.5 g　　溶液 B:草酸铵　　　　　1 g

　　　　95%乙醇　　　　　25 mL　　　　蒸馏水　　　　　100 mL

制法:溶液 A 和溶液 B 混合后便成为草酸铵结晶紫染色液,需静置 48 h 后使用。

2. 卢戈氏碘液

碘　　　　　　　　　　1 g　　　　蒸馏水　　　　　300 mL

碘化钾　　　　　　　　2 g

制法:先将碘化钾溶于少量蒸馏水,再将碘溶解在碘化钾溶液中,等碘全溶后加入其余的水即成。

3. 95%的酒精溶液

4. 番红复染液

番红　　　　　　　　2.5 g　　　　95%(体积分数)乙醇　100 mL

制法:取 10 mL 番红乙醇溶液与 80 mL 蒸馏水混匀即成番红复染液。

三、芽孢染色液

1.孔雀绿染色液

孔雀绿　　　　　　　　　5 g　　　　　　蒸馏水　　　　　　　　100 mL

2.番红水溶液

番红　　　　　　　　　　0.5 g　　　　　　蒸馏水　　　　　　　100 mL

四、荚膜染色液

1.石炭酸品红

配法同普通染色液2。

2.黑色素水溶液

黑色素　　　　　　　　　5 g　　　　　　福尔马林(40％甲醛)　0.5 mL

蒸馏水　　　　　　　　100 mL

制法:将黑色素在蒸馏水中煮沸 5 min,然后加入福尔马林作防腐剂。

五、鞭毛染色液(鞭毛染色)

1.银染色法

A 液:丹宁酸　　　　　　5 g　　　　　　蒸馏水　　　　　　　　100 mL

　　　$FeCl_3$　　　　　　1.5 g

制法:待 A 液 $FeCl_3$ 溶解后,取出 10 mL 备用,向其余的 90 mL 硝酸银中滴入浓氢氧化铵,使之成为很浓厚的悬浮液,再继续滴加氢氧化铵,直到新形成的沉淀又重新刚刚溶解为止。再将备用 10 mL 硝酸银慢慢滴入,则出现薄雾,但轻轻摇动后,薄雾状沉淀又消失,再滴入硝酸银,直到摇动后仍呈现轻微而稳定的薄雾状沉淀为止。如所呈雾不重,此染剂可使用 1 周,如雾重,则银盐沉淀出,不宜使用。

2.Leifson 染色法

A 液:碱性复红(basic fuchsin)　1.2 g　　B 液:　丹宁酸　　　　　　3 g

　　　95％乙醇　　　　　　　100 mL　　　　　蒸馏水　　　　　　　100 mL

如加 0.2％苯酚,可长期保存

C 液:NaCl　　　　　　1.5 g　　　　　　蒸馏水　　　　　　　100 mL

染色液贮于磨口瓶中,在室温下较稳定。使用前将上述溶液等体积混合。

六、结晶紫稀释染色液(放线菌染色用)

结晶紫染色液(同二"草酸铵结晶紫染色液")　　5 mL　　　蒸馏水　　　　95 mL

七、碘液(酵母染色用)

碘	2 g	蒸馏水	100 mL
碘化钾	4 g		

制法:先将碘化钾溶于少量蒸馏水,再将碘溶解在碘化钾溶液中,等碘全溶后加入其余的水即成。

八、乳酸石炭酸棉蓝染色液(霉菌形态观察用)

石炭酸(苯酚)	10 g	蒸馏水	100 mL
乳酸(相对密度 1.21)	10 mL	棉蓝	0.02 g
甘油	20 mL		

制法:将石炭酸加在蒸馏水中加热溶解,然后加入乳酸和甘油,最后加入棉蓝,使其溶解即成。

九、伴胞晶体染色液

1.汞溴酚蓝染色液(M.B.B 液)

升汞($HgCl_2$)	10 g	溴酚蓝	100 mL
95%酒精	100 mL		

制法:将升汞溶入酒精,待充分溶解后加入溴酚蓝,融化后即成。

2.番红(沙黄)染色液

番红	2.0 g	蒸馏水	100 mL

十、聚-β-羟基丁酸染色液

1.3 g/L 苏丹黑

苏丹黑 B	0.3 g	70%乙醇	100 mL

制法:将二者混合后用力振荡,放置过夜备用,用前最好过滤。

2.褪色剂

二甲苯。

3.复染液

50 g/L 番红水溶液。

附录Ⅲ 洗涤液配方及细菌滤器清洗方法

一、洗涤液配方

浓配方:

重铬酸钾(工业用)	40 g
蒸馏水	160 mL
浓硫酸(粗)	800 mL

稀配方:

重铬酸钾(工业用)	50.0 g
蒸馏水	850 mL
浓硫酸(粗)	100 mL

制法:将重铬酸钾溶解在蒸馏水中(可加热),待冷却后,再慢慢地加入浓硫酸,边加边搅拌,配好后存放备用,此液可多次使用,每次用后倒回原瓶中贮存,直至洗涤液变成青褐色时,才失去效用。

注意:用洗涤液进行洗涤时,要尽量避免稀释。欲加快作用速度,可将洗涤液加热至40~50℃进行洗涤,当器皿上带有大量有机质时,不可直接用洗涤液来洗涤,应尽量先行清除后再用,否则洗涤液很快会失效。金属器皿不能用洗涤液洗涤。洗涤液有强腐蚀性,如溅于桌椅上,应立即用水冲洗或用湿布擦去。皮肤或衣服上粘有洗涤液,应立即用水冲洗,然后再用碳酸钠溶液或氨水洗。

二、6号除菌滤器的化学洗涤法

经除菌过滤后的滤器,应立即加入洗涤液抽滤一次,洗涤液的用量,可按滤器的容量来决定。在洗涤液未滤尽前,取下滤器将其浸泡在洗涤液中48 h,滤片的两面均需完全接触溶液,然后取出用蒸馏水抽滤干净,烘干即可。

附录Ⅳ 常用消毒剂的配制

一、5%石炭酸溶液

石炭酸(苯酚)	5 g	水	100 mL

二、0.1%升汞水（剧毒）

升汞($HgCl_2$)	1 g	盐酸	2.5 mL
水	997.5 mL		

三、10%漂白粉溶液

漂白粉	10 g	水	100 mL

四、5%甲醛溶液

甲醛原液(40%)	100 mL	水	700 mL

五、3%双氧水（过氧化氢）

30%双氧水原液	100 mL	水	900 mL

六、75%乙醇

95%乙醇	75 mL	水	20 mL

七、2%来苏儿（煤酚皂液）

50%来苏儿	40 mL	水	960 mL

八、0.25%新洁尔灭

5%新洁尔灭	5 mL	水	95 mL

九、0.1％高锰酸钾溶液

高锰酸钾	1 g	水	1 000 mL

十、3％碘酊

碘	3 g	碘化钾	1.5 g
95％乙醇	100 mL		

附录 V 常用培养基的配制

一、牛肉膏蛋白胨培养基（培养细菌用）

牛肉膏	5 g	蛋白胨	10 g
NaCl	5 g	琼脂	15～20 g
水	1 000 mL	pH	7～7.2

121℃灭菌 20 min，也为营养琼脂培养基。

二、淀粉琼脂培养基（高氏 1 号培养基，培养放线菌用）

可溶性淀粉	20 g	KNO$_3$	1 g
NaCl	0.5 g	K$_2$HPO$_4$	0.5 g
MgSO$_4$	0.5 g	FeSO$_4$	0.01 g
琼脂	20 g	水	1 000 mL
pH	7.2～7.4		

配制时，先用少量冷水，将淀粉调成糊状，在火上加热，边搅拌边加水及其他成分，融化后，补足水分至 1 000 mL，121℃灭菌 20 min。

三、察氏培养基（培养霉菌用）

NaNO$_3$	2 g	K$_2$HPO$_4$	1 g
KCl	0.5 g	MgSO$_4$	0.5 g
FeSO$_4$	0.01 g	蔗糖	30 g
琼脂	15～20 g	水	1 000 mL
pH	自然		

121℃灭菌 20 min。

四、酪蛋白培养基

牛肉膏	0.3 g	酪蛋白	1.0 g

| 琼脂 | 2.0 g | NaCl | 0.5 g |
| 蒸馏水 | 100 mL | pH | 7.6~7.8 |

121℃灭菌 20 min;酪蛋白不容易溶解,有些沉淀是正常的,可以在称取酪蛋白之后加一点 NaOH 助溶。

五、马丁琼脂培养基(分离土壤真菌用的选择培养基)

葡萄糖	10 g	蛋白胨	5 g
KH_2PO_4	1 g	$MgSO_4 \cdot 7H_2O$	0.5 g
(1/300)孟加拉红水溶液	100 mL	琼脂	15~20 g
水	800 mL	pH	自然

112.6℃灭菌 30 min。临用前加入 0.03%链霉素稀释液 100 mL,使每毫升培养基中含链霉素 30 μg。0.03%链霉素配法:在 1 g 装链霉素瓶中注入无菌水 5 mL,溶解后,吸取 0.5 mL链霉素溶液,接入 330 mL 蒸馏水中即成 0.03%链霉素稀释液。

六、马铃薯培养基(培养食用菌用)

马铃薯(去皮)	200 g	蔗糖(或葡萄糖)	20 g
琼脂	15~20 g	水	1 000 mL
pH	自然		

制法:马铃薯去皮,切成块煮沸 0.5 h,然后用纱布过滤,再加糖及琼脂,融化后补足水至 1 000 mL。121.3℃灭菌 20 min。

七、麦芽汁琼脂培养基(培养酵母菌用)

(1)取大麦或小麦若干,用水洗净,水浸 6~12 h,置 15℃阴暗处发芽,上盖纱布一块,每日早、中、晚淋水一次,麦根伸长至麦粒的 2 倍时,即停止发芽,摊开晒干或烘干,贮存备用。

(2)将干麦芽磨碎,1 份麦芽加 4 份水,在 65℃水浴锅中糖化 3~4 h,糖化程度可用碘滴定之。

(3)将糖化液用 4~6 层纱布过滤,滤液如浑浊不清,可用鸡蛋白澄清。方法是将一个鸡蛋白加水约 20 mL,调匀至生泡沫为止,然后倒在糖化液中搅拌煮沸后再过滤。

(4)将滤液稀释到 5~6°Bé(波美度),pH 约 6.4,加入 2%琼脂即成。121℃灭菌 20 min。

八、半固体肉膏蛋白胨培养基(穿刺接种用)

| 肉膏蛋白胨液体培养基 | 100 mL | 琼脂 | 0.35~0.4 g |
| pH | 7.6 | | |

121℃灭菌 20 min。

九、合成培养基（用生长谱法测定微生物对营养的要求）

$(NH_4)_3PO_4$	1 g	KCl	0.2 g
$MgSO_4 \cdot 7H_2O$	0.2 g	豆芽汁	10 mL
琼脂	20 g	蒸馏水	1 000 mL
pH	7.0		

加 12 mL 0.04%的溴甲酚紫(pH 5.2~6.8,颜色由黄色变紫色,作指示剂)。121℃灭菌 20 min。

十、豆芽汁蔗糖（或葡萄糖）培养基（培养酵母菌）

琼脂	15~20 g	黄豆芽	100 g
蔗糖(或葡萄糖)	50 g	水	1 000 mL
pH	自然		

称新鲜豆芽 100 g,放入烧杯中,加水 1 000 mL,煮沸约 0.5 h,用纱布过滤。补足水至原量,再加入蔗糖(或葡萄糖)50 g,煮沸融化。121℃灭菌 20 min。

十一、蔗糖酵母膏培养基（培养根瘤菌用）

蔗糖(或甘露醇)	10 g	酵母膏	4 g
K_2HPO_4	0.5 g	$MgSO_4 \cdot 7H_2O$	0.5 g
NaCl	0.2 g	0.5%$NaMoO_4$ 溶液	4 mL
0.5%H_3BO_3 溶液	4 mL	$CaCO_3$	5 g
琼脂	15~20 g	水	1 000 mL
pH	7.2~7.4		

十二、淀粉培养基（淀粉水解试验）

蛋白胨	10 g	NaCl	5 g
牛肉膏	5 g	可溶性淀粉	2 g
蒸馏水	1 000 mL	琼脂	15~20 g

制法:先将可溶性淀粉加少量蒸馏水调成糊状,再加入到溶化好的培养基中调匀即可。121℃灭菌 20 min。

十三、明胶培养基（水解明胶试验用）

牛肉膏蛋白胨液	100 mL	明胶	12~18 g
pH	7.2~7.4		

在水浴锅中将上述成分融化,不断搅拌。完全溶解后,调节 pH。间歇灭菌或 112.6℃灭菌 30 min。

十四、蛋白胨水培养基

蛋白胨	10 g	NaCl	5 g
水	1 000 mL	pH	7.6

121℃灭菌 20 min。

十五、糖发酵培养基

蛋白胨	5 g	牛肉膏	3 g
糖(葡萄糖、乳糖、蔗糖)	10 g	1.6%溴甲酚紫(B.C.P)	1 mL

制法:将牛肉膏、蛋白胨、糖加热溶解,加蒸馏水至足量,调 pH 7.2～7.5.加 1.6%溴甲酚紫 1 mL,充分混匀。分装于装有杜氏小管的大试管中,115℃灭菌 20 min。配制用的试管必须洗干净,避免结果混乱。

十六、磷酸盐葡萄糖蛋白胨水培养基

蛋白胨	5 g	葡萄糖	5 g
K_2HPO_4	2 g	蒸馏水	1 000 mL

将上述各成分溶于 1 000 mL 水中,调 pH 7.0～7.2,过滤,分装试管,每管 10 mL,112.6℃灭菌 30 min。

十七、硝酸盐培养基

肉汤蛋白胨培养基	1 000 mL	KNO_3	1 g
pH	7.6		

制法:将上述成分加热溶解,调 pH 7.6,过滤,分装试管。121℃灭菌 20 min。

十八、H_2S 试验用培养基

蛋白胨	20 g	NaCl	5 g
柠檬酸铁铵	0.5 g	$Na_2S_2O_3$	0.5 g
琼脂	15～20 g	蒸馏水	1 000 mL
pH	7.2		

先将琼脂、蛋白胨加热熔化,冷至 60℃加入其他成分。分装试管,112.6℃灭菌 15 min,备用。

十九、柠檬酸盐培养基（枸橼酸盐培养基）

$NH_4H_2PO_4$	1 g	K_2HPO_4	1 g
NaCl	5 g	$MgSO_4 \cdot 7H_2O$	0.2 g
柠檬酸钠	2 g	琼脂	15～20 g
蒸馏水	1 000 mL	1%溴麝香草酚蓝酒精液	10 mL

将上述各成分加热溶解后，调 pH 6.8，然后加入指示剂，摇匀，用脱脂棉过滤。制成后为黄绿色，分装试管。121℃灭菌 20 min 制成斜面。

二十、复红亚硫酸钠培养基（远藤氏培养基）

蛋白胨	10 g	乳糖	10 g
K_2HPO_4	3.5 g	琼脂	20～30 g
蒸馏水	1 000 mL	无水亚硫酸钠	5 g 左右
5%碱性复红乙醇溶液	20 mL		

先将琼脂加入 900 mL 蒸馏水中，加热溶解，再加入磷酸氢二钾及蛋白胨，使之溶解，补足蒸馏水至 1 000 mL，调 pH 7.2～7.4，加入乳糖，混合均匀溶解后，115℃灭菌 20 min。称取亚硫酸钠置于一无菌空试管中，加入无菌水少许使之溶解，再在水浴中煮沸 10 min 后，立即加于 20 mL 5%碱性复红乙醇溶液中，直至深红色褪成淡粉红色为止。将此亚硫酸钠与碱性复红的混合液全部加至上述已灭菌的并保持融化状态的培养基中，充分混匀，倒平板，放冰箱备用。贮存时间不宜超过 2 周。

二十一、伊红美蓝培养基（EMB 培养基）

蛋白胨水琼脂培养基	100 mL	2%伊红水溶液	2 mL
20%乳糖溶液	2 mL	0.5%美蓝水溶液	1 mL

将已灭菌的蛋白胨水琼脂培养基（pH 7.6）加热融化，冷却至 60℃左右时，再把已灭菌的乳糖溶液、伊红水溶液及美蓝水溶液按上述量以无菌操作加入。摇匀后，立即倒平板。乳糖在高温灭菌易被破坏，必须严格控制灭菌温度，一般是 101 bf/in^2（11 bf/in^2 = 6 894.76 Pa），灭菌 20 min。

二十二、乳糖蛋白胨培养液（"水的细菌学检查"用）

蛋白胨	10 g	牛肉膏	3 g
乳糖	5 g	NaCl	5 g
1.6%溴甲酚紫乙醇溶液	1 mL	蒸馏水	1 000 mL

将蛋白胨、牛肉膏、乳糖及 NaCl 加热溶解于 1 000 mL 蒸馏水中，调 pH 至 7.2～7.4，加入 1.6%溴甲酚紫乙醇溶液 1 mL，充分混匀，分装于有小倒管的试管中，101 bf/in^2（68.9 kPa），灭菌 20 min。

二十三、3 倍浓缩乳糖蛋白胨培养液

按乳糖蛋白胨培养液中各成分的 3 倍量配制,蒸馏水仍为 1 000 mL。

二十四、虎红琼脂培养基

蛋白胨	5 g	葡萄糖	10 g
磷酸氢二钾	1 g	硫酸镁(MgSO₄·7H₂O)	0.5 g
虎红(四氯四碘荧光素)	13 mg	琼脂	13 g
水	1 000 mL	pH	5.8~6.2

116℃灭菌 30 min。

二十五、麦康凯琼脂

蛋白胨	17 g	胨胨	3 g
猪胆盐(或牛、羊胆盐)	5 g	氯化钠	5 g
琼脂	17 g	蒸馏水	1 000 mL
乳糖	10 g	0.01%结晶紫水溶液	10 mL
0.5%中性红水溶液	5 mL		

制法

(1)将蛋白胨、胨、胆盐和氯化钠溶解于 400 mL 蒸馏水中,校正 pH 7.2。将琼脂加入 600 mL 加热溶解。将两液合并,分装于烧瓶内,121℃高压灭菌 15 min 备用。

(2)临用时加热溶化琼脂,趁热加入乳糖,冷至 50~55℃时,加入结晶紫和中性红水溶液,摇匀后倾注平板。

注:结晶紫及中性红水溶液配好后须经高压灭菌。

二十六、胆盐乳糖培养基

蛋白胨	20 g	乳糖	5 g
氯化钠	5 g	磷酸氢二钾	4.0 g
酸二氢钾	1.3 g	牛胆盐	1.3 g
水	1 000 mL		

除乳糖、牛胆盐外,取上述成分,混合,加热使溶解,调 pH 使灭菌后为 7.4±0.2,煮沸,滤清,加入牛胆盐和乳糖,分装,115℃灭菌 30 min。

参考文献

[1] 田晖. 微生物应用技术. 北京:中国农业大学出版社,2009.

[2] 蔡凤. 微生物学. 北京:科学出版社,2004.

[3] 陈剑虹. 工业微生物实验技术. 北京:化学工业出版社,2006.

[4] 陈声明,张立钦. 微生物学研究技术. 北京:科学出版社,2006.

[5] 陈玮,董秀芹. 微生物学及实验实训技术. 北京:化学工业出版社,2007.

[6] 胡野. 微生物学与免疫学基础. 郑州:郑州大学出版社,2004.

[7] 黄秀梨. 微生物学. 2 版. 北京:高等教育出版社,2003.

[8] 纪铁鹏,王德芝. 微生物与免疫基础. 北京:高等教育出版社,2007.

[9] 贾文祥. 医学微生物学. 北京:人民卫生出版社,2005.

[10] 焦瑞身. 微生物工程. 北京:化学工业出版社,2003.

[11] 金伯泉. 细胞和分子免疫学实验技术. 西安:第四军医大学出版社,2002.

[12] 李阜棣,胡正嘉. 微生物学. 5 版. 北京:中国农业出版社,2000.

[13] 李莉. 应用微生物学. 武汉:武汉理工大学出版社,2006.

[14] 李榆梅. 微生物学. 北京:中国医药科技出版社,2001.

[15] 李榆梅. 药学微生物基础技术. 北京:化学工业出版社,2004.

[16] 马绪荣. 药品微生物学检验手册. 北京:科学出版社,2000.

[17] 闵航. 微生物学. 杭州:浙江大学出版社,2005.

[18] 钱存柔. 微生物学实验教程. 北京:北京大学出版社,2008.

[19] 钱海伦. 微生物学. 北京:中国医药科技出版社,1993.

[20] 钱海伦. 微生物学. 北京:中国医药科技出版社,1996.

[21] 钱海伦. 微生物学. 北京:中国医药科技出版社,2004.

[22] 沈萍. 微生物学. 北京:高等教育出版社,2000.

[23] 陶义训. 免疫学和免疫学检验. 2 版. 北京:人民卫生出版社,2001.

[24] 王鹏. 生物实验室常用仪器的使用. 北京:中国环境出版社,2006.

[25] 吴移谋. 医学微生物学. 北京:高等教育出版社,2003.

[26] 邢来君,李明春. 普通真菌学. 北京:高等教育出版社,1999.

[27] 许志刚. 普通植物病理学. 3 版. 北京:中国农业出版社,2003.

[28] 薛永三. 微生物. 哈尔滨:哈尔滨工业大学出版社,2005.

[29] 尹荣兰,等. 新型免疫佐剂的研究进展. 黑龙江畜牧兽医,2008,3:18-20.

[30] 于淑萍. 微生物基础. 北京:化学工业出版社,2005.

[31] 张青,葛菁萍. 微生物学. 北京:科学出版社,2004.

[32] 张曙光. 微生物学. 北京:中国农业出版社,2006.

[33] 赵斌. 微生物学实验. 北京:科学出版社,2002.

[34] 周德庆. 微生物学教程. 北京:高等教育出版社,2002.

[35] 周奇迹. 农业微生物. 北京:中国农业出版社,2001.